比小說還精采的科技發明史

光之帝國

愛迪生、特斯拉、西屋的電流大戰

吉兒・瓊斯——著
吳敏——譯

Edison, Tesla, Westinghouse,
and the Race to
Electrify the World

Jill Jonnes

〈專文推薦〉

電流之戰

鄭國威

人工智慧喊得震天價響，新能源，電動車都是熱門且複雜的科技議題，但若要了解當今的科技產業局勢，一直追著新聞快訊或大師開示，反而只會無所適從。若要以史為鏡，十九世紀末、二十世紀初的電力革命歷程，絕對是最值得參考的時代。

大概每個人小時候都讀過愛迪生這位發明大王的故事，我甚至因此（短暫）喜歡上動手做，還（短暫）立志長大當個發明家。但你可能也跟我一樣，長大之後並沒有實現小時志向，而且也是長大了才知道愛迪生跟另外兩位發明家與創業家——特斯拉和西屋曾大打電流之戰，阻礙創新，甚至因此厭惡起愛迪生，覺得小時候對愛迪生的崇拜簡直是感情被欺騙。反倒是在特斯拉死後超過五十年，其名氣反因為火紅的特斯拉電動車與該公司老闆超級創業家伊隆馬斯克（Elon Musk）而再次爆發，奇才的形象令我莫名崇拜。

從古希臘、富蘭克林、伏特、賈法尼、戴維，到法拉第，西方的電學在愛迪生手上從理論入世，藉由特斯拉跟西屋奠基，最終是在資本家的運作下普及。但讀完本書，對這段歷史與關鍵人物的單薄印象，又因作者厚實的考據與細密的勾勒，而被顛覆、令我閱讀時頻頻陷入深思琢磨。除了作者如時空導遊般流利的寫作帶領我回到現場以外，在被加速異變的科技動態壓得有點喘不過來的我，看完這段百年多前的關鍵科技發明人物史，反而覺得放鬆了些。

為什麼呢？本書雖非小說，但在作者精耕史料後對愛迪生、特斯拉、西屋等主角的描繪入木三分，不禁讓我聯想起現今的科技創業家、網路資料工程師，甚至是我自己的創業夥伴，而ＪＰ摩根等大資本家試圖掌控但也屢屢失控的過程，也跟如今的創投業生態如出一轍。愛迪生對工作廢寢忘食般的投入、跟他在門羅公園的創客工作坊儼然是矽谷車庫創業者的先驅，特斯拉那亞斯伯格般的強迫特質與執著，就像是當代流行文本最喜歡描繪的天才角色。

愛迪生、特斯拉、西屋三人之間從孺慕、合作、背叛，到互嗆、離間、又各自超展開的商戰、科技戰與輿論戰，中間夾雜了崛起的資本巨擘與政治盤算，點綴著許多不可考的意外，讓我儘管在讀史，還是能感受到如電影般的刺激。然而回顧歷史，不可避免的是更多的嘆息，為天才電光般的出現跟必然的殞落嘆息、為人性為了求勝求存而願意幹下的事而嘆息、也為自己只能透過想像回到那段風雲時代而嘆息。

這段電與光的科技史影響重大，無比關鍵，重塑了人類文明，甚至可說改變了整個地球。本書是一本科普與科學史的佳作，在邁入下一個科技革命的當口，絕對值得你我多讀幾遍。

（本文作者為泛科學總編輯）

媒體書評

豐富精采的軼事，細節描述迷人。

——華盛頓郵報

吉兒．瓊斯說了一個關於競爭熱忱的故事，從三個特立獨行者的人生記錄美國進步的重要階段。

——華爾街日報

娛樂與知識兼具……生動描述個人野心與敵意如何在電流大戰中刺激科學與商業交流。

——洛杉磯時報

這十年來最有趣的科學與商業冒險故事。先講述早期發現的電的特性，然後將讀者拉入世紀之交的真實歷史裡，充滿了糾結、轉折、諷刺之事、卑鄙行為、突破性發展、挑戰、成就、悲劇與凱旋曲。

——休士頓紀事報

魅力十足，知識性高，講述三個生產與配置電力發明家的開拓性貢獻，沒有他們，就沒有我們今天的生活。

——The Evolution of Useful Things 作者亨利．彼特羅斯基

很迷人，我甚至想說「令人激動」，講述十九世紀末期電流大戰的事蹟，以及愛迪生、特斯拉、西屋在鍍金時代引起的風浪。故事從摩根燈火通明的紐約宅第開始，一直說到西屋征服尼加拉瀑布。瓊斯用人性的角度解釋交流電如何打敗直流電取得優勢，這場勝利在世界史上的意義無法衡量。她述說偉人的故事，有時恐怖，有時充滿活力，像是她描述電椅的發明，以及電椅第一次派上用場的驚人經過，並在書中解開許多電力的小祕密。

——《白城魔鬼》作者艾瑞克・拉森

動盪時代迷人且生動的肖像，吉兒・瓊斯用快節奏再現了美國電氣化過程中影響整個國家的人物、技術，與企業陰謀。

——《光明之城》作者蘿倫・貝爾法

瓊斯用發生在三個獨特人物間的高張力故事講述電力發展的躍進。

——約翰・霍普金斯雜誌

瓊斯是位優秀的傳記作家，也是出色的科學與工業史學家。她以高超技巧講述了一段很重要的歷史。

——洛磯山新聞

令人信服……歷史學家吉兒・瓊斯的作品像晚期的史蒂芬・安布羅斯，把故事寫在廣大畫布上，畫面上有三個巨人。

——書頁雜誌

令人著迷。

——布法羅新聞

吉兒・瓊斯以《光之帝國》一書躋身為學者，真實記錄了國家集體記憶中的重大鬥爭，是這場鬥爭才讓今天的生活如此便利。

——芝加哥論壇報

寫給一般大眾讀者，也能吸引對此主題有興趣的讀者。

——書單

作者用傳記式細節堆砌出愛迪生、特斯拉與西屋的人生。

——週日波士頓環球報

絕佳的電力競賽史……關於科技與商業的碰撞，瓊斯很會說故事。

——舊金山紀事報（二〇〇三年最佳圖書）

讓我們思考電力帶來的巨變。

——密爾沃基新聞報

瓊斯清楚闡述科技問題，注意力放在相關人物身上，讓事件活靈活現地呈現給讀者。

——Newsday.com

發人深省，節奏恰當。

——科克斯書評

內容多采多姿，風格輕鬆迷人。

——出版人週刊

歷史學家吉兒．瓊斯在書中再現這場激烈競爭，讓人想起多克托羅的《散拍歲月》（*Ragtime*）……但是《光之帝國》不是虛構的小說，而是研究嚴謹的敘事體，描述知名人物苦苦追尋一個難以企及的目標：用隱藏在大氣層的力量供給城市能源。

——發現雜誌

此書獻給我丈夫克里斯多佛・羅斯

電能很偉大……造就了百萬富翁，在空中畫出魔鬼的蹤影，在地球湖海中平穩漂浮。電隱匿在空中，潛入每一種生物……昨夜，電把人們帶入燈紅酒綠的世界——在雪利酒裡依偎，在萊茵白酒裡埋伏，在紅酒裡潛藏，在香檳中閃爍。電在雪酪機中震顫……其味甘冽，沁人心脾，人們啜飲到能量的昇華……活力來自能量。

——摘自一八九七年一月十三日《水牛城晨報》（*Buffalo Morining Express*）

賀尼加拉電力公司首次為該城供電慶宴的記述

目錄

科學圖片列表

序

電能確實偉大。在十九世紀最後十年，美國鍍金時代的三個巨人像普羅米修斯一樣為人類「盜取天火」，夢想能利用這縹緲的自然力——這令人敬畏的力量僅見於電閃雷鳴的暴風雨中。每個巨人都決心要掌握和控制這種「神祕流體」，爭著去締造有里程碑意義的光之帝國，盼望自己輝煌的企業駕馭全球、照亮夜空、減輕人類體力勞動的重負。湯瑪斯・阿爾瓦・愛迪生（Thomas Alva Edison）是一八七九年這時最著名的夢想者，當時這位美國最偉大的發明家發明了白熾燈泡，也是世界上第一個白熾燈照明網的策劃者。接著是高雅執著的電力奇才尼古拉・特斯拉（Nikola Tesla），他對發電和電力輸送有革命性貢獻。這位塞爾維亞移民預知可以利用地球自身振盪波來產生無限動力，並將其用於通訊。這組「三重唱」的最後一位是能力超凡的發明家和堅毅不拔的企業家喬治・西屋（George Westinghouse）。他創建多家公司，是位勤勉的工業理想主義者，期待用豐富廉價的電力資源造福世界。他在畢生工作中竭盡全力為實現電氣化的世界奮鬥。

這是一段發生在電力工業和新興科技初創時期的故事，故事梗概是上述三位遠見人物的成功、失敗與彼此間的紛爭宿怨。每個人都在努力奮鬥以實現自己的電力之夢，努力控制那「微妙且活躍的電流」，美國企業史上最獨特的惡鬥「電流之戰」於焉展開。在這場戰爭裡，愛迪生以經過實驗而實現的直流電（DC）與西屋和特斯拉的新的實驗性交流電（AC）之間爆發技術之爭。這是一場典型的企業鬥爭，一部現代工業史詩，讓後人看到美國企業泰斗激烈競爭，以主導並控制一種正在改變世界的技術，去創建全新的光之帝國。十九世紀的美國盛行達爾文主義，這些新技術推動大型綜合企業迅速成長，奠定了一世紀的社會與物質變革的經濟基礎。資本主義與大企業無節制地擴張，反過來迫使國家調整統治體制。《光之帝國》講述的故事，在我們這時代同樣能引起強烈共鳴。

J. P. 摩根宅邸的書房

第1章

摩根宅邸昨夜燈火通明

發明了電報、電話、留聲機和白熾燈的天才湯瑪斯・阿爾瓦・愛迪生於一八八二年春末搖搖晃晃步入靜靜位於華爾街二十三號的德雷塞爾與摩根公司——一座莊嚴的文藝復興白色大理石宮殿。在那玻璃牆的決策辦公室裡，約翰・皮爾龐特・摩根（J. Pierpont Morgan）坐在特大的捲蓋式書桌後面指揮他的王國。這位統治者身穿銀行家黑色制服，襯衣漿得雪白，翼尖領口和精緻的銀灰色絲綢領帶。價格不菲的哈瓦那雪茄從不離口，室內煙氣騰騰，顯示主人的身分與權力。摩根的投資公司資助愛迪生在下曼哈頓繁華商業區建立起美國第一座白熾燈照明系統。每回拜訪德雷塞爾與摩根，把臉刮得乾乾淨淨的年輕發明家愛迪生總喜歡諷刺辦公室裡的煤氣燈，說它們在「製造毒氣」。但是煤氣燈將很快不復存在，會由愛迪生喜愛的乾淨電燈取而代之。

愛迪生雖然只有三十五歲，但已是大名鼎鼎的人物。人們熟悉他戴寬邊軟帽或用舊的大禮帽，穿破爛的襯衫、顏色鮮豔的圍巾、邊緣磨損的亞伯特王子牌大衣。他與同事連續工作十八小時一身是灰，讓進度落後的珍珠街發電站設置完成，並且沿著街道鋪設長達十四英里的導線管，而這項工作只能在夜間進行。每天清晨和傍晚，行人如潮湧般穿梭於金融地段。身著黑西裝的紳士炫耀自己的禮帽，搖晃手中的拐杖。當時一位穿梭於華爾街的人曾經這樣寫道：「銀行信差的袋子裡裝滿硬幣、紙鈔、匯票、債券和股票，匆忙地來來往往，雙眼緊盯自己的袋子，又得關注身邊經過的每一位辦公室職員、每一位手持黃信封，帶著來自世界各地郵件的郵差，人群交匯，川流不息。」[1]金融區高貴漂亮的助手與牲畜拉車、重型貨車、嘈雜的牡蠣商人和兜售數十份報紙的小男孩一起在這附近的堵塞街道上。每天計有十五萬匹馬拉著市區馬車、卡車，百老匯舞台與花俏裝置，天氣漸漸暖活起來，路上滿是馬的尿糞味。愛迪生喜歡晚上工作。每逢夜晚，他總是和他的愛爾蘭組員在珍珠街附近滿身油污與瀝青地鋪設溝渠，或是在加固的二樓上裝配六部大型發電機。

那年春夏之交，愛迪生需要與摩根商討一件重要工作。摩根在辦公室裡以凶殘聞名，他習慣板著臉孔，一不耐煩就咆哮，以怒目瞪視訪客，無論他來自哪個階層。這時代的富人多流行誇張華麗的鬍髭，但四十五歲的摩根只留著整齊乾淨的小鬍子。他是地道的金融紳士，保守、嚴厲、墨守成規。但是一八八〇年代的美國正處於大變革，男男女女勇敢作夢，抓住機會便不顧一切攫取財富。在摩根大樓南邊幾條街外，羅布林設計的懸吊工程奇蹟飛越紐約的閃爍河面，雄偉的東河大橋經過將近十三年努力已接近完工；小蒸汽機噴著煙，軋軋馳過附近建於曼哈頓混亂交通上方的高架鐵路，成千上萬工作者在城市鄉村之間南來北往；大西洋海底電纜開創了電報奇蹟，從前老摩根在倫敦辦公室發出的信件要過幾星期才能送達，如今電報用幾分鐘就將資訊傳遞到目的地；鐵路運輸使過去的沼澤地和大草原變成了新城市，僅僅過去一年就鋪設了一千英里長的軌道。一八八〇年的人口普查報告顯示美國有五千萬人口。摩根不同於其他金融界巨頭，他關注時代新潮流，敬佩愛迪生那樣勇敢、有志氣、勤勉、自信的人。

那年春末，摩根剛從歐洲旅行回來，他把手頭業務暫時擱在一旁，向愛迪生提出一個大膽的決定。他有意在自己的麥迪遜大道高檔住宅裡讓愛迪生發明的白熾燈泡亮相，整座宅第需要從頭到底翻新。義大利風格的摩根豪宅率先在紐約市使用電燈照明，這是個了不起的創舉。摩根與夫人范妮及三個十幾歲孩子將於那年秋天從哈德遜河畔魁拉斯頓的鄉村別墅遷居到市區，屆時所有電燈都應安裝完畢，並且能正常使用。愛迪生喜出望外，有摩根先生鼎力相助，所有視此發明為不安全和不可接受的說法將不堪一擊。無論世人如何看待摩根先生，但沒有人認為他愚蠢。金融界人士都知道摩根有主見，有膽量，有頭腦，最重要的是他守信用，說話算數，不似在股票市場吞併獵食的惡魔傑伊．古爾德，摩根是個大人物。

快到鮏魚在哈德遜河迴游產卵的季節時，愛迪生工作團隊的馬車也噠噠駛進三十六街東北角的麥迪遜二一九號，即將翻修完工的摩根豪宅。他們一鍬一鏟，費力在木頭馬廄底下挖出一個大地窖，在這散發霉味的污泥地窖裡安裝了蒸汽機和鍋爐，以帶動兩台發電機。摩根的馬匹只好移到附近的馬廄裡。他們還挖了一條通道連通房子與新地窖，鋪地磚，布好電線，再用磚砌蓋好。宅第內有裝潢師克里斯蒂安．赫脫（Christian Herter）監督工人沿著精美木鑲板與灰泥牆中間原有的煤氣線路，鋪設彎彎曲曲的新絕緣電線。這些電線通達整座宅第，每個房間都裝設新的電氣設備。有些房間的天花板小洞高高懸掛幾英尺長的電線，小小的燈泡在尾端發芽。

一八八二年六月十八日，愛迪生電力公司董事長梅傑・舍伯恩・伊頓（Major Sherbourne Eaton）致信愛迪生：「摩根的豪宅昨夜燈火通明。我不在場，但獲知燈光令人滿意，而摩根先生喜形於色。控制兩百五十個燈泡的機器火星四濺，需要立即更換。韋爾負責此事。赫脫在現場，對一切很滿意。摩根只對赫脫的裝置有些不滿。」[2]到了秋天，當紐約社交季開始，這位華爾街金融老闆的新家已裝上三百八十五盞電燈，從僕役房到配膳室，從臥室到日式接待室和起居室，熾熱的白光照亮每個角落。高橡木鑲板的羅馬餐廳尤其光亮，電燈讓十二平方英尺的彩色玻璃天窗發出寶石般的迷人光輝。

《藝術人家》（*Artistic Houses*）雜誌更是狂熱評論這棟豪宅的裝修細節，特別是巨大華麗的赤褐色客廳，「牆壁上殘留著希臘羅馬時期的味道，或更確切說是空氣中的餘香……體現出完美品味的芳香。」鄙視鍍金時代粗俗新貴的摩根心中想必非常高興。他的房子雖然體現了金錢與權力，卻也成功展現出他獨有的歐洲教養、文化水準和超人才智。當然，最奪目特異的是愛迪生的電燈。「每個房間都裝了燈，簡單按下開關，房間就明亮起來。摩根先生只需輕輕按下床頭附近的鈕，就可以瞬間打開大廳、一樓每個房間、地下室與地窖的燈——非常好的預防夜賊措施。」[3]夜賊從未在附近伺機而動，也從未在午夜闖入。摩根的女婿赫伯特・薩特雷（Herbert Satterlee）的回憶錄中寫道：「專業工程師必須在每天下午三點鐘來啟動發電機，在冬日下午四點以後就可以開燈照明。工程師每天晚上十一點下班，主人往往忘記看時間，通常這時客人還在，牌局尚未結束，燈光卻慢慢熄滅了。」[4]人們就在突然降臨的黑暗中摸索，點起蜂蠟蠟燭和煤油燈。

摩根以身為電力消費先驅為傲，這點小麻煩對他不算什麼問題。每個銀色的冬日傍晚，城市的白日喧囂漸漸在富裕體面的默里山街道退潮，偶爾會有拉篷車的馬蹄聲打破美好的靛藍色寂靜。漂亮房子裡一一燃起煤氣燈，四下萬籟無聲，可是當太陽消失在地平線下，摩根先生的蒸汽機與發電機開始運作，破壞了這份美好的寧靜。金屬撞擊搏動的強大機器讓摩根先生的鄰居布朗太太抱怨連連，說她整個房子都跟著在顫動。當然還不止如此，那該死的蒸汽機用的是煤，所以會噴出有毒的濃煙，布朗太太聲稱濃煙滲透她的餐具室，銀餐具失去了光澤。摩根先生向憤憤不平的布朗先生保證，愛迪生公司的一位「專家會致電問候並親自視察，請教導致您不快的原因……我絕不會省卻勞力與費用」去讓機器安靜下來。[5]

三個星期過去，也過了聖誕佳節，愛迪生公司仍然沒有人出面解決問題。氣憤的摩根致信伊頓董事長：「我必須坦言，這整件事激怒我，也激怒我的鄰居，而我不願再繼續忍受下去。請立刻處理。」[6]愛迪生的人馬終於出現，先在機器下面加一層印度橡膠墊，在馬廄裡墊毛氈，再用沙袋穩住整個裝置。他們又挖了一條溝穿過院子，將蒸汽機的煤煙引入宅第的煙囪裡。可是又出現了新的噪音。女婿薩特雷寫道：「冬天，磚塊導管上的雪開始消融，大群野貓聚集在這溫暖的長條地帶，牠們的嚎叫讓人更難忍受。」[7]當然還得不時為電線短路與發電機故障傷透腦筋。

這一切給摩根家帶來不少麻煩，但摩根先生處之泰然。他投資好幾條鐵路，不斷在吸收新科技，認為這些大小問題躲不掉。大西洋海底電纜歷經過三次嚴峻考驗才完全鋪設起來，開始運作。儘管如此，摩根還是在一八八三年秋天要求愛迪生公司的總監愛德華・詹森（Edward H. Johnson）前來府邸檢查不盡如人意的電路裝置。詹森不太樂意前去拜訪，但摩根的公司是華爾街巨頭，一個羽翼未豐的企業需要貸款和資金，他別無選擇。詹森為薩特雷的書寫了一段簡短回憶：「仔細檢查完所有照明設備後」，他發現電路系統已經過時了。電力科技的發展日新月異。「摩根先生問我的看法，我問他是否希望我實話實說，他說是。於是我告訴他，『如果是我，我會把這些討厭東西全扔到大街上』。摩根回答，『內人正是此意。』」第二天，摩根在辦公室的雪茄煙中瀏覽金融報表，他招來詹森，請他親自去宅第更新電路系統。詹森先生不情願地答應了。

要更新摩根宅邸的電路，詹森決定「用地下暗線方式為摩根先生的書房供電，連接器安在桌腳上，好穿入蓋住地板的貴重地毯」。第二天一早，詹森又收到摩根的邀請函。他迅速前往麥迪遜大道與三十六街時，心中有不好的預感。一走進鑲嵌華麗馬賽克的門廳，他已從空氣中嗅出味道，他最大的恐懼果然成真。「房裡瀰漫著燒焦濕木頭與燒焦地毯的強烈氣味。」一應門的僕人領詹森進入書房。「書房地板裂開幾處，房間中央放著部分燒毀的書桌和地毯，其餘燒焦物品堆在一起……書桌下面一個連接器扭曲斷裂，電線接觸不良導致走火，因而讓這美麗的房間遭殃。當時全家人去了歌劇院正好不在。」詹森檢視潮濕焦黑的慘狀，心情糟透了。當時摩根還沒有一統全美金融界，但他急性子，脾氣壞，是紐約主要金融家之中最有權勢的人！數年後，詹森還對當時的情景記憶猶新。「情況悽慘……我突然聽見腳步

特雷談到摩根的關鍵角色時這麼說：「由於他對此新興產業的信任、建議與金援，才使這一產業迅速發展，否則還不知要耽擱多少年才能達到現在的水準。」[9]

摩根很滿意詹森安裝的新電氣裝置，取代了被愛迪生冷嘲熱諷為「散發毒氣」的煤氣燈。摩根讓聖喬治教堂也安裝了同樣的電燈，包括教堂的體育館，在冬天更方便使用。他也為一位朋友開的孩童學校裝上電線。薩特雷解釋：「皮爾龐特派詹森帶著技工與電工到各處去，就像他摘下自己魁拉斯頓花園裡最好的桃子和葡萄，送給沒有果樹的人一樣。與朋友有福同享是他的平生樂事。」摩根的宅第重鋪了幾次線路。薩特雷寫道，「他好像從來不在乎這樣做會損害房屋的牆與地板，他只想搶在別人前頭享用新科技。」摩根先生開過這樣的玩笑：「我希望愛迪生公司珍視我家當實驗站的價值。」[10]

＊

薩特雷生動描繪摩根對新電力技術的熱情，使他不惜鉅資支持其發展。但摩根還有另一面，身為一名保守的金融家與資本家，他對新興工業資本主義的挑戰與混亂深感不安。多年後，摩根承認他更喜歡壟斷的可預測性。事實上，電力新科技的發展與應用需要龐大的資金而且風險很高，保守的摩根在初期一再因此裹足不前。事實上是愛迪生冒上了極大風險才建立起曼哈頓區的第一個中央發電站。這些都讓摩根更堅定地認為，愛迪生電力照明公司應該在此產業中立於壟斷地位。隨著摩根的勢力不斷擴大，他的控制欲導致他在接下來的電力爭奪戰中採取了殘酷無情的手段。

電燈照明在一八八〇年代初期時髦又昂貴，馬上成為區別貧富的標誌。當時的紐約首富非紐約中央鐵路總裁和最大股東威廉・范德比爾特（William H. Vanderbilt）莫屬。可以說他跟德雷塞爾和西聯匯款同為愛迪生（於後期）最重要的支持者。他高大冷漠，茂密捲曲的腮鬍框住他平淡無奇的臉，有「鐵路大王」的稱號。個性溫和的威廉從惡名昭彰的吝嗇鬼父親，海軍准將康內留斯・范德比爾特手上繼承了一百萬美元，輕而易舉將金額翻成兩倍，靠的是他在鐵路經營與股票上的天賦。范德比爾特於一八八〇年造訪過愛迪生在門羅公園的實驗室，對紐澤西州寒冷夜晚裡的柔和燈光讚嘆有加。他印象更深的是愛迪生在第五大道六十五號的嶄新辦公室，無數天花板吊燈與檯燈放出耀眼光芒。一八八二年春，范德比爾特來到六十五號，深深被燦爛的白熾燈迷住。他是個務實的商人，當然希望先親自感受自己要投資的新科技。在他的豪宅竣工前，范德比爾特（確實早於摩根）要求自己的家成為紐約第一個有電燈照明的地方。不管最後事實如何，但人們總願意當第一名。

范德比爾特的新「箱型屋」在落成前已是美國人熱烈討論的話題。這幢宅第象徵擁有者的財產，也證明了新興鐵路公司的強大與私人工業的規模、複雜性、權力與潛力，讓過去所有獲利形式相形見拙。范德比爾特手下有數千名鐵路勞工，因此雇用六百名工人、六十名外國藝術家與工匠雲集於第五大道和五十一街為宏偉的宅第施工裝潢，對他來說不算什麼。這些人如螞蟻般辛勤，打造出極度豪華的大廈（摩根覺得十分低俗）。紐約人興致勃勃地看著這棟建築以破紀錄的兩年時間竣工（據說耗資六七百萬美金，而當時美國五分之四的人口年收入低於五百美元）。走進義大利雕刻的古銅色高聳大門，范德比爾特的房子有各種異國風情，包括鑲嵌珠寶壁紙的奢華威尼斯房間，還有日式竹風的簡約接待室。全屋有五十八個房間，大鬍子寬腰圍的威廉與愛妻占用其中一半，兩個女兒與他們的家人分別占去兩個毗鄰建築。這讓自命不凡的愛迪生與他的手下在一八八二年春天忙壞了，很樂意在這宏偉建築裡大展身手。他們安裝了一個獨立的發電機，在巨大宅第裡鋪滿線路，也包括二樓懸掛大幅法式田園風景畫的天窗藝廊。

一位聖路易斯的記者問及健談的愛迪生，既然大發明家認為煤氣工業正在走下坡，為什麼范德比爾特的豪宅還在用煤氣燈？愛迪生回答：「他還沒試過電燈。第一天夜裡引擎運轉發出聲音，所有新引擎都無法避免，但是夫人有抱怨，於是關了引擎。」[11]之後愛迪生細談道：「夫人有些歇斯底里……我們告訴她地窖裡裝了設備，當她知道裡面是個鍋爐時，她表明自己不要住在這棟房子裡，不願意住在鍋爐上面，我們只好把整個裝置拆掉。」[12]記者接著追問，後來電線著火是否屬實？「其實沒什麼大不了的事：用臨時電線為范德比爾特先生示範時，一根電線不小心接觸到警鈴線，由於線路過熱，壁布裡的一些金線燒焦了。就這麼回事。」[13]愛迪生雖然把大事化小，卻暗示全國首富有些懼內和膽怯，煤氣燈工業的競爭對手於是堅信媒體隱瞞了電燈失靈的真相。

這次「范德比爾特事件」使得編年史家描述摩根宅邸為紐約第一個電燈照明的房子時，慎重用「成功」兩字來形容。無論是摩根家燒焦的書房還是范德比爾特家的小火災，兩個故事都體現出摩根是電燈發展初期的重要人物。摩根為世人稱讚，有膽有識，百折不撓，全力推動與贊助新科技發展，是貨真價實的先驅。（如果你要問愛迪生，他肯定說這還差太遠！）

范德比爾特才遇到一次挫折便打了退堂鼓，直到發展穩定後才成為主要投資者，但是態度依然消極。

*

如今家家戶戶使用電燈，上面兩個故事帶我們回到電力剛剛引進家庭的閃耀時刻。有身分教養的貴婦身穿沙沙作響的曳地長裙，高興地向朋友展示，只要轉動牆上的鈕，房裡的白熾燈泡便開始發出均勻明亮的光，宛如施了魔法。燈泡不似蠟燭會熄滅、冒煙，沒有煤氣燈的氣味，也不會讓屋內氧氣稀薄，不用修剪燈芯和清潔燈罩，可以用幾個月才更換。但是電的應用也讓人們意識到觸電和起火的危險，令人對此新奇昂貴的事物心生膽怯。在一八八〇年代早期，電在人們心中仍是帶有魔力、象徵身分且危險的「神祕流體」。

但是對有遠見的資本家來說，電具有更多實用的吸引力。此一無形「媒介」已催生了兩種新技術：電報和電話，永遠改變了時間與距離的概念。有眼光者已在構思如何從中獲利，先見之明者更急於追求更偉大的成果。電能照亮全國街道、工廠與數百萬家庭，徹底改變人們固有的白天黑夜觀念。有了電，白晝將延長，人們有更多時間工作、娛樂，那多美妙啊！商業有了電，可以採用運作安全的機器，把人類從繁重的農務耕作和工廠勞動中解放出來。但是，誰手握電的控制權？誰能釋放電力全部的潛能？控制這股無形力量的人將會獲得權勢與財富。歷史上電流之戰打得如此猛烈也就不足為怪了。

麥可・法拉第

第2章
努力讓它有用

在古希臘黃金時期的拂曉，難以捉摸且神祕無形的電被記載為特殊調查物件。西元前六百年，博學的哲學家暨天文學家泰勒斯在米利都繁榮的愛奧尼亞港觀察到一種罕見的橘黃色琥珀，其硬度和透明度跟寶石一樣。泰勒斯用一塊布快速摩擦琥珀，它似乎變活了，輕微的物體如羽毛、稻草或葉子朝它飛來、黏住，然後輕輕地分離、飄走。琥珀的性質類似磁鐵，但它不是磁石。米利都的泰勒斯年輕時於埃及聖城孟菲斯與底比斯求學。也許就是在那裡的灼熱陽光下，這位希臘最早的哲學家從教士那裡第一次見到珍貴的琥珀，見識它外觀上擁有的靈魂。

在法厄同（太陽神阿波羅那英俊、註定要死的兒子）的神話裡，希臘人講述了琥珀的魔法。法厄同渴望駕馭父親金光閃閃的戰車，獨自穿越閃爍的天空，而他父親為了證明對他的愛，竟一時衝動同意了。法厄同才抓起韁繩，阿波羅的馬匹就感覺到這個年輕人的恐慌，反抗他改變了方向：先是朝最黑暗的天空跑去，接著又緊貼著地面，將大地烤焦，所有城市與國家都燃燒起來，把果實累累的利比亞燒成乾枯的荒漠，攪動海洋，撕裂大地。主神朱庇特被如此驕橫肆虐的破壞激怒，朝法厄同猛地擲出一道致命雷電，法厄同從天空墜落，悲慘地死去，烈焰裡的頭髮像流星劃過漆黑夜空。他的姊妹，赫利俄斯的女兒們圍在死去的兄弟旁泣不成聲，朱庇特最終軟下心來，把這些輕柔的女孩們變成悲泣的白楊樹，她們的眼淚則變成半透明的琥珀，落進一條潺潺流過的小溪。這段悲喜神話把琥珀解釋為上天的神祕賜物。但現在我們知道，閃爍的琥珀不過是變成化石的樹脂，並沒有靈魂。但是琥珀具有產生靜電的罕見特性，足以激起人們好奇揭開神祕之電的力量，哪怕線索非常微小。

從泰勒斯第一次觀察到琥珀後，時間大約過了兩千年，一六〇〇年的倫敦出現一位備受尊敬的醫生暨哲學家威廉·吉爾伯特（William Gilbert），他是伊莉莎白一世的御醫。吉爾伯特不僅重複了泰勒斯的琥珀實驗，而且遠遠超越了他。廣受稱讚的吉爾伯特是保守的皇家醫學院的成員，但也積極從事科學研究。他直到抵達事業顛峰（成為皇家醫學院院長，並成為德高望重的女王御醫）才發表他那篇引起爭議的論文《關於磁》（*De Magnete*），完整題目是《磁、磁體，以及最大的磁鐵地球：從眾多爭論與實驗中誕生的新哲學》。吉爾伯特讚美自己的「新哲學思維」、他的大膽與「前所未聞的學說」，並特意指出，他的畢生力作絕不為那些「一知半解者、博學白癡、語法學家、詭辯家、辯論者及剛愎自用的小人」所用。吉爾伯特假定地球內部是個「不斷轉動的純粹磁核，為我們的天體在天空中定位，就像它讓羅盤指向北方一樣。」[1]解釋了磁鐵的許多功能，包括值得注意的「磁力線」。

吉爾伯特不單單追求學術研究，還探究巨大商機。英國是海上強權，渴望掠奪其他富裕國家，伊莉莎白女王也一向致力於改進航海技術。因此，任何能闡明磁性本質和羅盤的理論都很重要。吉爾伯特位於倫敦的住宅裡有一幅知名繪畫：他身著白色輪狀皺領和深色天鵝絨長袍，向至高無上的女王及其宮廷成員演示電與磁。喜歡名貴珠寶與皮毛長袍的女王坐著，全神貫注注視，王室最有名的兩位探險家與航海家華特・雷利爵士（Sir Walter Raleigh）與法蘭西斯・德瑞克爵士（Sir Francis Drake）也同樣十分專注。吉爾伯特站在他們面前，展示琥珀、磁石和各種物質的奇異吸力。「電」這個詞正是吉爾伯特創造出來的，他套用琥珀的希臘字 elektron 來描述琥珀對某些物質有吸力的特性。

真正的哲學家與實驗者都致力於準確觀察與解釋自然界事物，吉爾伯特也一樣，他沒有止步於琥珀的觀察，還用各種物質做實驗，發現玻璃、水晶石、硫黃、蜂蠟和一些礦石經過摩擦也會帶電。這是吉爾伯特在電學領域的重要突破與貢獻：不光是琥珀，很多堅硬物質經過摩擦都能帶電。當然吉爾伯特還不知道，正是摩擦產生了（正或負的）電荷，同性相吸，而異性相斥。當電荷流過導電物質時，就成了電流。他用一根可旋轉（不帶磁性）的輕巧鍍金小針做靜電驗電器，研究哪種物質有靜電吸力（針轉向還是離開，取決於電荷是正還是負）。他深入研究電，描述氣候、水、橄欖油等如何影響電。這位優秀的醫生推斷，引起大多數相吸與相斥運動的是一種隱形的含水物質，他稱之為「電磁素」。一六〇三年，吉爾伯特的贊助者伊莉莎白女王去世，而這位《關於磁》的作者不久也隨之離世。他的貢獻在於發現電是能夠產生的，而他的忠告是，哲學家「不僅僅從書本，更要從事物本身追求知識」。

半個多世紀以來，人們對電的認識和理解進展緩慢。然而所有歐洲哲學家仍然對電神魂顛倒，仔細研究《關於磁》一書，也重複做過書中所示的實驗。但是下一個電學研究的重要進展卻出自於無意（這在科學界是常有之事），貢獻者是來自路德教會的馬德堡市長奧托・馮・格里克（Otto von Guericke）。馬德堡是神聖羅馬帝國（今日德國）的一個自由貿易小城市，一六三一年被瑞典人夷為平地。格里克出身高貴，受過良好教育，他用了幾十年時間致力重建被蹂躪的城市，透過締結條約使之重獲自由地位。身肩重任的格里克在天文學裡找到慰藉。他決定試著複製地球儀，研究地球周圍複雜的「力」。他製作了一個嬰兒頭大小的固體琉磺球，把它放在一個堅固的木框架上，附帶一個柄讓球旋轉。當旋轉的黃色球（後來用的球大得多，且含有更多礦物質）受到摩擦，就成了一個帶電體，能吸引和排斥許多輕物體，典型物體就是羽毛。

這位好交際的市長喜歡娛樂賓客：手拿一棵小球四處來回，用球穩穩推進面前一根漂浮的羽毛，最後把羽毛引向客人，黏到客人鼻子上。當球旋轉起來並且受摩擦時，球會開始發光並噴射出火花。格里克無意間用球證明了人類能夠創造相當數量的電，但他那時沒有將此發展為實際知識。在十七世紀後期的德國，格里克樂於與他人分享他製作的球，但是英國（或其他）哲學家對這類電學實驗不感興趣。直到一七〇九年，英國皇家學會的器械館長法蘭西斯・霍克斯比（Francis Hawksbee）製造出一個類似物體，一個靜電器。他的儀器是個用曲柄轉動的中空玻璃球，達到高速後經摩擦產生電，球內有時會出現奇怪的光；這項表演廣受喝采。霍克斯比的機器多了一塊「橡皮」，一個可調節的圓棒，塞入皮片，皮片不斷打在玻璃上產生摩擦。這樣的靜電器能產生相當大的火花，並成為十八世紀早期人們做電學實驗或用來消遣的標準模型。

下一個躍進來自斯蒂芬．格雷（Stephen Gray），一位住在斯陶爾河邊的樸實坎特伯里人，那裡現在是英國聖公會大教堂所在地。格雷出生於染匠之家，但是他受過足夠的拉丁文教育，並與一位格林威治天文學家成為朋友。雖然他當染匠維生，內心卻嚮往科學與實驗。他的觀星報告給劍橋大學的教授留下了深刻印象，三一學院的新天文台雇用了四十一歲的他。在學院裡，格雷發現了電的神祕樂趣，也發現他雇主身上「唯利是圖」的缺點。他返回坎特伯里住了幾年，然後遷居到倫敦的查特豪斯公學，那裡是專收貧困男童的日校，並為窮人提供住所。格雷知道英國仍在尋求先進的航海技術，他向理事保證，如果允許的話，他要全心投入「探索天文學與航海術，有可能找到一些有用的東西」[2]。不論公學的第一個十年有什麼成果，他從一七二九年開始研究能將「電流」送到多遠。他用一根帶電玻璃管測試了多種物質，發現用做包裝的金屬絲導電最好，能成功將電傳送五十二英尺遠。一七二九年六月，他前往一位富有朋友的鄉村莊園，那裡場地空曠，很快將電傳送到七百六十五英尺遠，並且在那裡有條不紊地用各種空心或實心物質測定導電性能。格雷也注意到，如果把一根由絲線穿過的鐵棒掛起來，讓它接觸帶電玻璃管，它會短暫釋放出圓錐形的光；這個結果令人吃驚難忘。格雷進一步評論，強烈電火花發出的聲音與雷聲沒有什麼不同。

格雷有一項最難忘也最炫的原創實驗讓人們津津樂道許多年，也就是懸吊的帶電男孩。一七三〇年四月八日那天，格雷製作了一個牢固的木架，把一個四十七磅重的男孩像大鳥一樣用結實的絲繩吊起來，男孩也許是公學資助的學生。他全身厚厚包裹不導電布料，只露出

斯蒂芬・格雷的懸吊帶電男孩實驗

頭、手和腳趾。男孩伸出一隻手握住一根短棍，上面掛著一顆象牙球。當格雷從後面用帶電玻璃管或小瓶去碰男孩露出的腳趾和他伸出的雙手時，電傳遞到男孩頭部，頭髮會從根部豎起。男孩身體下方三堆輕如羽毛的銅片會像雲朵一樣升起。有一堆上升到象牙球高度，這說明電傳送已經過了手；有一堆升高到臉部位置；第三堆升高到空著的那隻手，位置比頭部低一些。一遇到磁力變化，懸吊男孩會伸出手指碰別人。如果這個人站在導電物質上，男孩的動作會引發明顯的火花與電擊。格雷發現，男孩的鼻尖也會發出火花。人們就這麼戲劇性地目睹了「電流」的存在與屬性。退休老人格雷向世界展示了電的可傳導性。人性使然，愛玩鬧的哲學家抗拒不了帶電男孩實驗裡的有趣現象。男人開始向女人送上帶電的吻（真的帶電擊）。一位愛開玩笑的法國主人把金屬絲繞在餐椅上，讓晚宴客人意外見識到叉子迸出火花！

要談下一個重大進展，我們要跨越英吉利海

峽前往歐洲大陸。時值英國與歐洲的啟蒙時代，當時的哲人專心致志地觀察周遭的自然世界，提出一個又一個理論，解釋過去一直被認為是想當然耳、受忽視，或用神話和魔力解釋的現象。在自然界大量令人困惑的現象中，最令人著迷與感興趣的是電。直到此時，哲學家才從御醫吉爾伯特那裡知道電的存在，他稱為「電磁素」的東西；從格里克與霍克斯比那裡學會製造和操作有效產生電的發電機；格雷認真的研究告訴人們哪些物質導電，電可以傳送多遠。在這個時代，即使是最致力奉獻的嚴肅科學家也認為，自己的任務是要做既能讓人敬畏，又能讓人開心的電實驗。

在這個階段，電能知識探索受數量有限的電實驗束縛。最先解決電儲存問題的地方在荷蘭萊頓。教授皮特・凡・穆申布克（Pieter van Musschenbrock）的律師朋友安德利亞斯・庫內歐斯（Andreas Cuneus）路過實驗室，被那裡各種各樣的電實驗吸引，從而改變了自己的興趣。有個實驗是在裝滿水的瓶子裡放一根導線，用通電玻璃瓶接觸導線讓瓶子充電。庫內歐斯碰到那根伸出來的導線，儲存的電力令他震撼。幾天後他致信巴黎一所學會，說明這是「一個全新但可怕的實驗，我建議你們千萬不要自己試，我也不會，好在上帝保佑我活了下來。不過為了法蘭西王國，我會再試一次！」他碰到從瓶中伸出來的金屬線時，穆申布克發出警告，他受到「強烈電擊，整個身體像被閃電擊中一樣震顫……手臂與全身受到的嚴重影響無法形容。我以為自己毀掉了」[3]。轟動一時的萊頓瓶新聞像野火迅速傳播，使得每個認真研究電的學者都想要做這個實驗，親身體驗那可怕的震擊。人們不久就發現，在瓶子內外襯上金屬薄片能留住電，把幾個瓶子連接起來，產生的電擊足以殺死麻雀。這是科學家們第

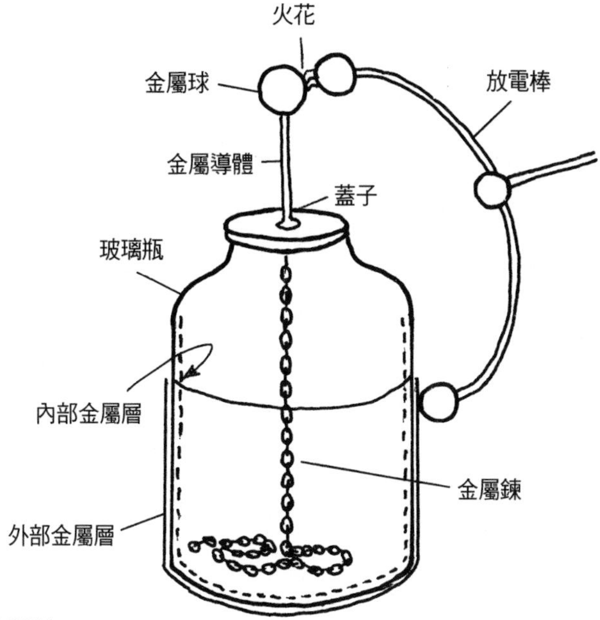

萊頓瓶（放電）

一次儲存起這樣驚人的電量。

　　標準萊頓瓶包括一個矮胖的薄玻璃容器，下瓶身三分之二裡外都用金屬箔包裹，頂部裝了黃銅球的黃銅絲穿過塞緊的（不導電的）軟木塞瓶蓋，下垂到注滿水的瓶子裡。靜電器產生的電經過銅球與銅絲進入玻璃瓶，沿著金屬絲往下流，後來則採用長長的金屬鏈讓金屬層與水充電。需要電時只要碰一下那顆球，電就會一擊流出。萊頓瓶儲存的電可以保留幾天，當然也取決於絕緣和儲藏條件。

　　皇家學會與大學哲學家對電的觀察、測量和思考的結果，紛紛發表在有名望的學術刊物上，但也繼續用電冒充為魔術表演與娛樂。萊頓瓶出現讓人們有機會體驗人造閃電，於是街頭小販開始販賣萊頓瓶給有膽量的人，藉此大撈一筆。不斷追求新奇刺激的電能藝術學生艾貝・諾萊（Abbé Nollet）在路易十五的凡爾賽宮安排了一場壯觀的表演。最令人難忘的是大展覽廳裡有一百八十名騎兵手拉手圍成一個大圓圈，盛裝的諾萊臉上抹了粉，頭戴假髮，穿一件時髦大袖口的束腰長袍，他希望看到電擊能傳到多遠。站在最前面的騎兵舉著萊頓瓶，加速旋轉的靜電器正在對萊頓瓶充電。當他觸到那顆銅球，其餘一百七十九名騎兵幾乎同時跳起。艾貝寫道：「一大群人被電擊後以不同姿勢跳起又立刻發出驚叫，景象十分奇特。」[4]國王與他那些過飽生厭的大臣們看到騎兵跳起既驚又喜。這也證明了電是以光速傳播（雖然他們還不知道）。諾萊為宮廷帶來娛樂，也滿足了他對科學的熱情，說明他的實驗成功不是僥倖。他第一次是在巴黎修道院做實驗，有兩百位穿長袍的卡爾特教會僧侶參加，接著在納瓦拉書院組成一個巨大圓圈，當時計有六百人參與。

電的神祕與驚奇令十八世紀早期許多才華橫溢的歐洲學者沉迷，但是電學研究的下一個進展卻是來自北美英國殖民地，一個看起來完全不可能的地方。在迷人的費城有位受人尊敬的編輯班傑明・富蘭克林，《窮理查年鑑》（*Poor Richard's Almanack*）讓他收益甚豐，讓他能把大部分精力貢獻於哲學研究。一七四四年，做了點印刷生意的富蘭克林尚未介入政治，於那年在波士頓觀看了蘇格蘭人展示的流行實驗帶電男孩。第二年秋天，住在倫敦的一個貴格教會商人朋友彼得・科利森（Peter Collinson）為他寄來各種電器與說明，富蘭克林立刻著迷了。歐洲哲學家癡迷於萊頓瓶風潮的幾個月後，富蘭克林與他的實驗室同事也得到了一個。天才的富蘭克林當時四十歲，留著棕色披肩長髮，穿著尋常的馬褲與長外衣；他自己在市場街上那間小房子原本是印刷店與圖書館，如今變成電的展示廳與實驗室。

一七四七年春天，富蘭克林寫信給科利森：「近來我將精力與時間傾注在過去從未如此投入過的研究裡。我潛心獨自實驗，向專程結伴而來的朋友與熟人展示。我已有好幾個月沒時間從事別的事。」好奇的鄰居與陌生人擠在人群中觀看富蘭克林用快速旋轉的玻璃圓筒產生電，捕捉萊頓瓶裡迸出的閃爍火花，親眼證實許多令人迷惑的電運作方式。富蘭克林對他的倫敦朋友提到一點：「即使電的發現沒有其他用途（許多人這麼認為），起碼可以讓自負的人自卑。」[5]當然這是無稽之談。

事實上，富蘭克林是憑著好奇心與聰明才智來瞭解電，做過無數次實驗弄清楚電的特殊性質，大大推進人類對電的研究。他還發明許多「消遣物」，包括一隻黑色假蜘蛛。把假蜘蛛放在電場裡，它會像活的一樣轉圈跳舞；一本看起來著火的書；最有趣的是一條電魚，由一片薄薄的錐形金葉片做成。「從尾部拿著魚，舉在距離導體一英尺或更遠的地方，當你鬆手，魚會輕快搖擺地飛向導體，像鰻魚在水中游。」[6]最有未來色彩的也許是一幅「魔」畫，畫中有個戴王冠的英國國王，想拿走皇冠的人會受到電擊。這些創意既有趣又能啟發，而富蘭克林是第一個獨排眾議，宣稱不同類型的電並不存在的人：世上只有一種電流，帶有正負兩極。富蘭克林還是個重實用的人，因此「懊惱迄今我們還沒創造出對人類有用的東西」[7]。

富蘭克林徘徊在兩種感覺中間搖擺不定：既對揭示的大自然祕密感到謙卑與敬畏，又為新發現的技藝高興得發暈。他與實驗室夥伴已經掌握產生與儲存電的方法，於是計畫在悶熱夏季來臨前，在斯庫爾基爾河邊安排一個非比尋常的盛大晚宴。一七四九年四月，富蘭克林高興地描述了他們的計畫：「先把火雞電死，然後用電瓶生火，火雞放在通電的千斤頂上烤，來自英國、荷蘭、法國以及德國的著名電學家紛紛舉起由電池槍充電的酒杯，為健康乾杯。」[8]

富蘭克林跟過去的哲學家一樣，推測閃電就是大量的電擊。到了一七五〇年，他相信自己已找到一個不會危害生命的物體，可用來測試「閃電是電」的理論。他建議在高樓架起又高又尖的金屬桿，這可將閃電導引到地下，消失在泥土中，這麼做可以避免建築物起火。在實際實驗中，導引進來的閃電可以收集到萊頓瓶裡。「效果好的不得了！根據我在實驗中的觀察，我認為房屋、船隻，甚至高塔和教堂都可以在閃電襲擊下安然無恙。」[9]當然，一般人不願意去冒犯閃電，因為閃電會引起火災，燒毀他們的財產。這一年聖誕節前後，富蘭克林由於想著要用電殺一隻火雞，結果反被電擊倒，失去了知覺。富蘭克林是這樣描述：「電擊從裡到外、從頭到腳貫穿全身，我的胳膊、膝蓋和後背全麻木了，直到第二天早上才好。」[10]

接下來兩年裡，富蘭克林花越來越多精力推動公共事業，但始終在冥思苦想電的奧祕。一七五二年九月，他終於完成一項計畫很久的實驗。在一個悶熱難熬的下午，大雷雨蓄勢待發，憤怒的烏雲在地平線上不祥地翻滾，富蘭克林和兒子急忙穿過燠熱，跑進長滿野黃花的田野。富蘭克林帶著一個用絲巾加上十字架做成的簡單風箏：風箏頂端黏著一根一英尺長的金屬絲做導體，底部繫上一根連著絲帶的麻繩（已知不導電）。麻繩和絲帶的連接處掛了一把金屬鑰匙。當暴風雨來臨時，富蘭克林放開風箏讓它升空，隨後與兒子在傾盆大雨中找到一間小木屋避風雨。風箏竄入灰色雲層，鄰近的樹木風雨飄搖，遠方閃電劈過黑暗天幕。富蘭克林和兒子緊盯著麻繩，但沒有發現電的跡象。一身濕透的兩人正感到無比失望，期待的現象突然出現：原先鬆弛的麻繩像帶了電一樣向上升起。曾經被電擊昏過的富蘭克林小心翼翼地用指關節去碰那把鑰匙，這時他看到也感覺到清晰的電火花。因為繩索被雨打濕，閃電中的電就順著繩子流下來。富蘭克林很幸運，閃電沒有直接擊中他的風箏。這次傑出實驗讓富蘭克林名列電力巨人的萬神殿，成為推進人類認識這威力無比、神祕隱形能量的哲學家，對拓展智識有劃時代意義。由於富蘭克林，電氣工程師不需要再胡亂推測，現在都清楚知道閃電類似於電，跟人們用發電機器產生的電一樣。富蘭克林被奉為十八世紀的普羅米修斯，那位為人類盜取天火的神。

在那炎熱夏末午後，風箏捽下閃電天空的時候，富蘭克林寫的《電的實驗與觀察》（*Experiments and Observations on Electricity*）已被翻譯成法語，甚至早在春天時，一場巴黎科學會議上已大聲朗讀過部分章節。許多性急的法國科學家聽到用避雷針和風箏做實驗的好主意後立即著迷，想要親手嘗試。他們在馬里勒魯瓦郊外的美麗高盧花園裡安裝了三個四十英尺高的避雷針，電極站在以三支酒瓶當腳的三角凳上。一七五二年五月十日那天，助手一聽見雷鳴就拿著萊頓瓶跑出來，大雷雨立即降臨，他也成功收集到大量火花。等到冰雹從打開的天幕往下猛擊，一群好奇的人不顧衣服越來越濕，依然專心注視一再吸入閃電的電瓶。富蘭克林做完風箏實驗後才驚訝地發現，法國的電氣工程師已搶在他前頭完成了書裡建議的實驗。

富蘭克林的實驗，實際時間是1752年九月

這些戲劇性成功和狂熱的渴望使富蘭克林迅速聲名遠揚，成為美國與歐洲的名人，又驚又喜的法國國王也盛讚這位殖民地商人的科學成就。哈佛與耶魯大學均授予他榮譽學位，聲望很高的倫敦皇家學會授予他科普利獎章，吸納他成為高級會員。一位義大利科學家曾說：「誰曾想過要從北美拓荒者那裡學到獲取電的方法。」[11]普羅米修斯的奇蹟迅速傳開了，當時一位住在聖彼德堡的瑞典科學家喬治・瑞奇曼（George Richman）打算複製實驗。雷陣雨降臨時，他站在高處舉著連接導線的電極，不幸被閃電擊中當場死亡，成為一七五三年第一個做電學實驗死亡的人，這門新興科學的殉難者。

人們認真研究的電會用於消遣娛樂，也很快被用來治病。一位義大利科學家在一七四六年曾說：「人們看到身體、四肢和皮膚發出耀眼閃光的那一刻，會感受到一股刺痛。閃光出現時，痛打與強烈刺激幾乎入骨；沒有想法能比它更快。」[12]（那個年代能稱得上的）真正的醫生和江湖的蒙古大夫都提倡用電治療便秘、神經錯亂、性病和不孕症、坐骨神經痛、風濕病、流淚、皰疹，以及少數小疾病。義大利開設了三所醫學院，致力於用電治病。義大利（當時還隸屬於奧地利）也應是近代最偉大的電力發展地，因為有兩位科學家進行了一場激烈的科學辯論。一位是溫柔靦腆的路易吉·賈法尼（Luigi Galvani），波隆納大學受人敬重的醫師與解剖學家，另一位是亞歷山德羅·伏特（Alessandro Volta），古老帕維亞大學裡聲望頗高的物理學教授。那個年代的科學家都對電深深著迷，賈法尼好奇電在人體神經與肌肉運作上扮演的角色，伏特則關注電的基本屬性和它的化學作用。

兩位科學家之間著名的宿怨源自賈法尼完成的系列實驗。賈法尼時年四十四歲，英俊瀟灑，鬍子剔得乾淨，戴白色假髮，頸繫精美蕾絲飾帶，穿黑色長大衣，打扮符合流行的紳士時尚。一七八一年一月二十六日那天，賈法尼和助手們正在解剖一隻大青蛙的雙腿，旁邊開著靜電器。賈法尼的助手發現，手術刀碰到青蛙腿上某一點時，這條與身體分離的腿會猛然抽動。賈法尼後來寫道，「我立刻重做實驗。用手術刀的刀尖去碰神經另一端，我的助手能同時從發電機器收集火花。每當火花出現，青蛙的肌肉就會痙攣。」[13]賈法尼留意到青蛙腿抽動的現象，也觀察他用黃銅掛鉤吊在後院鐵柵上的備用青蛙，當他把銅掛鉤推向鐵柵時，青蛙也抽動了。賈法尼開始確信，他看到的正是藉金屬器具完成迴路的「動物電」。「動物本身存在電的觀點就產生了。」[14]賈法尼在接下來十年用青蛙腿做了各種實驗，用拉丁文（當時的學術語文）發表了系列論文，一七九一年發表的《關於肌肉運動之電的效應》（*On the Effect of Electricity on the Motion of the Muscles*）是為他的研究頂峰。就像富蘭克林當年的知名研究，上百位致力於電學研究的哲學家又爭先恐後地複製賈法尼的「動物電」實驗。

這些研究者中間有位帕維亞的物理學家亞歷山德羅．伏特，四十六歲，面容嚴峻，鬍鬚修剪得乾淨俐落，黑髮稀薄散亂。伏特教授在電學研究上成就斐然，因此已加入了倫敦聲望顯赫的皇家學會。他是沒落貴族的兒子，在科莫湖畔長大，很早就展露出科學與數學方面的不凡天資。到那時為止，他最重要的發明是用來測量電荷的高靈敏度「電容驗電器」。伏特最初看到賈法尼的動物電發現時，曾稱讚為「確切來說乃精妙偉大之發現」。但當他自己複製青蛙腿實驗時，他的懷疑卻越來越深[15]。最後他確信電不是來自青蛙，而是來自金屬，並於一七九四年駁斥賈法尼的觀點。伏特發現，電實際上是「金屬」性的。賈法尼以侄子阿爾蒂尼為首的支持者重新用青蛙做實驗，證實了即使沒有金屬，青蛙腿也會明顯跳動。一直保持緘默的賈法尼仍在為一七九〇年去世的愛妻悲痛，他知書達理的妻子曾與他一起做實驗。賈法尼和伏特之間的爭執已經到達難以忍受的地步，伏特在給朋友的信裡寫道，「我知道那些紳士要我去死，但如果我撤退，我就不是人！」[16]動物電與金屬電的爭論沒完沒了，儘管每位科學家和其整個歐洲大陸的支持者隨後做過許多實驗，這些實驗在當時都相當重要且關鍵，依然無法讓情勢明朗。

到了一七九六年，拿破崙帶領軍隊橫掃阿爾卑斯山，奧地利人發現自己已成為新革命的阿爾卑斯山南共和國的公民。接下來兩年裡，忠誠的賈法尼拒絕向新政府宣誓效忠，因此在一七九八年四月底被波隆納大學開除，他在那裡愉快地從事解剖學研究已達三十五年。同年十二月初，賈法尼去世，享年六十一歲。他被政府放逐，死時身無分文。伏特教授起初也反抗拿破崙政權，最後在妥協下得以繼續在帕維亞大學執教。

身為金屬電領袖的伏特一直有條不紊地測試各種金屬，並用他高靈敏度的驗電器測試，由此確定它們的正負電荷。他還觀察到，電荷在手指碰到金屬時會明顯增強，他推斷是鹽濕氣的作用。一八〇〇年三月二十日，伏特用法語致信倫敦皇家學會會長約瑟夫・班克斯爵士（Sir Joseph Banks），「我不想為自己的長時間沉默道歉，但我很高興與您聯繫……不間斷進行的電學實驗已取得一些驚人結果，我只不過讓不同種類金屬互相接觸，甚至採用不同的導體，若不是用液體，就是含有液體的導體，它們的導電力令人受惠……我提到的測試儀器只是許多良好導體的集合物，但一定會讓您吃驚。」[17]

根據他的仔細觀察，伏特獲知了哪些材料導電還是不導電。伏特把一英寸寬銅極片與鋅極片交叉堆疊起來，中間用鹽水浸泡過的布或紙板隔開。當全部極片連接在一起時，銅極片會釋放出電子到浸泡鹽水的布上，鋅極片則從這塊布上**獲得**電子。當鋅溶解時，銅表面會生成氫氣，結果是電荷沿著導線源源不絕傳出電流。這個電化學反應製造的電流來自電池頂部與底部的兩根絕緣導線，這是最早製造出來的穩定人造電流。

這就是最原始的電池，能傳送連續穩定的電荷，而靜電器或萊頓瓶只在高壓靜電衝擊或震動下供應電。伏特稱他的電堆可以「不停工作，每次爆發後可自己重新產生電。概括來說，它靠不滅的電荷運作，靠電流裡永恆的作用力或推動力」。實際上，伏特電池堆的含鹽

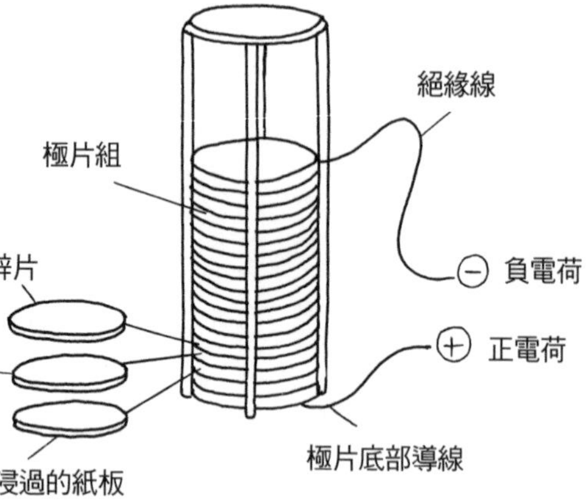

伏特電堆（或電池）

液體乾涸或金屬全部溶解完之後也會停止生電。那時伏特相信電池動力完全於來自不同金屬的接觸，而事實上是來自於金屬與液體之間的電化學反應。電池執行時間越長，材料消耗得也越多。伏特為電池設計出另一種他稱之為「杯冕」的形式，特點是用鋅條和銀條與金屬導線把裝滿鹽水的杯子連接起來。

由於英法戰爭，伏特的信件被耽擱一些時間才送達倫敦，皇家學會直到一八〇〇年六月二十六日才讀到這封信。伏特開拓傑出的成果引起全歐洲與美國讚嘆。一位同時代人描述這電池是「人類之手所打造之最了不起設備，當然還有天文望遠鏡與蒸汽機」。科學家很快複製起伏特的「電堆」，體積越做越大。諷刺的是，是賈法尼發現伏特電池產生的穩定電流（穩定的直流電），由此證明伏特的宿敵也是不朽的，而伏特的名字被用來度量電壓單位，永遠銘記他的貢獻。伏特劃時代的電學成就讓他獲得許多榮譽與豐厚獎賞，並被拿破崙封為伯爵。此後他結婚，擁有名望且富有，但沒能改進他發明的電池，對電學也不再有重要貢獻。

*

科學家爭相建造更大更強的伏特電池，以產生更強更持久的賈法尼電流。倫敦阿柏瑪爾街上一所新的皇家機構裡已經有一個「世界最大的科普展覽地」。衝勁十足的年輕化學家漢弗里·戴維（Humphry Davy）在學院地下實驗室裡建造出更大的改良性電池。在十九世紀第一個十年裡，戴維用這些大電池做開創性研究，讓電化學反應成為電學基礎。這所學院成立於一七九九年，目的是推進科學研究，並將科學應用於「生活日常需要」。最初贊助者是素有威望的英國大公，皇家學會會長班克斯爵士，以及頗有爭議的發明家暨政治家倫福德伯爵。正是倫福德伯爵雇用了英俊多才的年輕化學家戴維，讓他成為科學界的閃耀新星。戴維的公開演講總是融會了淵博的科學知識和眼花繚亂的表演技巧，深奧的電學與化學在他口中活靈活現，讓數百位衣冠楚楚的要人快速聚集到圓形劇場觀看與聆聽這位蓬亂髮的康沃爾郡人興奮地演講。他的朋友與崇拜者，詩人塞謬爾·泰勒·柯勒律治（Samuel Taylor Coleridge）也參加這人擠人的科學聚會，他崇敬地宣稱，即使戴維不是「當代第一化學家，也會是第一詩人」。

打從開始起戴維就認定，伏特電池是從電化學反應中生出電。他在一八〇七年十月曾建造出一個電力夠大的電池，證明了化學化合物能被電分解回它們基本的組合元素。戴維用電把強鹼分解為碳酸鉀與蘇打粉，進一步得到完全新的元素：鉀與鈉。戴維是謙遜木雕師的兒子，與富有女性結婚使他天生的高貴氣質放出光芒。好運伴隨著公眾的尊敬而來，還包括一個爵位，他成了漢弗里．戴維爵士。漢弗里爵士的熱情、瀟灑氣質與成就讓他進入上流社會，能造訪公爵和貴族的巨大鄉村莊園，與最傑出的藝術家與思想家交流，包括名聲顯赫的詩人威廉．華茲渥斯（William Wordsworth）和傑出的風景畫家約瑟夫．特納（Joseph Turner）。到了一八〇八年，已是皇家學會會長的戴維在地下實驗室建造了有兩千對電極片的龐大電池。把巨大電池產生出來的強勁電能應用到鹼土上，戴維得到更多的新元素：鎂、鈣、鋇和鍶。

但是戴維在電研究中最令人刮目相看的是弧光燈。一八〇九年，他在眾多支持者面前做出他一生中最精采的演講。他手舉兩根導電用的細木炭棒，讓一根炭棒連接強大的伏特電堆。當電流過第一根炭棒時，漢弗里爵士讓第二根炭棒接觸第一根的頂端，耀眼火花在連接處閃現。再稍稍拉開兩根炭棒的距離，火花變更大了，電在兩根炭棒間的弧光中傳遞，這讓在場的人更加目瞪口呆。強烈藍白光直到炭棒耗盡才消失。漢弗里爵士驚心動魄的表演促成了商業用的弧光燈，但是炭棒校准出了許多麻煩，而且還沒有電池能長時間有效供應足夠明亮的光。

然而電的藝術經久不息，受挫的科學家與哲學家仍年復一年努力揭示與破譯電尚未為人揭開的祕密，特別是許多電與磁相互關係的推測。早先的獻身者都是獨自在家中研究，像富蘭克林、格里克與格雷，這些人慢慢為近代學院培養的科學家鋪路，讓他們能使用學院實驗室或在特別機構內做研究。要掌握大量積累的特別知識十分耗費時間，很少人能獨立建造電學研究所需要的複雜設備，特別是巨大的伏特電堆。此外，國家執政者深信科學與技術對國民富裕與健康極為重要。下一個電學研究重大突破是從歐洲大學傳出也就不足為奇。

一八二〇年的春天，四十三歲的哥本哈根大學物理教授漢斯．厄斯特（Hans Christian Oersted）正對一群優秀學生做電的私人講學。高大強健的教授留著黑捲髮與濃密絡腮鬍，穿黑色長大衣、背心與高領白襯衫，繫領巾。他在實驗室木桌上裝起一個小型伏特電池，手裡拿著一根帶電的導線，打算講授用電流加熱鉑金絲的論點。就在準備用導線時，教授突然注意到桌上指南針的磁針正劇烈搖擺。他把導線移到指南針上方與周圍，指針對電流反應強烈，好像有個磁體在附近一樣。

厄斯特跟漢弗里．戴維爵士一樣，透過自己的努力成為科學家。他本是鄉下的普通男孩，對知識的熱愛與非凡智力讓他掙得獎學金，最終取得大學教職。厄斯特精通數種語言，學過製藥（許多化學家由此出道），曾出國遠行與其他科學家交流，致力於確立磁與電關係的研究。他在一八一三年的書中寫道，「應該試著搞清楚，電在潛伏階段是否會對磁體產生作用。」[18]而現在七年後，厄斯特教授機敏觀察到搖擺的指南針，終於在不經意間找到長期尋覓的線索。他在後來的實驗中發現指針總是在帶電導線直角的方位上擺動。如果他改變電流方向，指針也轉向相反方向。簡言之，電流產生了自己的磁場，並且藉磁場產生了力。

一八二〇年七月二十一日，厄斯特用四頁拉丁文論文宣布發現了電磁，論文標題是《論磁針的電流撞擊實驗》，並把複本寄給歐洲每個重要學院、研究會與電學家。厄斯特希望人們相信此一歷史重大發現，因為這進一步揭示無形卻強有力之電的奧祕。在沒有電報、電話和火車的時代，他的偉大突破傳播速度緩慢，漢弗里爵士知道消息時已經十月了。厄斯特得到應得的喝采，就像前輩富蘭克林與伏特一樣被盛讚為電學天才，獲得皇家學會的科普利獎章，並成為許多科學學會的會員。

當時巴黎的數學教授安德列．馬里．安培（André Marie Ampère）十分懷疑厄斯特的實驗。安培篤信宗教，因為婚姻失敗與孩子行為不檢而痛苦不堪，只能從數學、化學和自然科學尋求慰藉。安培毫不費力地複製了厄斯特的實驗，證明磁場的強度會隨著電流強度提高而加強。安培還證明，朝同一方向的平行電流會彼此相吸，朝相反方向會相斥。接著又過了十年，電流導線周圍會產生磁場的新認知促使人們製造出更強大的電磁體。在美國紐約州的阿爾巴尼，工程師暨發明家約瑟．亨利（Joseph Henry）就是開拓者。他用妻子的舊絲綢衣做絕緣，讓導線纏繞鐵塊好幾圈。纏的層數越多，電磁力就越強。此一研究成果使他獲得普林斯頓大學的教授職位。亨利後來成為華盛頓特區史密森尼學會的第一任會長。他將幾百英尺長的絕緣電線纏繞在一大塊馬蹄鐵做的巨大電磁體周圍，用這些奇形怪狀的設備表演，卻讓觀眾激動得喘不過氣來，因為這些電磁體能提起大約一噸重的東西。儘管人們已對電有長足的認識，世上仍然少見電的實際應用。

厄斯特發現電磁，安培擴展研究，導致電學新研究如洪水湧至，新科學論文鋪天蓋地而來。戴維爵士的助手麥克．法拉第（Michael Faraday）於一八一三年被皮卡迪利圓環附近的皇家學會雇用，當時他已是英國最重要的分析化學家，由於自身才華、創造力、勤勉、個性溫和和純粹的科學成就而享有聲譽（後來有許多人說，戴維爵士對科學最偉大的貢獻就是雇用了當時還不為人所知的法拉第）。然而法拉第對電的興趣不大，直到一八二一年春天，《哲學年鑑》（*Annals of Philosophy*）的編輯建議法拉第運用他超人的才智創作一篇新興電磁科學的研究文章，才吸引這位三十歲科學家進入迷人的電學領域。

法拉第的外表不像科學家而像浪漫派詩人，他的面容溫和俊俏，額頭高高的，深色眼睛散發聰慧，滿頭厚波浪的中分捲髮。法拉第的際遇跟厄司特不一樣，不是從大學進入科學領域。實際上他的正規教育在十二歲就結束了，後來在書本裝訂工那裡做了七年學徒。結束學徒生涯後，法拉第正式執業，一位好心顧客送他聽課證，讓他去參加戴維爵士非常受歡迎的「化學研究要素」系列講座。在皇家學會聽到與看到的一切令法拉第非常迷戀，他認真記下所有活動和小組討論內容，加上插圖和例證，還編纂了索引，裝訂成一本可愛小冊子。他把這本小冊子送給自己的新偶像漢弗里．戴維爵士。後來法拉第寫道，「我覺得貿易邪惡且自私，所以我想遠離貿易，服膺於科學……這個強烈願望最終使我鼓起勇氣，大膽且天真地寫信給戴維爵士。」[19]這時的戴維爵士已經從最初微不足道的小人物變為顯赫的明星，他被這位鐵匠家二十二歲小夥子的抱負、聰明才智與熱情（以及他那珍愛的小冊子）深深打動，決定雇用法拉第當他的助手。法拉第得到一百英鎊的年薪，並得到學院樓上兩個供應煤和蠟燭的房間。法拉第還不是大學職員，卻已被安頓在聲望高、資金充足的研究機構裡。法拉第自然科學的卓越才華體現在他發現了苯，以及為使新興重要的苯胺染料工業化而宣導的化學方法，在氣體液化上也表現出成績。到了一八二四年，他已是皇家學會的會員。下一年，法拉第三十三歲時，他被任命為皇家學會實驗室的負責人。

鑽研電的大量書籍與論文時，法拉第總是努力從中整理出有用的東西，寫進自己的調查文章裡。他完全被這種看不見的能量迷住。一八二二年，法拉第在實驗室筆記本中寫道：「電磁轉動成電。」[20]他在一八二〇年代努力做過四次實驗，儘管在化學領域取得驚人突破，指出一些轉動電磁變成電的方法，但依然深陷困境。然後在一八三一年八月二十九日那天，法拉第一如往常穿著樸素的黑色燕尾服、高腰褲、高領搭配簡單飾帶，他發現到一個奇怪反應，讓他找到電的重要線索。

法拉第有個鐵環，在環的一邊纏繞絕緣導線，接上一個電池。另一邊也用絕緣導線纏繞，與它連接的是一個電流計，用來測量低度電流。法拉第給第一組線圈接上電池通電，期待看到第二組線圈啟動的跡象，但是沒有。他卻注意到電池接通或斷開時，電流計顯示有瞬間即逝的微小電流。這裡出現第一個線索：充電線圈磁場的**變化**——透過電池接通或斷開引起磁場啟動或停止，讓第二組線圈產生短暫電流。法拉第的朋友（也是同事）約翰．丁鐸爾（John Tyndall）後來這麼評價法拉第的天分：「他結合了堅強意志力與完美靈活性，他的動力就像一條河，肩負重任，性情直率，兼有適應彎曲河床的能力。他做事專心一志，心無旁騖，但不會影響他對其他方面的洞察力；當他抨擊一個課題、期待的結果，他有能力保持警醒，以免讓有別於期待的結果因為他的偏見而被忽略。」[21]法拉第記錄了電流計上微小的擺動。

接著幾個月過去，秋天又為倫敦帶來陰雨時，法拉第花了一整天追蹤電流計上奇怪顯

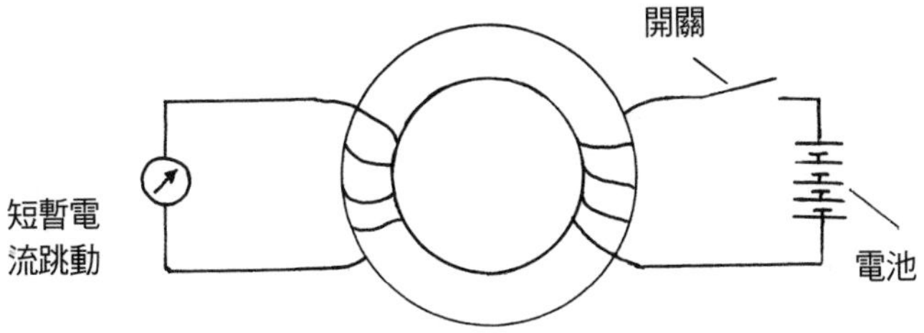

法拉第演示電磁轉動產生電流

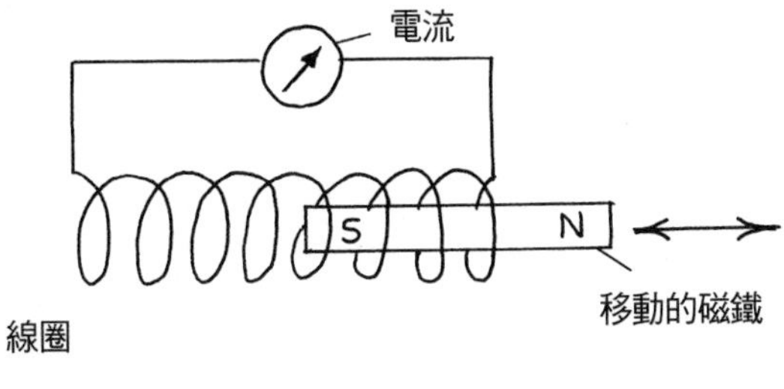

法拉第用移動磁鐵產生電流

示的原因。在第一個實驗中，他把線圈繞在一個筆直的鐵芯上。他拿兩根長磁鐵棒擺成一個V字，並用纏好的鐵芯做為三角形的第三個邊。當磁鐵棒的V字被分開時，磁場的迴路斷開了，電流流入線圈。法拉第在實驗室日誌裡記錄：「從這裡明顯看到磁到電的轉變。」進一步實驗時，他拿來一根鉛筆狀的磁鐵，並簡單繞著線圈移動。這移動的磁場在線圈中產生一陣短暫電流。但是法拉第不想要短暫爆發的電流，而是有意製造出連續電流。

他將一個簡單的十二英寸銅盤裝在一個軸上，讓銅盤在永久磁鐵的磁極間旋轉。銅盤一面有根導線從軸連接到電流計，另一根導線從電流計連接到金屬導體，導體接觸銅盤邊緣。當旋轉的銅盤擾亂並因而改變了磁鐵的磁場，電流計會記錄到連續電流。法拉第在他詳細的實驗室日誌中寫道，「在這裡證明了普通磁鐵產生出持續電流。」法拉第的電磁感應定律可以簡單表述為：「透過磁場變化可以在封閉迴路中產生電流。」[22]

法拉第在一八三一年十一月二十四日呈給皇家學會的論文中，謙虛形容他那劃時代發明（也就是世界上第一台發電機）是「一架新的發電機器」。厄斯特證明過如何用電產生磁，法拉第則揭露電磁的另一面，甚至是更為神祕與重要的一面：如何用磁鐵產生電。法拉第對電的解密成果非凡，但那時候沒有人預見這項獨特發明會對後世產生影響，誰能料想到這會是現代電子工業的基石？伏特發明電池之後就倚賴著桂冠榮耀停滯不前，但法拉第不一樣，他在接下來十五年裡，「對許多自然奧祕保有直覺的洞察力」，驅使他去闡明磁力線，以及電流、磁場與穿過磁場移動之間的關係。他證明了，只要簡單改變電流大小就可以引起磁場改變，並且反過來讓磁場中的任何導體產生電流。法拉第也澄清了電的電化學本質，確定了許

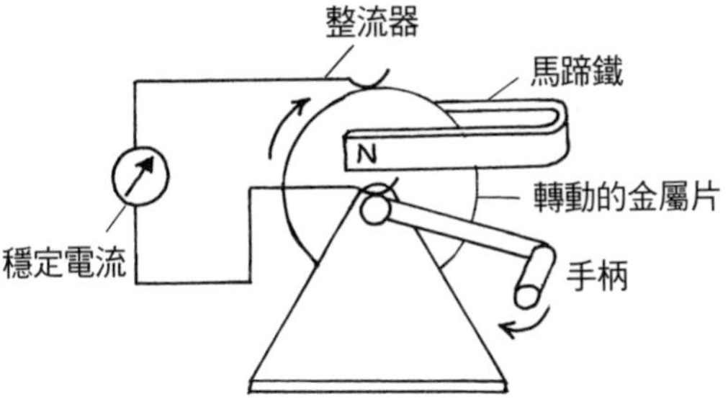

法拉第的電流產生器

多物質的特殊感應能力，建立了電與磁的關係，解決了長期爭議的問題，也就是閃電、靜電、電池與發電機產生的電是否都具有相同屬性？答案是肯定的[23]。當時一位傳記作家寫道：「他的多才多藝、獨創性、聰慧、想像力和充足的耐力，實在令人敬佩。」[24]

法拉第的生活、工作及形象鼓舞許多人，並成為成功科學家的典範。法拉第認為戴維爵士因為財富與地位顯赫而無法全心全意追求科學，所以婉言謝絕那些耗費時間的頭銜、掙錢的機會，以及伴隨榮譽財富而來的社交活動。法拉第是虔誠的桑德曼派教徒，與愛妻住在皇家學會樓上，過著樸素、寧靜、快樂的日子。只要一到地下實驗室，他就會變成一頭名副其實的獅子、熱情卓越且充滿幹勁的科學家，能敏銳辨識出最重要的問題，全神貫注地解決。他的科學成就巨大且重要，對眾多領域影響深遠。他的實驗室日誌樹立下關注細節、組織整理、誠實記錄的模範。他著作等身，而且願意承認實驗所犯的錯，他的魅力與勇氣讓他贏得廣泛忠誠的讀者群，三卷《電與磁的實驗性研究》（*Experimental Researches in Electricity and Magnetism*）是他流芳百世的不朽傑作。

一八二九年，五十二歲的漢弗里．戴維爵士英年早逝，法拉第在一八三〇年代正式接管了皇家學會。一項他最初的舉措就是開創了星期五的晚間論壇，並且在聖誕節特別為兒童舉辦演講。戴維爵士迷倒眾生的講座曾經徹底改變了法拉第的命運，因此他非常重視為公眾服務。試想某個孩子參加了聖誕演講後一生擁抱科學，或者星期五晚間聽眾中有個具有影響力的熱心人，決定捐獻大筆金幣給皇家學會。有什麼不可能呢？在實驗室科學真正開始嶄露頭角的年代，法拉第就是最偉大的聖人和預言家，正是學院最才氣橫溢、最迷人的演講者。當他在擠滿聽眾的講堂裡來回走動，流暢地演示實驗時，他英俊的臉龐充滿激情，頭髮詩意地飛揚。星期五演講準時於晚上九點開場，有教養的聽眾穿著正式禮服提前抵達，就像來欣賞歌劇一樣。一位法拉第的追隨者這樣回憶道，「聽眾同他一樣懷著火熱的激情，每個人臉上閃閃發光。」[25]法拉第的朋友丁鐸爾寫道，「他對聽眾施以魔法，勸說他們可以走了，因為他們已經理解了講題，但他知道他們並沒有真正明白。」[26]演講於晚上十點準時結束後，興奮的聽眾遊蕩到學院華麗的兩層樓圖書館，在那裡吃些小點心，觀看與晚間講題相關的展覽，驚歎科學的神奇。法拉第一八四九年時對孩童做的聖誕演講〈一根蠟燭的化學史〉，至今仍為人熟知。

在法拉第的熱心領導下，皇家學會成為當時英國最重要的社交和科學活動中心，當時英國國力蒸蒸日上，皇家學會吸引了許多著名的維多利亞時代傑出人物，包括狄更斯、達爾文和赫胥黎。一位法拉第傳記作者這樣寫道，「正是他豐富的產量與多樣的技藝，使得化學家，甚至物理學家、工程師與材料學家都尊他為學科創始者，有些科學與技術要歸功於他的研究。他餽贈給後代的科學成果大於其他物理學家，他的發明的實際效果對人類文明生活具有深遠影響。」[27]法拉第沒興趣花時間去做特別實用的事，他解釋：「哲學家應該願意聽取與接受任何建議，但要靠自己堅定地判斷。不應因為表面現象產生偏見，不應有個人喜好的假設，不應有學派之分，不應信奉大師……真理原本是客觀的。如果再加上勤奮，他就有希望在大自然的神殿前散步。」[28]法拉第為回應真理的呼喚，對實用價值不太有耐心。當他證明了一個新的化學過程，或揭開一個新的電磁學領域後，那不可避免的問題就隨之而來：它的用途是什麼？法拉第喜歡引用富蘭克林的名言：「嬰兒有什麼用呢？」科學實驗者的回答是，「努力讓它有用。」

*

接下來幾年內，英國、比利時、法國、德國、美國和其他西方國家的科學家與發明家，都在盡最大努力讓電變得有用。他們緊隨法拉第的權威研究，竭盡全力發揮智慧。這時出現的電鍍術就是將電實際應用於工業和商業的例證；電池改良工作也在穩步開展。因此到了一八四〇年代，電完成了它第一次的奇蹟革命，成了製造電報機的基礎。在十九世紀中葉的幾十年裡可以看到科學技術突飛猛進，蒸汽機、鐵路和電報出現，推翻了傳統中對能量、空間和時間的概念。同樣在這些年中，煤氣燈取代了鯨油和蠟燭，成為都市住宅、辦公室和一些工廠的廉價方便室內照明。煤氣經由地下管線，從中心煤氣站輸送到大樓和人行道（原理和水管一樣），迅速在大城市普及。在漆黑的夜晚，大城市街道的照明也由煤氣燈取代了鯨油燈。

煤氣燈到來就像鐵路和電報到來一樣，明顯改變了億萬年來時間與空間的一貫節奏。作家羅伯特．路易斯．史蒂文生（Robert Louis Stevenson）這麼讚譽煤氣燈：「一個社會性和公眾性享樂的新時代開始了……普羅米修斯的工作又被大大推進一步，人類的晚宴不再任憑幾英里海霧擺布，日落後人行道上也不再空曠無人，白天隨著人們的意願延長了。城裡人有了自己的星星，聽話的、馴養的星星。說實在的，這些煤氣燈不像原先的燈那麼穩定，也不那麼乾淨，光彩也確實比不上最好蜂蠟製成的蠟燭。但是和木星比起來，這些煤氣星星離我們更近，也更實用……每晚點燈人都是帶著愉快心情離開的。看到人們與日月爭輝令人歡喜。」[29]煤氣燈在美國就像在多霧的倫敦一樣流行，到了一八七五年，美國已經有四百多家煤氣燈公司。

當煤氣燈取代古老的油燈與蠟燭，第一次在夜晚為城市街道帶來光彩時，發明家與企業家也在努力尋找方法應用戴維爵士一八〇九年博得滿堂彩的弧光燈。英國人用大電池在偏僻遙遠的地方建造了幾個獨立的弧光燈照明屋，少數不服輸且標新立異的法國貴族也在自己土地上做相同的實驗。工程師在里昂附近一座莊園架起實驗用弧光燈時，當地報紙這麼報導：「人們真的以為太陽出來了。錯覺是如此逼真，讓小鳥從沉睡中醒來，在人造光裡歡唱。」[30]弧光的光譜確實與日光相近，它柔和、穩定，不同於煤氣燈、油燈或蠟燭的閃爍搖曳。但要讓弧光燈商業化必須有更簡單更完美的設計和一個實用的發電機。電池雖然足以滿足電報、電話的最低需求，但是價格比起蒸汽機發的電貴二十倍。因此弧光燈太不經濟，無法與普及的煤氣燈競爭。

要製造更好的發電機極為不易。從法拉第劃時代演示「發電器」到真正實用的發電機成功出現，花了將近三十五年的時間。許多努力耗費在發電機上，但是最終讓「使它有用」信念成功的人是比利時的工程師齊諾布・格蘭瑪（Zéobe-Théophile Gramme），他為巴黎一家電氣設備製造商工作。在一八七〇年代早期，格蘭瑪不僅設計出更加強大的直流發電機，而且他也發明了電動馬達，是個反向運轉的電動機或發電機。維爾納・馮・西門子（Werner von Siemens）這樣介紹格蘭瑪的主要成就：他的發電機領先他人，因為他想到利用電磁鐵而不是普通磁鐵。格蘭瑪發電機有個線圈纏繞的鐵環在兩個電磁鐵中間的磁力線平面上旋轉。

有了格蘭瑪發電機，弧光燈的時機也成熟了。一八七六年，當時住在巴黎的俄國軍事工程師保羅・雅布羅科夫（Paul Jablochkoff）做出一個商用燈，稱為雅布羅科夫「蠟燭」。它散發的弧光比早期耀眼的弧光柔和許多。這個「蠟燭」配有兩根被一層高嶺土隔開的細長炭棒，兩根棒子既相連又絕緣。「不需要用機械操作；一旦點燃，炭棒會連續燃燒直到燒盡，大約可持續兩小時。把『蠟燭』排成一串，一個燒盡時，另一個會自動點燃。」[31]雅布羅科夫的燈不同於早先的弧光燈，它能運行十六小時，一對炭棒熄滅時，另一對就會接上來。

格蘭瑪最初的發電機設計裡有個裝置稱為「整流器」，它匯出的電流酷似電池產生的直流電，讓一根炭棒的燃燒速度比另一根快兩倍，這是個嚴重缺陷。這時的格蘭瑪已經有自己的公司，他重新設計發電機解決了問題，讓發電機產生交替變化的電流，讓那對「蠟燭」以相同速度燃燒。直流電的電子流經導體時會均勻分配，交流電會讓電子一陣一陣地聚集、增加、退回零點。早期弧光燈儘管有許多優點，仍然比煤氣燈難使用，而且那刺眼強光限制它適用於大型場所，如主要廣場與大道、百貨公司、火車站、遊樂場、建築工地、碼頭與工廠。需要架起特殊的塔形電極讓光線不影響正常視覺，刺傷人們的眼睛。

一位訪問巴黎的遊客為弧光燈「富麗堂皇的明亮色彩」喝彩：「整條街道直到高聳的屋頂被光柱照得通明，讓街道看起來像歌劇裡的壯麗場景。」[32]但是史蒂文生第一次看到巴黎的弧光燈十分震驚，譴責它們「荒謬、不可思議、對人的眼睛有害，製造噩夢的燈！這樣的燈只能照亮謀殺和公開犯罪場地，或是精神病院的走廊，製造出更大恐怖的燈。看它一眼就會愛上煤氣燈，因為煤氣燈的光輝給人家庭的溫暖。」[33]法國政界人士和許多商界人士則持不同看法；到了一八七八年，半英里長的巴黎歌劇院大道被弧光燈照亮，還包括其他主要場所如羅浮宮和夏特雷劇院。

美國的科學家與商人與他們在歐洲大陸的同行一樣，也對弧光燈感興趣，當他們聽說雅布羅科夫在巴黎發明了「蠟燭」，在美國推出相媲美之物的競賽就開始了。首先想出可使用的弧光燈系統的商人也許能像范德比爾特一樣，因為照亮夜晚而獲得名譽和財富。一八七六年在費城舉辦的美國獨立百週年博覽會上，最知名的就是一千四百馬力的科利斯蒸汽機與愛迪生的多路傳輸電報機，以及電氣發明家摩西·法默（Moses G. Farmer）展示的三種耀眼的弧光裝置。它們的電是由美國人設計的第一台發電機提供，法默與威廉·華萊士（William Wallace）的作品。華萊士是法默的合夥人，也是康乃狄克州安索尼亞市最著名的黃銅與鍍銅鑄造廠老闆。一年之內，克里夫蘭出現一位弧光燈的主要競爭者，名叫查理·布拉什（Charles F. Brush）的年輕化學家。他在市場上打敗了華萊士與法默，在一八七八年秋，他已在波士頓百貨公司的大陸服裝公司店裡安裝上他那嘶嘶作響的耀眼弧光燈。

愛迪生的老友，賓夕法尼亞大學的喬治．巴克（George Barker）教授確信，愛迪生可以在這領域裡大顯身手，他寄出大量有關人造光源的最新報告給愛迪生，以激發他的興趣。但是這麼做沒什麼效果。在九月八號，一個星期天，巴克陪著愛迪生來到華萊士的大型黃銅鑄造廠。天氣很陰冷，愛迪生、巴克下火車，還帶了一位《紐約太陽報》的記者。愛迪生終於第一次親眼看到並檢測華萊士與法默的八馬力蒸汽發電機，綽號鐵拉馬庫斯。這台機器能一口氣點亮八個弧光燈。記者報導說：「愛迪生欣喜若狂，對此非常癡迷……他從機器跑向燈，又從燈跑回機器。他四腳朝天躺在桌上，像個**天真的孩子**，做著各種計算。他估算機器與燈的電力，傳輸中可能的損耗，用這機器一天、一星期、一個月、一年能省下的煤數量，以及產品可省下的煤數量。」[34]擺在眼前的機器與熾烈燈光正是巴克教授期望的效果。愛迪生興奮不已。愛迪生轉向他的競爭對手華萊士說：「我相信我會在電燈製造上擊敗你。我覺得你的研究方向不正確。」[35]華萊士對弧光燈研究多年，他的系統一切順利，而且他是個正人君子。他伸出手與愛迪生相握，接受了這場賭注。

愛迪生回到他紐澤西與世隔絕的工作室，如田園般靜謐的門羅公園，全心投入研究，以創造更好更實用的電燈。他興奮地工作，為這個新領域的可能性激動不已。「一切擺在我面前，事情才剛起步，我還有機會。我看到做出來的東西沒有實際用處。這強烈燈光沒有再細分，所以不適合私人住宅使用。」[36]愛迪生喜歡追求「大事」。他在測試華萊士的燈時已領悟到，發電機具有巨大潛能，但又限制了弧光燈的本質。誰能造出最好的電弧燈系統，誰就有

愛迪生的實驗室

第3章

門羅公園的奇才：湯瑪斯・愛迪生

在一八七八年九月某個風和日麗的日子，《紐約太陽報》的記者走在去科特蘭街碼頭的路上，穿過滿載的馬車隊，順著沿街牡蠣小攤來到賓夕法尼亞火車站的渡船口，從那裡登上開往紐澤西的渡船。站在頂層甲板可以感覺海港的微風，觀察穿梭於哈德遜河的商船，有雙桅橫帆船與縱帆船，一艘三桅快船破浪駛向大海，從伊利運河開來的駁船和側輪蒸汽船。好似全世界的不幸與財富都匯集在曼哈頓。這裡每年大約會有五十萬移民湧入，大部分人繼續遷徙，最終落腳在農場或去礦山挖掘財富，但會有五萬人留下，住進破舊民房或救濟院裡。市中心的貧民窟成了霍亂、傷寒和許多疾病的滋生地。到了夜晚，身無分文且無家可歸的貧民擠在靠近蒸汽爐的門廊下。當天氣漸凍，這些可憐人只能蜷縮在潮濕的睡窟裡。然而有錢人也蜂擁而至。帆船輪船每天塞滿碼頭，每年進出超過一萬艘以上。華爾街巍峨聳立的大廈與商業區、旺盛的能量與熱切的人群，都反應出這裡經濟力十足。人們普遍認為，一八七三年經濟危機帶來的艱困日子已經過去。

每天會有數百人從河對面的紐澤西搭乘從賓夕法尼亞開來的火車，在這裡等待換渡輪去喧鬧的紐約。搭乘南下火車出了二十英里就是門羅公園，愛迪生兩年前從紐華克遷居到這裡，建立了美國第一家發明工廠。愛迪生計畫在那裡「十天一小發明，半年一大發明」[1]。門羅公園沒有真正的車站，只有一個小小的木頭月台。抵達的乘客爬上陡峭台階會發現那裡是紐約與費城之間的最高點，能看見圍上木欄的田園景色、遠方放牧的牛群、頂上的柔和天穹。愛迪生遷居到這裡不久，在給朋友的信中寫道，「地球密德薩克斯郡門羅公園西區，距離羅韋四英里，賓州與紐澤西最美的地方。鐵路在山丘上」[2]。

從車站沿著泥濘小路走出來可以聽到小鳥唱歌與風聲，還有白籬笆圍起的幾間簡單大平房中傳出的隆隆機械聲，那裡的兩層灰白隔板屋就是眾所周知的愛迪生實驗室。從上游來的電報線接在高高的木桿上，一直牽到曼哈頓。實驗室是這個小型宇宙的中心，愛迪生是這裡的太陽，一切繞著他打轉。愛迪生在一八六九年初就宣布自己要成為全職發明家。他在這之前六年擔任西聯匯款的操作員，在各城市巡迴漂流，而且不斷為電報發明改良設備，研讀電報學與電學的技術書籍。發表當全職發明家的聲明時，愛迪生已經做出像是電子複寫筆這樣的好發明。真正的成功出現在一八七四年底：他用三萬美元把四路多工電報系統的專利賣給西聯匯款的對手，華爾街操盤手傑伊・古爾德。

愛迪生出生在密西根的休倫港，父親在各式各樣雜貨店、房地產公司、蔬菜栽培農場混日子，母親靠寄膳養家。小愛迪生沒有接受過正規教育，曾當過教師的母親教他讀書。他從小就愛別出心裁，不是擺弄機械就是策劃新的化學實驗，直到有次「爆炸破壞了房子一個角落，他自己和幾個男孩被燒傷」[3]。愛迪生十三歲時當上大幹線鐵路公司的報童，他的老闆評價他工作勤奮向上，積極進取。他花兩美元（他兩天的工資收入）繳了底特律公共圖書館的閱覽費，從此苦讀不倦。

在鐵路公司工作這幾年讓愛迪生變成半聾。有一天他帶著報紙拚命想登上一輛行進中的火車，一位列車員過來幫忙。這個列車員「揪住我的耳朵把我提起來，我覺得腦袋裡劈啪作響，從此就耳聾了」[4]。不過愛迪生很樂觀，認為耳聾對他有利，這個內在缺陷讓他免受外界誘惑，做什麼事都很專注。青少年時期就喜歡電報，對機械的一切懷有強烈好奇，無論在何處都會熱心幫助當地的電報員。滿十六歲的一八六三那年，他對收發摩斯電碼展現出天賦（苦苦練了十八小時），讓他得到青年電報員的工作。那時美國內戰開打，需要大量的電報員。於是愛迪生投入了電報、發明、金錢的世界，一路向前進。

愛迪生的工作有電報、電話和留聲機，給予他絕佳機會掌握電學知識。他的好名聲讓西聯匯款每月固定給他四百美元的顧問聘金。他把大部分的收入投資在門羅公園，隨時創造他想創造的東西，解決他有興趣解決的實際問題。一位採訪者寫了以下筆記，「愛迪生工作的主旨是商業實用性。每當一個新想法出現，他總是自問，『這對工業有價值的嗎？它是否比現有的更好？』」[5]創造力與進取心兼備的工作狂愛迪生見識過華萊士與法默的弧光燈之後，自一八七八年秋天起專心一志研究電燈。也是那年春天，《紐約每日畫報》（*New York Daily Graphic*）的記者與藝術家齊去門羅公園朝聖，為了「一睹愛迪生與他的絕妙發明」。他們要為讀者描繪愛迪生的實驗室，卻走進發出活躍嗡嗡聲的長型開放空間：「一樓一邊坐滿了抄寫員與記帳員，另一邊有十或十二個技巧熟練的鐵匠在鐵砧、煅爐、車床和鑽孔機旁工作，把天才的想法付諸在模具與模型裡。滿地散放未加工且各種不同形狀的金屬構想，車床在運轉，房間裡充滿磨金屬的尖噪。

「我們爬上二樓，那裡只有一個房間，四周大約有二十扇窗戶。沿牆架子上全放著瓶子，像藥房一樣，有各種規格與顏色。屋角有一台直立小風琴，凳子與桌上散放不同型號規格的電池，還有顯微鏡、放大鏡、坩鍋、蒸餾瓶、滿布灰的鍛爐等化學家工具。」[6]

門羅公園地價便宜，環境靜謐。愛迪生在一八七〇年曾在紐華克開過一間實驗室與工作室，現在他的得力助手與工人都隨他從紐華克遷來。他出色的助手有查爾斯・巴徹勒（Charles Batchelor），一個留著小黑鬍的英國機械師，在曼徹斯特紡織廠裡學到超人的耐性與操作機械的本領；約翰・克魯西（John Kruesi），瑞士機械師傅，鬍鬚垂在又厚又黑的鬍子上十分引人注目，他善於將愛迪生的粗略理念轉化為高品質的工作模式。愛迪生每次遇到問題總會不分晝夜工作，因此被冷落的夫人與兩個孩子都很清楚這點。雖然家距離實驗室只有幾百碼，但他很少回家吃飯，只胡亂塞些食物，多數是蘋果派。大多數員工都住在對面喬丹太太的寄宿公寓裡。

美國、英國、法國、俄國和比利時的科學家與發明家花了四十年的時間，竭盡全力發明一種實用的室內電燈，玻璃罩形式、又亮又安全。愛迪生曾在一八七七年十一月簡單製造出弧光白熾燈，但不是很成功。他後來回憶，「碳的實驗結果，還有硼與矽的實驗都令人不滿意，達不到期待的商業價值，只好暫且擱在一邊。」[7]但在這一年秋天的一個星期六，愛迪生從華萊士的工廠回來的短短一周後，他自豪地對專程趕到門羅公園的《紐約太陽報》記者宣布，他成功發明了電燈（其實不止如此！），領先了所有人。他，愛迪生，是發現祕密的普羅米修斯，點亮了美國與全世界。在靈感煥發的一星期內，他發明了第一個實用的白熾燈泡，只要通上電，玻璃燈泡裡的導線便會發亮。

於是《紐約太陽報》在一八七八年九月十六日及時宣布：「愛迪生最新的奇蹟，用電發出廉價的光、熱與動力。」在沒獲得專利前，愛迪生沒有透露這一歷史性突破的細節，只是說：「我採用與其他科學家完全不同的途徑。他們只是墨守成規。等他們知道我怎麼做到的，一定很疑惑為什麼自己都沒想到……我可以在一台機器上生產出一千個，是的，一萬個燈泡來。」[8]研究愛迪生的傳記作家保羅．伊斯雷爾（Paul Israel）這麼評論愛迪生偉大且未透露細節的重要突破，「一個熱度調節器防止了燈泡裡的白熾元素融化」[9]。愛迪生宣布他發明出可以使用的燈泡，以及一個完整的電力照明網路。他這麼做有很大的炫耀成分，目的是為了吸引投資者並擊敗競爭者。

愛迪生還向《紐約太陽報》記者宣稱：「我可以用五百馬力的動力引擎照亮整個紐約下城區。我提議在拿索街建立一個電力中心，線路從那裡往上最遠到庫柏學院，往下通到砲台公園，還可以穿過兩條河……一條電線既給你帶來光明……也帶來了動力與熱力，還可以用來煮飯。」愛迪生的眼光已經超越了燈泡發明，著眼於電力輝煌遠大的遠景：不僅是可使用的白熾燈（它會在短時間內讓煤氣燈過時），他還要創造一個完整的電力系統。太陽報的知名編輯查爾斯．達納（Charles Dana）寫了篇簡短社論，盡其所能挖苦他，「如果愛迪生不是在自欺欺人，那我們就是在奇蹟發生的前夕」[10]。早年貧困的達納與人合夥創辦了這份受勞動階級歡迎的兩分錢報紙，頭版都用來刊登謀殺、傷害破壞與災難，沒有刊登愛迪生的獨斷主張。電的新聞無法取代正在南方肆虐的黃熱病報導、畢林太太兇手的審判、前一天「偏僻溪谷圓筒裡的屍體」，以及死在輸煤管裡的三個男孩。

愛迪生突然承諾在幾個月內供應又好又便宜的電，他的律師格羅夫諾・勞里（Grosvenor P. Lowrey）立即著手進行。他在一週之內便通知愛迪生，他為新事業找到幾位投資者。電力工程所費不貲，發明者的財力物力遠遠不及。一八七八年十月三日那天，愛迪生寫信給他的律師：「勞里吾友，放手去做吧。我給不了同意與承諾，也不會告訴任何人，整件事交給你去辦。我現在只想得到資金迅速推動計畫。」[11]當記者湧至門羅公園採訪時，愛迪生強調他即將照亮曼哈頓，勞里已在十月十六日成立了愛迪生電燈公司，全部股份三千股。其中兩千五百股（計二十五萬美元）是愛迪生電燈的專利，剩下的五百股計五萬美元被最早的股東認購，包括勞里與他的三個律師夥伴、西聯匯款總裁諾文・格林、德雷塞爾與摩根的夥伴艾吉斯托・法布里，資本家崔西・艾德森與詹姆斯・班克、金融家小羅勃・卡廷，還有最後但也很重要的企業家漢米爾頓・托姆布雷，大富豪威廉・范德比爾特的女婿。

勞里忙於籌措資金，門羅公園的發明奇才忙著接見記者，十月中旬已在展示他的新電燈了。《紐約太陽報》的記者再次來到門羅公園求證，他恭敬地寫道，「燈乾淨、冷卻、漂亮；沒有強光，不再刺眼；工藝簡單完美，燃點的鉑絲本身並不燃燒。這就是白熾燈。發出的光又亮又勻。它裝在像托架的框裡，發出牛郎星般的磷光……看起來完美極了。」[12]愛迪生也這樣稱讚剛剛問世的白熾燈：「不會再有跳躍的火花，不再燒焦或閃爍，比現有的燈更亮更穩定，不會產生不舒服的味道，證明是最成功的燈，而且不會燻黑天花板與家具。」當然愛迪生沒有提到他的最新白熾燈的壽命不到兩個小時，經濟效益還很低。

在這注重禮節的年代，紳士在公眾場合要穿亞伯特王子牌的精緻套裝、合宜的硬衣領與飾帶、發亮的大禮帽。愛迪生卻寧可當門羅公園裡看起來沒受過教育的鄉巴佬，穿著皺巴巴的法蘭絨工作服、絲圍巾、一頂布製無邊帽、一雙結實的靴子。事實上他對閱讀如饑似渴，理解力超強，記憶力驚人，早聾讓他看書更專注。二十一歲還在西聯匯款當電報員時就讀完了英國科學家法拉第的《電與磁的實驗性研究》。法拉第憑著自己的才智和努力，從一個倫敦窮孩子躋身知名科學家之列。法拉第證明了，果斷地實驗與敏銳觀察能讓自己出類拔萃。

那年十一月，愛迪生都在研讀有關煤氣燈工業的期刊與書籍，以了解他挑戰的系統。自一八四〇年代以來，有四分之一的美國人住在大城鎮與一般城市，他們會使用煤氣燈。其他大多數人住在農場與村落，仍在使用廉價的蠟燭、鯨油或煤油照明。只有在較大城市鋪設地下管線傳送從煤裡提煉的煤氣才經濟合算，點亮那裡的街燈、商店、劇院、工廠與住宅，透過特殊管子像水一樣運輸，以公尺計算。當然每個煤氣燈必須獨立點燃、熄滅、清潔燈罩。煤氣燈的燈火不穩定，燃燒中會產生微量的氨和硫，還有二氧化碳與水。時間久了，這些有害物質不僅燻黑燈罩，也弄髒了室內陳設。如果多人待在關起門的房間裡，空氣很快會混濁缺氧。使用電就沒有這些弊病。

愛迪生贏得大眾的景仰跟喜愛，但是他的自大與早年得志激怒了科學與和發明界的對手，尤其是學術界的紳士。當媒體喋喋不休、眾口一詞讚頌愛迪生發明的電燈泡，科學家卻深表懷疑，對此不屑一顧。英國教授希爾瓦努斯．湯姆森（Silvanus Thompson）在他的公開講座上輕蔑地說：「最近我們都聽說很多愛迪生先生發明了一種能讓光無盡分派的東西。我不知道他用了什麼方法，但是我可以告訴你，任何依賴白熾光的系統都會失敗。」傑出的英國電學家約翰．史布列格（John T. Sprague）也宣稱：「沒有任何人能無視已知的自然法則，包括愛迪生先生。他說電線不僅能帶來光明，還能帶來動力與熱，不難看出這是亂誇海口，根本不可能實現。用電加熱煮飯簡直荒謬。」[13]他們的同胞與同事，電氣工程師威廉．普利斯（William Preece）嘲笑說：「將電分流絕對是虛幻夢想。」他用「鬼火」來形容電，明顯帶有侮辱意味[14]。但是愛迪生迅速聲名遠播，讓美國和英國的煤氣股價一路下跌。英國國會不得不向投資者保證，他們會指派委員會重新評估愛迪生的發明。結論是：愛迪生瘋狂的夢想「對我們大西洋彼岸的朋友是件好事」，但是對「實用派或科學家來說不值得關注」[15]。

讓我們回到門羅公園，只有定時駛過的賓夕法尼亞鐵路火車會打擾這裡的田園寧靜。愛迪生發現，他重視的任務比他的預想難上許多。為了實現普羅米修斯的夢想，他在電池與瓶子之間夜以繼日地工作，尋找能夠長時間燃燒的理想燈絲、合適的燈罩玻璃、玻璃裡面的完美氣壓。因為他不光是發明一個燈泡，而是想發明讓燈泡運作的電網，已經在思索經濟利益問題。愛迪生很早就明瞭，他要用高電阻材料製造白熾光，這與一般電學認知截然不同。過去的燈泡發明者都傾向使用低電阻材料。但是愛迪生推斷出，用細銅線傳送低電流是降低輸電用銅線昂貴支出的唯一方法，最終可以解決電網成本的問題。一八二七年德國物理學家歐姆首先用公式表示：電阻等於電動力（電壓或伏特）除以流過導體的電流量大小（安培），電阻的單位於是訂為歐姆。愛迪生計算出，如果用細銅線傳送（一或二安培）的低電流來省成本，他必須研製一個高電阻、低電壓（一一〇伏特）的電燈泡（兩百歐姆）。他在十月中旬展示給記者看的突破性發明是這模樣：橘子大小的玻璃罩內有一段彎曲的細鉑，頂部有段細頸。它的光亮令人滿意，可惜壽命只有一個多小時。

事實是，找到可靠的高電阻燈絲有困難。愛迪生對鉑越來越失望，它承熱度雖然高，但是很脆弱，而且燃燒時間不夠長。所以他埋頭致力於尋找更好的材料。就在他意識到高電阻是問題關鍵時，他也發現燈泡內的真空度越高，燈絲燃燒就越長越亮。於是他付出更多時間與精力去研發更好的真空氣筒。一八七九年二月，愛迪生一直潛心研究完美的高電阻材料和理想的真空。他原本想用華萊士的直流發電機點亮電燈，但為了大幅減少銅的費用，他需要低電流流經導線以及高電阻的燈絲，所以必須用更大功率的發電機來產生足夠馬力，好實現他點亮曼哈頓的預言，讓辦公室與宅邸裡數千個燈泡放出平靜的光。愛迪生辦事一向有條理，他訂下當時最好的五座發電機以改進工作，並且回去研究電樞如何纏繞、最重要的磁鐵該有的尺寸與形狀。

在這段期間，勞里強求愛迪生同意他陪同華爾街的投資者參觀門羅公園，讓這些逐漸不耐煩的金主親眼看見實驗進展。畢竟愛迪生已經先對記者自誇他做出哪些驚人的突破性進展，投資者也知道他已花掉他們很大一筆錢。愛迪生在一月寫信給一位朋友，「實驗費用非常昂貴，我快速耗盡了我的資金。上星期光買銅桿就花了三千美元，要照亮門羅公園半英里半徑範圍需要六倍的銅。」此時謠言四起，說愛迪生陷於困境。於是在濕冷的三月二十六日晚上，愛迪生邀請了投資者作客。勞里與金融界人士成群結隊走下火車，來到修整過的新磚塊建築裡。愛迪生在雅致的辦公室裡熱烈會見訪客，歡迎他們參觀二樓的圖書館，在勞里堅持下，這裡置辦了最高級的櫻桃木家具。華爾街富翁與重要貴賓怎能待在陋室裡。

愛迪生用半小時時間彙報了各方面進展：更好的燈絲（鉑加上鉉）、更密集的真空、改進的直流發電機。然後他帶領客人頂著濕冷夜晚的大風來到附近的實驗室。那夜沒有月光，天非常黑，在漆黑的實驗室裡展示他的燈泡再理想不過了。《紐約先驅報》記者形容十二個白熾燈的亮度相當於十八個煤氣燈：「燈光清晰、明亮、穩定、非常柔和。」[16]金主於是相信愛迪生有進展，而《紐約先驅報》的記者恰當地報導：「結果比預想好得多。」殘酷的事實是，雖然愛迪生對記者斷言改良燈泡即將問世，實際上距離功能完整仍有一段距離。他還沒有改進直流發電機，炫耀這是他自己的發明。這場精打細算的秀是為了讓懷疑他的人相信，愛迪生快要在曼哈頓下城區建造出中央發電站，他將要用電照亮整個紐約。事實上他還有太多工作要做。

*

一八七九年四月底，門羅公園傳出欣喜的消息，他們終於研製出一台巨大發電機，並給它取了一個綽號叫「長腿瑪麗安」。這台機器有三英尺高的鐵柱（長腿之名由此而來）。愛迪生的創舉是將「發電機的電樞置於超強的巨大磁鐵中間……依照法拉第的磁力線原理製造出更強的電」[17]。愛迪生的發電機遠遠超越當時現有的機器，更有功效，可以點亮許多燈泡。他讓「內部電阻比外部荷載小許多，而不是讓內外電阻相同」，這麼做打破了當時的標準[18]。但是用什麼燈泡？愛迪生的進展在於了解電阻與真空，燈絲問題依然讓他大為火光。那年整個春天與夏天，門羅公園的人不停歇地實驗過數不清的鉑絲燈泡。八月，從德國移民來的年輕吹玻璃工路德維希．貝姆（Ludwig Böhm）加入團隊，在角落建造他自己的風箱與玻璃加工桌。他是個時髦的小夥子，戴著夾鼻眼鏡，喜歡向人誇耀自己曾跟德國著名的吹玻璃師傅海因里希．蓋斯勒（Heinrich Geissler）學藝。當實驗室的人因為連續幾個月消沉而疲憊厭倦，貝姆有時會演奏齊特琴，用輕快琴聲讓大家享受愉快溫暖的夜晚。

十月的腳步接近，空氣逐漸凜冽，實驗室外高大的白蠟樹開始落葉。愛迪生與查爾斯．巴徹勒著手做烤碳絲實驗，第一個碳絲用煤油的煤煙滾成蘆葦一般細的長條，小心繞成圈，然後在爐子內碳化。巴徹勒測試這些燈時一直有年輕的法蘭西斯．傑爾（Francis Jehl）擔任助手，後者負責確認電池的電量充足。傑爾還得花十小時執行緩慢沉悶的任務：用笨重的真空機儘量抽空實驗碳絲燈泡裡的空氣。巴徹勒在十月二十二日的門羅實驗室日誌上記錄得十分詳細：「我們拿棉線做成的碳絲做了非常有趣的實驗。」[19]一根普通棉線先在特殊碳爐裡燻烤，然後小心翼翼地裝在燈絲座上，再放入貝姆吹製的梨形燈泡裡。接著封好口，傑爾再慢慢抽空燈泡裡的空氣。把燈泡接上電池打開，顯示的電阻超過一百歐姆。這個線製燈絲燒了兩三個小時才熄滅，遠遠超越了鉑製燈絲。巴徹勒再接再厲，繼續實驗了十一種不同纖維：搓上黑焦油的線、軟紙、六股編在一起的細線、浸過（沸騰）瀝青的棉花等等。

凌晨一點半，愛迪生看著巴徹勒與傑爾一起做第九種纖維的實驗。他們將一根碳化過的普通棉線燈絲彎成馬蹄形，放進真空的玻璃燈泡。通電之後，燈泡溫柔的白熾光照亮了黑暗的實驗室，排列在架上的瓶子都反射出微光。這只燈泡跟許多其他實驗模型一樣會越來越亮，但是這一次卻亮了通宵。清晨來臨，棉線燈絲仍在散發白熾光；午飯時間過去，碳化的棉花纖維還在發光。直到下午四點玻璃燈罩破裂，光熄滅了。整整運作了十四個半小時！有一對深邃眼睛的法蘭西斯・厄普頓（Francis Upton）是愛迪生手下中擁有數學與物理學位的人，他接著開始計算改良燈絲與真空的電子數值。十一月四日，愛迪生申請了燈泡的專利，聲望又更高了。一根馬蹄形的碳化棉線燈絲在抽出空氣的梨形玻璃燈罩裡燃燒：這就是他的白熾燈。

愛迪生現在坐下來，叼著未點燃的雪茄，用銅綠色顯微鏡研究數百種可以用來做燈絲的纖維，挑出結構看來可行的交給巴徹勒。耐心十足又靈巧的巴徹勒在實驗室裡有條不紊地研究過中國與義大利的生絲、馬鬃、柚木、雲杉、黃楊木、軟木塞、明膠、羊皮紙與紐西蘭亞麻等，最難忘且最有趣的材料卻來自兩位同事，瑞士機械技師克魯西與一位來自密西根蘇格蘭人的「濃密鬍鬚」。傑爾回憶道：「兩人的支持者下了許多賭注，紛紛議論誰的鬍子能得勝。」[20]克魯西碳化過的鬍子燈絲先熄滅，成為纖維大賽的失敗者，他開玩笑抱怨電壓不穩所以比賽不公。最後，碳化硬紙板在那年秋天被證明是最好的燈絲材料，甚至比碳化棉好。生產於焉展開。

門羅公園在一八七九年十一月到十二月初加快了工作節奏，因為他們預計在除夕那天正式發表成果。他們有燈泡，有發電機「長腿瑪麗安」，還訂購了用來發電的蒸汽機。有了系統主要元件，愛迪生著手研發開關、保險絲、分線器、調節器及固定裝置等配件。西聯匯款同意派人來幫忙鋪電線，忠誠的勞里也被及時通知了（愛迪生當電報員時經常親自發電報到勞里的曼哈頓辦公室）。勝利在即，愛迪生加快腳步準備公開展示，反擊在學術上與他唱反調的人。更重要的是，他必須讓傲慢的華爾街老闆再次打開錢包創建紐約電網。紐約媒體的謠言滿天飛，畢竟搭乘賓州鐵路火車的乘客每晚經過門羅公園時，都會看到建築物窗戶放出明亮閃爍的光。愛迪生的同事法蘭西斯．厄普頓在一八七九年十二月給父親的信中喜氣洋洋寫道：「光仍然興旺。上禮拜在我的門羅公園房子裡有六個燃燒器，幫助我招待一群來自紐約的朋友。展覽也很成功。只有愛迪生家和我家一直有照明。讓世人知道燈會造成大轟動，因為它遠遠超過人們的期望。」[21]

一貫不拒絕採訪的愛迪生這時將所有記者拒於門外，只有他喜歡的《紐約先驅報》記者馬歇爾．福克斯（Marshall Fox）例外。重要且具有影響力的《紐約先驅報》是支持共和黨的國際新聞日報，買一份得花三分錢，因此只有上流社會人士閱讀。他請福克斯寫報導，條件是讓厄普頓共同編輯，愛迪生首肯才能發表。但福克斯還是按照新聞慣例盡快發表了門羅公園的報導。於是在一八七九年十二月二一日，那天是星期日，《紐約先驅報》的讀者一打開報紙就看到整版消息，頭條新聞是「愛迪生之燈——偉大發明家在電力照明的勝利——僅一張紙片就能發光，不用煤氣，沒有火焰，價格比油便宜——棉線的成功。」福克斯還寫道：「愛迪生的電燈很不可思議，用一張一口氣就可吹飛的小紙片可以製造出電燈。這張小紙片可以導電，因此產生明亮美麗的光，像極了義大利秋天的醉人黃昏……發明家宣稱，成本比用最便宜的油還低。」

愛迪生的資助者依然謹慎。福克斯正在撰寫報導時，德雷塞爾與摩根的合夥人艾吉斯托・法布里來到門羅公園考察。他看到愛迪生和厄普頓的平凡木屋「被燈光照亮」，實驗室也一樣，但是他仍然對一向過分樂觀、有時言過其實的愛迪生心存戒備。直到紐約各大報紙刊滿電燈的報導，除夕夜首次公開在即，法布里才在十二月二十六日致信愛迪生：「出於明智與商業需要，在邀請公眾親眼見識之前我建議你，先把室內與室外的全套照明設備日日夜夜不間斷試運行一星期……任何意外破壞或更嚴重之事會有損你科學家的顏面。」[22]

忠告來得太晚，《紐約先驅報》已散布了消息。接下來的午後與夜晚都有絡繹不絕的觀光客搭乘賓夕法尼亞鐵路設置的專線，或搭簡陋農車、豪華四輪馬車，或有馬車夫駕客車載著衣著光鮮的男女到來。當嚴寒十二月傍晚籠罩白雪皚皚的紐澤西鄉下，雲疾駛過黑暗夜空，來參觀的人頂著黑暗，朝發光的實驗室前進，抵達後推擠過人群，才得以敬畏凝視那神奇的陳列。正式公開是在十二月三十一日除夕夜，也是一八七〇年代要跨進一八八〇年代的晚上，三千人冒著大風雪湧進門羅公園，只為一睹白熾燈的奇蹟。

儘管法布里憂心忡忡，生怕第一次公開會丟人現眼，想不到展示異常成功，運作十分完美。愛迪生做到了他的承諾。《紐約先驅報》目瞪口呆地報導，「實驗室被二十五只電燈泡照得通明，辦公室與會計室裡有八只，另外二十餘只分配給街道，連接到倉庫與幾間毗鄰的房屋。愛迪生與助手們詳細說明整個系統，並且做各種燈的實驗……許多人以為愛迪生是個穿著講究的高貴先生，卻很訝異他是個穿著樸實的年輕人，用通俗易懂的語言解釋他的偉大發明。」身穿高貴晚禮服的重要人物帶著穿流行絲袍、短毛上衣與皮手筒的妻子在實驗室裡與穿格子衣的鄉下男孩前擁後擠，爭著去看又開又關的電燈，驚訝地注視那梨形玻璃燈罩裡面的光芒。

這次成功展示讓紐約投資商對電燈充滿信心，同意支付愛迪生五萬七千五百六十八美元做為下一階段的費用。現在愛迪生得想辦法把門羅公園臨時用來應付參觀群眾的系統，轉變成真正能運作的商業電網，不僅滿足繁華紐約的用電需求，價格上也要能與油價競爭。愛迪生計畫在實驗室周遭仍封凍的土地上建立微型電網，以測試中央發電站發電，這個中央發電站要藉由埋在街道下方（即將要開挖的）地下管線裡的絕緣銅線傳輸電力。一旦絕緣線接上建築物，就可以利用已有的煤氣管道，再把煤氣燈換成電燈泡即可。除夕夜的興奮一過，門羅公園立刻得面對一八八〇年一月初的艱鉅任務，因為每一個元件都亟待改進。因此愛迪生再次增加了實驗室人手，人數達到六十人。

研究愛迪生的學者保羅．伊斯雷爾曾提到，愛迪生建立的門羅公園實驗室是當時「美國最大的私人實驗室，在發明用途上也是最大的」。愛迪生融資有術，先是與西聯匯款簽署合約，然後從華爾街為電燈籌措款項，財源優勢遠遠超越競爭對手。伊斯雷爾指出，愛迪生投入電的探索之際，是個極為「傳統卻很有獨創性的發明家，與兩三個親近助手和幾個技術好的實驗技師一起工作……一八八〇年初，他從基本研究轉到商業系統發展……愛迪生開始變成像現代的研發主管，必須倚賴財團資金。愛迪生個人被奉為電燈泡發明者，卻很少人注意

湯瑪斯・愛迪生（左前方戴深色無邊便帽）與他的門羅公園工作人員在實驗室二樓

到，實驗室與企業的法人組織才是他成功的關鍵。」[23]愛迪生不只發明了電燈泡，也開發出一種新關係：企業資金與科學創造的結合（既使關係困難又棘手）。

企業的第一份訂單是做出完美的電燈。雖然碳化硬紙板燈絲的光亮讓男女老少驚嘆，也震撼了不諳世事的鄉下人與時髦都市人，但還不能整天使用。這時燈絲的有效壽命大約只有三百小時，已大大躍進一步但還遠遠不夠。此外，電燈泡發明對手威廉・索耶（William Sawyer）看到愛迪生申請了碳化硬紙板燈泡的專利，立刻對此發明專利提出訴訟，指出自己已經申請過該項專利。因此愛迪生必須發明出更好的燈泡。據說愛迪生這麼表達：

「我相信全能上帝的工作坊裡有一種幾何平行纖維的作物適合使用。我會找出來。紙是人造的，不適合當燈絲。」[24]耐心十足的巴徹勒再度坐回實驗室桌前，日復一日測試各種類型纖維天然物。幾個月過去毫無突破。

一八八〇年四月二十一日那天，地下管線挖掘開工了。春天回到美麗的紐澤西鄉下，沉重的黏土土壤終於變暖，工人開始用耕犁與鏟子，以直流發電站為中心，向外以扇狀挖開又長又窄的溝，順著門羅公園的幾條泥濘街道通往附近田野。為了能在下一次盛大展示他的電網，愛迪生計畫用四百顆白熾燈泡點亮門羅公園沿途八英里的路（他解決了弧光燈串聯排列照明的問題。過去如果一個燈燒壞了就會破壞整條電路，而他把電路並聯排列成梯子一樣。這意味著電可以沿著獨立的「階梯」傳送，有一條電路關掉或燒壞時，燈泡仍然能運作）。

絕緣銅線放在狹窄的木頭導線盒內沿著地下管線鋪設，盒外塗上瀝青保護層防潮防腐，然後蓋上蓋子。導線鋪好就封盒，填上溝。工人日復一日地挖掘與裝設，直到白日時間延長，炎熱的五月之後幸好接著是涼夏。到了七月中旬，工人們完成了五英里線路。

這時厄普頓開始測試線路，發現「一些電路絕緣很差，而且或多或少已損壞」。一位實驗室新同事覺得奇怪，為什麼這項工作全由「毫無經驗的人」來做，而且「沒有測試任何電路或電線，直到整個工程結束」[25]。所有的溝重新挖開，首先解決絕緣問題。後來幾個月內絕緣重做了兩次，導線也重埋了兩遍。愛迪生與他的人手得等待天空暗下來，等待下一場雨把土壤浸濕。第二次與第三次的絕緣工作都失敗了。儘管如此愛迪生依然樂天，邊走邊叼雪茄，背心扣子只扣一半，解決完這個問題又忙下一個，與巴徹勒和厄普頓商量完又馬上通知

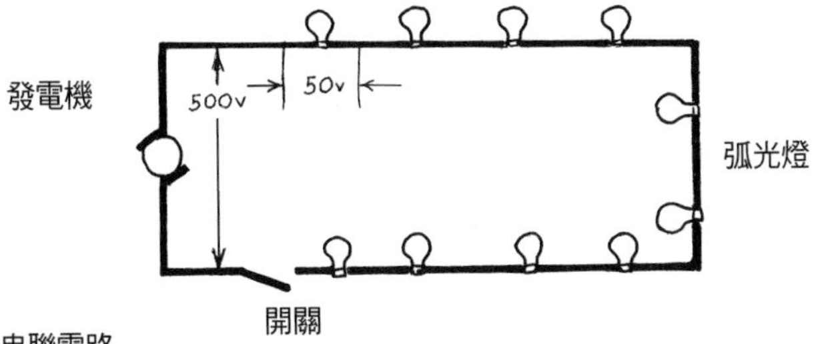

弧光燈，串聯電路

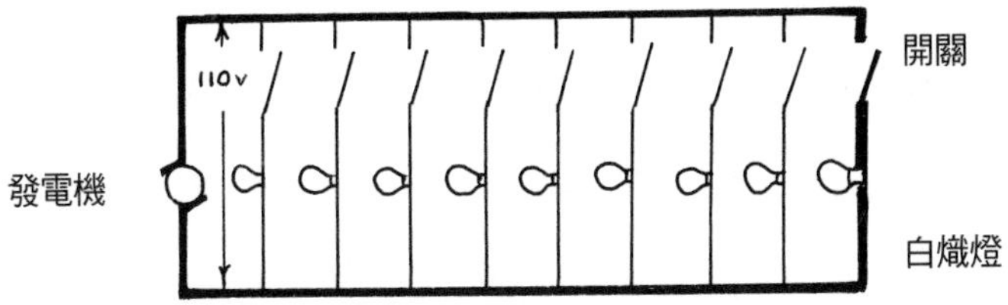

白熾燈，並聯電路

勞里。他睡得少，隨地都能睡。他的目標是聖誕佳節能為展示曼哈頓原型做好準備。

愛迪生最頭疼的是銅是中央發電站計畫中最龐大的支出。正是因為銅的價格驅使愛迪生發明高電阻燈泡。即使如此，省下來的資金仍然有限，與廉價煤氣燈相比不具有優勢。即使地下管線在一八八〇年夏天鋪了一遍又一遍，愛迪生還是取得一項重大突破，他想出了「支線與主線」的分配系統（鋪在地下），新的並聯電路就可以用於大樓裡。這個傑出方法能將銅線成本降到原本預算的八分之一。

原本愛迪生構想用一兩條非常粗（也非常貴的）銅主線輸送電力，然後再分給每座獨立大樓，

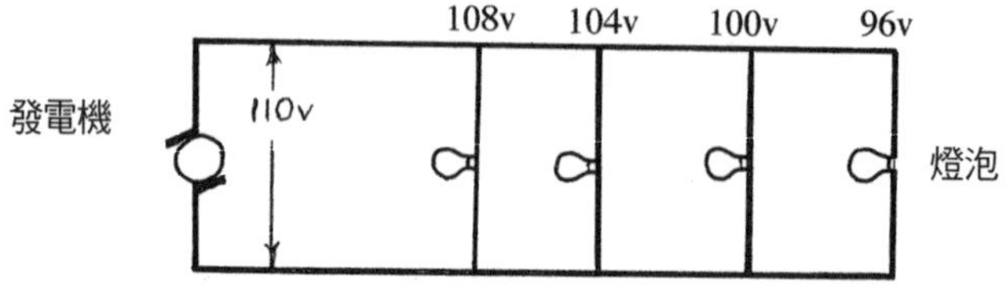

普通並聯電網

現在他打算使用電網，從中央發電站的直流發電機連接細上許多的支線輸送電流，這些支線再與許多連接大串燈泡的小主線交匯，這樣就能減少用銅量。這個高明又簡單的方案既解決了費用問題也維持了電壓。他們在英國展示時，有人問格拉斯哥的傑出物理學家威廉．湯姆森爵士（因成功鋪設大西洋海底電纜而受封），為什麼沒有其他人想到這點。湯姆森回答：「我只想到一種答案，因為世上只有一個愛迪生。」[26]

與此同時，尋找理想燈絲的工作慢慢出現進展。那年春天奇熱無比，整個實驗室忙於實驗韌皮纖維、亞麻與大麻的木質外層。愛迪生忙於在鐵軌另一邊的舊木頭穀倉裡建立燈泡工廠，因為新年展示的燈泡需求量很大，而且在那之後需要儲備上千只燈泡給未來的曼哈頓消費者。根據愛迪生的傳說，七月十日那天，挖掘工人正辛勞地工作，愛迪生漫不經心地坐在實驗室裡，拿著一把竹扇搧風納涼。他看著扇子，砍下一片做成燈絲，放在顯微鏡下檢視，然後拿去測試。結果看起來有所指望，於是他尋找品質更好的竹子，碳化，不斷實驗。到了八月二日，整間實驗室都在研究竹子。愛迪生學者保羅．伊斯雷爾揭穿了這則傳說的真相，實驗室筆記本證明，訂購的竹子在七月七日送到。而且愛迪

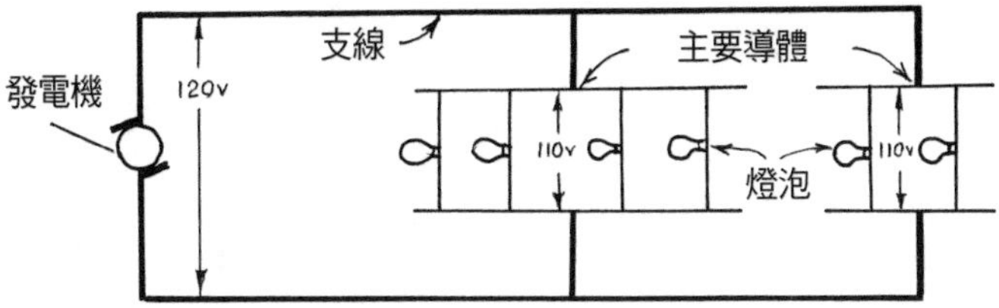

愛迪生的支線電網

生指揮眾人仔細做文獻研究，不是因為炎熱，而是書本知識讓他想到用竹子做實驗。

*

愛迪生實驗性質的發明實驗室在一八八〇整年穩步轉型為生產與測試燈泡、發電機、導線和絕緣體的工廠。每一個新電網的元件都得經過設計、檢測、再設計、再檢測。愛迪生說：「萬事起頭難，我得製作發電機、燈和導體，關心上千個全世界沒人聽說過的細節。」事實是，如此嶄新的技術複雜度高，沒有人可以知道它何時才能運作，最終會有多少花費。又到了九月，在門羅公園有時會見到大群南遷的飛鳥蓋過郊外廣闊天空。工人們第四次開始鋪設八英里長線路的工作。這次的絕緣加了幾層紗，然後塗上「石蠟、焦油、亞麻油與瀝青」，就算是下雨，導線依然完好[27]。十一月一日星期一，寒冷的夜晚颳起大風，門羅公園的路燈第一次點亮，隱約的光來自愛迪生中央發電站的「長腿瑪麗安」發電機，透過鋪設在地下的銅線輸送電力。不久後，愛迪生與厄普頓的房子也與中央發電站連通，小村中心的木板路點亮了數英里長，遠遠延伸到金色秋天的田野裡。

第二天是選舉日，當晚傳出共和黨詹姆斯．加菲爾德（James Garfield）險勝的消息，愛迪生為慶祝自己支持的政黨勝利，點亮了鐵路附近整條公路的燈。新當選的總統加菲爾德和愛迪生一樣出身貧寒，白手起家。他高大英俊，是個恭謙有理的學者。他曾任俄亥俄州希拉姆大學校長，南北戰爭爆發時，他是一名國會議員。他迅速為聯合軍組成軍隊，因為奇卡莫加戰役成為英雄。俄亥俄州推選他為參議員，加菲爾德在林肯總統要求下辭去了陸軍委員會的職務。加菲爾德在一八八〇年是個權力與威望兼具的參議員，在第三十三輪投票時被提名為共和黨總統候選人。此時他正準備進入世界舞臺，愛迪生也一樣。他們都希望為日益強大的國家做出重要貢獻，讓國家再度興盛。

儘管愛迪生在這辛苦的兩年內屢屢遭遇挫折，並且得面對眾多質疑，挖苦他的工作進度遠遠落後好幾個月，但他依然故我地好整以暇，驕傲自大。因此他在一八八〇年十月，在門羅公園電力系統尚未完工且正常運轉前，致信給歐洲的生意合夥人希歐多爾．普斯卡斯（Theodore Puskas），他可以「有把握地說，美國愛迪生電力公司會建立一個發電站，在一八八一年五月一日前開始為紐約下城區正常供電」[28]。愛迪生的名望依舊，絡繹不絕的參觀者爭相求見這位偉人。美麗的法國悲劇女演員，「神選的」莎拉．伯恩哈特（Sarah Bernhardt）在美國巡迴演出來到紐約，也渴望見到「偉大的愛迪生」。愛迪生的投資人卡廷很樂意陪伴迷人的伯恩哈特女士，特地安排專車於晚上演出結束後前往門羅公園。十二月五日深夜兩點，伯恩哈特步下私人轎車，走進門羅公園濕冷的鄉村嚴寒，沿路柔和的白熾光讓她興奮地顫抖。愛迪生向來不關心女人（對他的夫人也一樣），卻被這位活潑可愛、穿著精緻法式長袍與沙沙作響寬大長裙的女人迷住了。他後來回憶道，「她興致勃勃，撲向所有的機器，我只好派人保護她的長裙。她什麼都想知道。她說法語，卡廷翻譯成英語。她在那裡待了一個半小時。」[29]愛迪生在舒適的書房裡牽著她的手，向她解釋留聲機的原理。她對著留聲機朗誦拉辛《費德爾》裡她最喜歡的段落，聽到自己的聲音時大為驚歎。偉大發明家在瀝青色的清晨為她打開幾百盞戶外燈，開了又關，開了又關，讓她高興地拍手鼓掌。最後她與卡廷必須返回紐約，臨行前用她舉世聞名的噪音大喊：「這太偉大，太美啦！」[30]

愛迪生在十二月招待的貴賓不只伯恩哈特一人。越接近征服帝國城市的時刻，愛迪生越明白發表會延誤。在擁擠、喧鬧、骯髒的曼哈頓建立起完整電力系統之前，他得先學會一點政治的幽微。愛迪生的投資者知道挖掘曼哈頓大街需要市政府批准，但是臭名昭著又腐敗的坦慕尼協會控制了市政，沒人能預測結果。長袖善舞的勞里立即在門羅公園舉辦一場時髦的遊說晚會，邀請了坦慕尼在紐約市議會的長老，讓他們被電燈的光、德莫尼科飯店最精緻的餐點與大量香檳搞得眼花繚亂，為日後大開方便快捷之門。大量記者為了尋找樂趣尾隨而至。《紐約時報》報導，當一群人下火車來到「愛迪生選擇的居住地，一個蕭瑟無聊的地方」，通往實驗室與附近田野的路上有幾百盞電燈「綻放溫暖柔和的光……看上去美極了」。戴著海豹皮帽的愛迪生在辦公磚樓前恭迎大駕，「與每個人緊緊握手，露出開心小男孩的真誠微笑」[31]。發明家先簡短說了幾句話，然後領著來客穿過寒冷但照明充足的十二月冬夜走向實驗室。他在那裡自豪地為大家介紹新發明的竹燈絲電燈泡，宣稱這種燈泡在正常使用下壽命可達半年。他打開又關上地展示許多排燈，下一步是轉動輪盤，戶外積雪路上與附近牧場的兩百九十盞燈立即熄滅。然後轉動一個把手，剛熄滅的兩百九十盞燈又大放光明。當時的人只知道煤氣燈，點燃與熄滅都需要個別操作，此刻情景對他們來說簡直不可思議！

燈光表演結束後，勞里與愛迪生陪同坦慕尼的一行人又穿過嚴寒，回到雅致的磚樓，在二樓愛迪生的書房裡舒服地就座。愛迪生開始解釋，他的電燈可以用在東河、雲杉街、華爾街和拿索街範圍內的五十一個街區，而且會跟煤氣一樣便宜。他藉機炫耀自己在電的發明上註冊了兩百五十多項專利。為了活躍氣氛，還展示了他最受歡迎的留聲機。《紐約真理報》記者注意到，「這時市政府老爺們看起來又枯燥又餓，點心比科學發明展示更能遂其心意。」[32]一聽勞里提議要再回實驗室，他們的心都沉下來了。那裡跟房間一樣長的大桌上已擺滿了德莫尼科飯店的佳餚，有火雞、鴨子、雞肉沙拉和火腿，餐點伴隨美酒與香檳一股腦兒被吞下肚。參議員們吃飽喝足就高興起來。負責煤氣的主管對愛迪生敬酒祝他成功：「煤氣很危險。住飯店的人很容易晚上吹熄煤氣燈，早上醒來卻死了。但是吹熄電燈根本沒有危險。」[33]

《紐約郵報》在市議員訪問門羅公園的報導裡說：「現在共有六家公司向這座城市推銷他們的電燈，共有布拉什、馬克沁、愛迪生、雅布羅科夫、索耶與富勒（格蘭瑪專利）。」其中大部分是弧光燈公司，但是海勒姆・馬克沁（Hiram Maxim）大膽地資助愛迪生的白熾燈泡（也資助背叛愛迪生的路德維希・貝姆），因此處於領先地位。他在商業保險公司的金庫與閱讀室裡展示**自己的**新白熾燈系統，並且已經運作了兩個月。時間分秒必爭，愛迪生的資助者不再鎮定自若，他們想知道愛迪生的燈為什麼遲遲不能公開。

就在市議員成群結隊離開門羅公園那晚，布拉什電力公司在紐約首次登場。下午五點二十五分，他們的中央發電站的發電機開始轟隆隆運轉，點亮十七盞強力新型電弧燈，照亮百老匯周遭四分之三英里，從聯合廣場到二十六街的德莫尼科飯店。《紐約晚間郵報》形容新的電弧燈「明亮、耀眼、近似藍月的光，也具有月光下同樣的深影」[34]。當這燦爛電弧燈照亮寒冷的夜，打扮時髦在街上閒逛購物的人欽佩得歡呼鼓掌。平常在陰暗煤氣燈朦朧下的馬車、有軌電車、公共汽車，突然間清晰地暴露在明亮電弧燈下。一位記者受這新式電燈的「藝術效果」震撼。「蒂凡尼店門外由一對白馬拉的優雅私人馬車被燈光照得燦爛輝煌，在深黑輪廓對比下形成一幅畫。純白大理石商店的輪廓，頭頂上電線的迷宮，移動的車潮。」[35]

在市議員來訪前，勞里已組織一家新公司，愛迪生電力照明公司（The Edison Electric Illuminating Company），董事會成員幾乎與愛迪生電燈公司相同：西聯匯款與摩根集團。幾個月來，愛迪生不斷告訴勞里與他的合夥人，他現在需要的不是幾千美元，要照亮曼哈頓下城區需要幾百萬美元。可是華爾街的投資者不願意再為愛迪生把錢扔進無底洞裡。浪費了大筆資金，但是說好的照明系統在哪裡？愛迪生會在幾年後這麼解釋：「我們面臨了巨大難關。我們得不到任何開發系統需要的物資與裝置。愛迪生電燈公司的董事不想投入生產。逼於無奈，我決定自己生產。」愛迪生對一位紐約投資者表示：「既然資金短缺，我只能自己籌措填補……要不開工廠，要不是死亡！」[36]為了證明自己不是開玩笑，愛迪生大膽在門羅公園外建立起電燈泡工廠，到了年底，這間工廠的日產量已有數百顆燈泡。愛迪生親自管理工廠並負擔經費，他賣掉愛迪生電力的股票並且四處借款。這全新且陌生的電力科學仍有許多未知數，卻讓愛迪生在摸索中完成了第一次公司重整。

愛迪生喜歡推銷這個霍瑞修·愛爾傑（Horatio Alger）式的故事，描述年輕的自己抵達紐約時身上沒有半毛錢，但是具有無線技術與機械方面的天賦。據他說，他在黃金指標公司找到一份卑微的工作。這家公司利用自動收報機提供黃金價格情報給華爾街。他才剛進公司沒幾天，收報機突然停止，辦公職員陷入一片混亂，而愛迪生檢查了機器，發現問題出在接觸彈簧斷裂。眾人正歇斯底里時，他快速解決了問題，因此被立刻擢升為技師。這也是他後來從事電報機改良與成為發明家的起點。愛迪生學者伊斯雷爾認為，事實上愛迪生起步時握有一點優勢，他剛到曼哈頓時已經建立起一點關係，並且得到一份不錯（不是卑微）的工程師工作，錢的問題並不難解決。

這次遷回紐約，愛迪生帶來多位門羅公園的主力，每位都被委以新重任。二月中旬，愛迪生信任的瑞士技師克魯西在華盛頓街六十五號建立了愛迪生電子管線公司。會製造又會解決問題的克魯西肩負起最艱鉅任務的最高司令：生產與（在曼哈頓某些最繁忙、最污穢大道的地下）安裝十四英里的地下分配電纜與線路。他的手下是一隊愛爾蘭工人，其中許多人把電視為惡靈。夜晚他們將與在城裡黑暗中活動的外籍居民共度，包括一支撿破爛的軍隊與他們拉車的狗，這些人獲准能在垃圾堆中撿可以穿的衣物。克魯西在門羅公園的長期助手查爾斯·迪恩（Charles Dean）被任命負責最重要的愛迪生機械廠。這個廠座落在戈爾克街一〇四號一座舊鐵工廠內，位於又擠又吵的下東區，距離東河碼頭不遠。他們改善了這個髒亂環境，將在這裡出產愛迪生的重要工具：發電機。這時科學家厄普頓也在門羅公園管理愛迪生的燈泡工廠，那裡每天已能大量生產一千個燈泡。這三家企業全由愛迪生或他的親信管理與

《哈珀週刊》1881年5月14日諷刺都市裡蜘蛛網狀的電報線。再過不久，電燈線也要加入戰場。

投資。

在愛迪生落腳曼哈頓之際，他的左右手巴徹勒搭船前往巴黎，去那裡拓展愛迪生的歐洲分部。愛迪生的業務經理（過去是他的公司總監）愛德華・詹森則去英國推銷愛迪生的燈。兩人都在為憧憬的愛迪生電力帝國奠定基礎。愛迪生在海外已是知名生意人，過去的發明已占據了主要歐洲市場。他在那裡已有合夥人與業務，但巴徹勒與詹森要去推介知名老闆的最大計畫：中央發電站，也為獨立工廠或建築提供個別發電裝置。愛迪生歐洲電力公司已於一八八〇年一月成立。愛迪生遠在紐約辛勤工作，巴徹勒則在巴黎努力策劃，讓愛迪生最重要的系統能在夏天的國際電子展上亮相。在海峽另一邊的詹森開始在倫敦建中央發電站，有意讓位處中心地段的霍本高架橋綻放光明。

回頭看紐約華爾街，愛迪生的投資者又開始追問：是否有必要耗費高額資金把電線埋在地下？這是愛迪生從一開始就打定決心要做的事。在一八八〇年代，只要在美國商業區裡抬起頭幾乎看不見天空，只會見到高聳木桿之間由數百條雜亂無章電線組成的醜陋迷宮。電線在街道上方交叉，彷彿有隻瘋狂大蜘蛛橫行在屋頂與窗外。許多迅速發展的工業需要仰賴電（大部分仍靠電池生產），包括電報、電話、股票行情自動收報機、火災警報與竊盜警報，當然還有許多小型製造廠。每座城市裡都有數不清的公司為了各種類型服務而競爭；一旦找到客戶，電線桿會立刻架起，有些甚至高於一百英尺。這些公司沒能經營下去，卻留下了電線，它們變質、磨損、掉下來掛在另一條線上、造成短路。好在早期電力是用大電池產生的低電壓直流電，這些電線會產生電擊，但不會電死倒楣的路人。

一切皆隨著一八八〇年代戶外電弧燈出現而轉變。這些燈需要高壓電（高達三千五百伏特），戶外電線因此成為潛在的危險。布拉什電力公司於一八八〇年底在十四街與三十四街之間的百老匯架起第一批燈，耀眼的藍白光迅速為百老匯贏得「白色大道」的稱號。紐約市立即與布拉什公司簽約，要給百老匯與幾個廣場更多照明。飯店、劇院和其他公共場所都安裝了電弧燈。布拉什公司建立了三個中央發電站輸送高電壓的電，通常是兩千至三千伏特，利用纏在一起的現有低電壓線輸送。愛迪生不想與這些帶電與廢棄電線的雜窩扯上關係，堅稱愛迪生系統使用地下線路既安全又可靠。新的愛迪生系統採用低電壓的直流電，發電機的供電範圍達半英里，既高效又經濟。超出這個範圍，銅線成本會過高，也會浪費大量電能。愛迪生以自己的低電壓系統自豪，相信埋線能給予大眾和客戶更大的安全感。

愛迪生電力照明公司在一八八一年四月底得到市政府批准鋪設地下線路，但在那之前他們已經為第一區約五十家住戶與辦公樓鋪好線路，並承諾秋天可以供電，電燈在陰暗冬天來臨前一定能用。市政府的許可還附加一則令人深憂的說明：市府將會派五位視察員監督，愛迪生得支付每人每星期二十五美元。愛迪生認為這些麻煩主要是為了榨取賄賂，這些坦慕尼的人實際上「不工作」，只在週六下午出現，以收取那二十五美元。克魯西帶著他的愛爾蘭工作隊加速在夜裡趕工，和他們一起工作的還有街道清潔工，後者得清理城裡十五萬匹馬每天排放的兩三百萬磅重馬糞。克魯西很快便覺得挖地兩英尺太費時，而且難度高於預期。愛迪生與克魯西得親自安裝連接盒，每二十英尺裝一個。更糟的是，銅線與鐵管（用來替代原先的木盒）供應商停止供貨。整個六月只有一天沒下雨。然後在七月二日那天，晚上鋪線路的工人聽到一個震驚的消息：加菲爾德總統在巴爾的摩等火車去紐澤西海邊時，被一個找不到工作的人從背後憤怒地開了兩槍。總統暫時脫離生命危險，被人小心翼翼送回悶熱的白宮。整個國家都在祈禱總統能度過難關。

此時，愛迪生正在勘查他的「第一區」裡情況最糟的貧民窟，尋找便宜又寬敞的建築安裝系統的心臟與靈魂：中央發電機。那年八月的暑氣加劇馬匹排泄物、垃圾堆與酸腐啤酒的惡臭，木桶商店噴出的鋸木屑滿天飛；愛迪生以六萬五千美元價格買下珍珠街二五五至二五七號。愛迪生的電要以這個骯髒街區為起點，朝各個方向傳送半英里，點亮以華爾街與公園

把電線埋在曼哈頓地下令愛迪生自豪。這幅描繪辛苦埋線工作的圖刊載於《哈珀週刊》。

街為中心的重要商業區。愛迪生後來說：「珍珠街發電站是我接手過最重要、責任最大的任務。問題千瘡百孔，還有許多衍生後果……我們所有的裝置、設備、零件全是自己發明，自己製造。我們都是新手，沒有建過中央發電站。沒有人知道在紐約街道底下把一股大電流轉入導體會發生什麼事。」[39]愛迪生發電機的動力來自燒煤的蒸汽機，最先產生的是交流電，然後經過「整流器」和電刷集流變成直流電。早期發電機常見的問題是整流器與電刷不斷摩擦，意味著需要定期更換。這種發電方式的每一步驟都會出現無數必須解決的技術問題。啟動日期因此一再推延。

＊

夏天過去了，脊髓被一顆子彈打進的加菲爾德總統一息尚存。《紐約每日先驅報》報導說，御醫從一開始就告訴記者「總統只有百分之一的存活機會，『我們得碰運氣了』。所有凡人都會抓住如此微小的機會。他始終沒有喪失勇氣……這場痛苦戰鬥拖延了七十九天」[40]。九月六日那天，總統被移往紐澤西的艾爾布隆，他遭槍擊前預定要去的地方。九月十九日晚上，紐約人聽見教堂敲起莊重悲哀的鐘聲。總統逝世了。副總統切斯特・艾倫・阿瑟（Chester A. Arthur）在他的曼哈頓家裡匆匆宣布就任。正在美國訪問的英國作家伊莎・哈迪（Iza Hardy）寫道，「舉國上下哀痛，每個人都在說『我們的總統死了』」。全國舉哀一周。「從上到下，無論是第五大道的宅第還是貧民窟，家家戶戶都掛上致哀輓聯……不同尺寸、不同材料做成的星條旗用黑紗纏繞，掛在每一扇窗外；十分錢小紙旗與莊嚴的旗幟夾道飄揚。」[41]刺客查爾斯・古提奧於十月十四日被傳訊。一個月後審判開始，並且拖延到年底。根據《紐約先驅報》形容審判是場「粗俗的表演」，古提奧聲稱自己精神錯亂應判無罪，法庭任他「胡言亂語、辱罵、惡意攻擊，被弄得烏煙瘴氣」。報紙編輯譴責這種馬戲表演「侮辱國家」，竟允許「一個沒骨氣的人當法官」[42]。

愛迪生依然在埋頭苦幹，努力備齊所有用於中央發電站的元件。紐約媒體對他的態度變得不太友好。一八八一年十二月二日，《紐約時報》在第八版上刊登一篇短文，描述愛迪

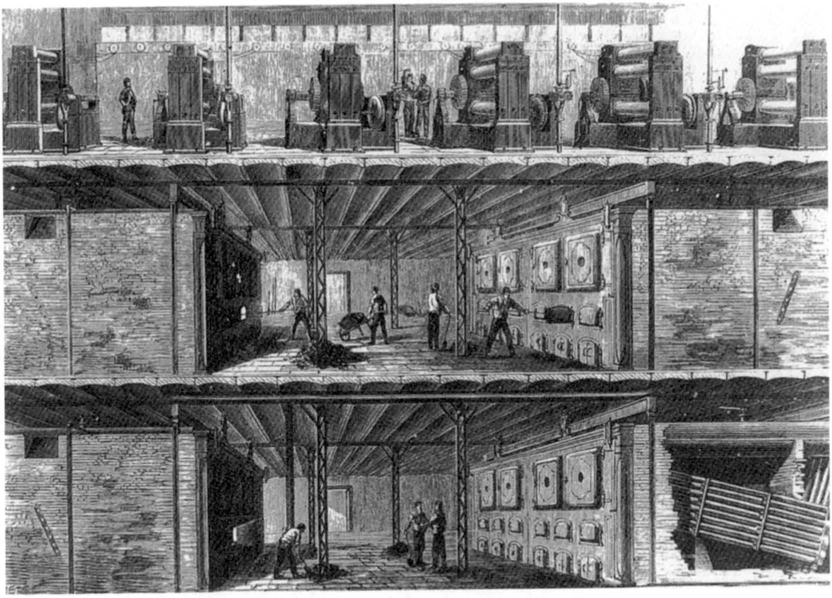

愛迪生電力公司珍珠街發電站的剖面圖，能看見裡面有三層，以燃煤蒸氣引擎供給動力給直流發電機（見第三層）。

生公司雖然「鋪設了相當數量的線路，但到目前為止，點亮市中心的計畫令人擔憂，他們什麼都沒有做出來」。嚴冬、積雪、冰凍的街道讓挖掘工程停頓。就這麼過了幾個成效甚微的月分。《紐約時報》刊登一篇題為〈愛迪生黑暗的燈籠〉的文章寫到：「前不久，拿索街、華爾街、南街和雲杉街的商人與居民怨聲載道，因為愛迪生電力公司向他們保證去年十一月會通電，現在仍然沒見到跡象。」一位性情暴躁的愛迪生公司職員承認，迄今為止只有一半線路鋪設完成，一部分是因為鐵與銅的供應商經常供貨不及時，另一部分是因為地面凍結無法施工。當春回大地，他們加快了施工腳步。面對不斷被施壓的完工期限，愛迪生的職員回答：「我們只能說，我們會盡全力盡快鋪完線路。一旦線路鋪完，電燈就會點燃。」摩根在麥迪遜大街的義大利風格豪宅正是在這個月首次燈火通明，他很滿意愛迪生的工作。但是他家使用獨立發電設備不屬於中央發電站。摩根的住宅偏北，距離中央發電站太遠。六月三十日，「最卑鄙的行刺者」古提奧被絞死，絞刑架成為他尖叫與淚水的瘋狂終結舞台。到了一八八二年八月底，克魯西與他的愛爾蘭隊員頂著夏日熱浪，終於完成鋪設十四英里線路的任務。

愛迪生電力照明公司開始悄悄地檢測系統。雖然沒有正式聲明，但愛迪生啟動了發電機與配電系統，連接上不同客戶並測試電燈。愛迪生暫時沒心力大肆宣傳。四年來執行過許多計畫，但從來沒有像此次這麼賣力。他的緊張可以理解，因為他想履行自己的承諾。他三十五歲了，儘管外貌仍然年輕，一頭濃密棕髮卻在這幾年開始發白，尤其從他瀟灑宣稱要用鉑絲燈泡與華萊士發電機點亮曼哈頓之後。紐約新聞界還是發現了愛迪生在測試電網，當馬車經過拿索街與富爾頓街的交叉口，「突然觸電，跳一下，鼻子噴一口氣，用最快的速度跑開」。愛迪生的人起先還不相信這該由他們的系統負責，因為有一家蒸汽加熱公司在挖管道時弄斷了他們的鐵管，截短了線路。這種小型電力災難會造成不安，而電流一旦從珍珠街傳送出來會發生什麼事，誰都說不準。他們當然不希望電定期出錯，嚇到粗心大意的人。

一八八二年九月四日是個溫暖宜人的日子，愛迪生（總算）將要在華爾街宣布愛迪生電力公司正式啟動。受過一些磨練的他特地盛裝打扮，穿了較好的禮服大衣，戴著白色圓頂禮帽，從早上到下午反覆檢查珍珠街的各項系統運作。在動身去華爾街前，這位偉大發明家與珍珠街的職員約翰．利布（John Lieb）校對了手錶時間。現在，盼待已久之事終於來臨，愛迪生與詹森、克魯西，還有幾位同事一起走入摩根的辦公室。摩根與其他董事會成員正聚集一堂。四年來的艱苦工作、重重困難，花費了五十萬美元才盼到這個重要時刻。愛迪生在懷疑主義的陰影下經營了一段時間，在場沒有人比他更清楚，珍珠街與地下電路會有多少小差錯爆發，讓他們公司的首場戰役敗北。為了打破這露骨的緊張氣氛，詹森和愛迪生開玩笑：「一百美元賭燈不亮！」

「打賭！」愛迪生回答。他看了看手錶，時間是下午三點整，勝負會在一瞬間分曉。在珍珠街那頭，約翰．利布踮起腳尖推開主要斷路器。幾街區外的摩根辦公室裡，愛迪生關上了他旁邊的開關。

「燈亮了！」董事們驚呼。這是個強力鐵證：他們周圍有一百個白熾燈泡齊放出柔和的光，附近辦公室還有三百多個，傳送出來的活力遠超過搖曳閃爍、味道難聞的煤氣燈。夜幕尚未降臨，當天也成功接上愛迪生電燈的《紐約時報》報導：「電燈用柔和穩定的燈光自我介紹……每盞燈會產生一點熱，但遠不及煤氣爐灶……光線柔和舒適，不刺眼……沒有使人頭痛的搖曳光亮……與煤氣燈相比，愛迪生的電燈取得了所有贊成票。」接下來幾個月又有兩千多盞燈在別棟大樓裡點亮。愛迪生電力公司的第一批客戶包括許多具有影響力的公司，譬如德雷塞爾與摩根、派克銀行和《紐約時報》絕不是偶然，這些都是他的企業贊助。

*

華爾街銀行家約翰·皮爾龐特·摩根1880年的肖像。他出資贊助愛迪生的電力公司。

愛迪生成功建立起第一個真正的白熾電燈網，可以想像他有多自豪。那天他對一位《太陽報》記者說：「我說到做到了。」他確實為紐約市帶來白熾燈。但他認為紐約只是起點，並且已經準備去開拓新領地。在他之前的偉大發明家只想追求更多榮耀與財富，用愛迪生的話來說，他要有絕對的自由去運用他身為發明家的驚人天賦。他這麼解釋：「我的目標就是不用考慮花費……我不稀罕有錢人的一般玩具，我不需要馬和遊艇，我根本無暇一顧。我只需要一個完美的小工廠。」最有洞察力、瞭解電能潛力且有遠見的資本家已經預見，最好的電燈會在將來取代獲利巨大的煤氣工業，光在美國就能收益四億美元。愛迪生的電燈將會遍及世界，他與他的資助者會更知名更富裕。珍珠街只是偉大且獲利的光之帝國所邁出的第一步。

尼古拉・特斯拉

第4章

我們的巴黎小夥子：尼古拉・特斯拉

一八八二年四月，一輛停靠在巴黎東站的火車發出巨大鏗鏘聲與煙塵，來自塞爾維亞的二十六歲年輕工程師尼古拉・特斯拉跳下車，來到「美好年代」的繁華巴黎。心懷浪漫幻想的特斯拉立刻被十九世紀末富麗堂皇的巴黎迷住。初到巴黎那幾天都在閑晃，在奧斯曼男爵規劃的寬闊奢華林蔭大道漫步，大道兩旁有時髦的咖啡店，走在開花栗樹的蔭蔽裡，聞著花的芳香。他非常喜歡布置井然的城市公園，那裡有飛濺的噴泉和修剪成幾何圖案的綠樹。他悄悄探視了藏在擁擠老鄰居中間那些古老可愛的小教堂，以及充滿刺鼻味道的街頭市場，裡面有你能想像到的每一種魚和乳酪。他逗留在泛出銀色光澤的塞納河邊，走過一座座有雕塑的橋。

他發現巴黎的夜色更迷人。好幾公里長的煤氣燈大道在黑暗中閃爍，兩旁有商店櫥窗與百貨公司的光。入夜後，興高采烈的人群像蛾在商業區的暗影裡盤旋。巴黎劇院在溫和的春天晚上像個鍍金的希臘神話怪物奇美拉，新電燈的光芒在女士身上的鑽石與紳士的絲絨大禮帽和斗蓬上照出富裕的光輝。城裡舊有的煤氣燈正慢慢被新型電弧燈與新來的白熾燈取代，混合式的照明製造出摩登大都會的氣息，令人難忘的夜生活氣氛。有鏡子的巴黎咖啡館與劇院一點燈便耀眼地甦醒，氣氛與誘惑力絕佳。特斯拉在十年後說道：「我永遠忘不了這座美妙城市給我的震撼。」[1]但特斯拉不是到這座傳奇光之城市閒逛的農村傻小子，他受聘於巴徹勒領導的愛迪生工業公司當初級工程師。巴徹勒是門羅公園老將，現在擔任愛迪生在歐洲大陸新成立公司的工程師。

對五光十色巴黎的迷戀迅速屈服在訓練課程與辛苦工作之下。對初級工程師特斯拉而言，儘管他愛幻想又有怪癖，但是只對一種東西有熱情：所有跟電有關係的東西。他在古老如畫的拉丁區外緣租下房間，與許多學生和教授住在一起，並給自己定下從早上五點開始的嚴格時間表。特斯拉說：「每天早上無論天氣如何，我會從我住的聖馬塞爾大道走到塞納河邊的一間游泳池，跳進水裡來回游二十七圈，然後走一個小時去伊夫里，公司工廠的所在地。七點半時我會在那裡吃伐木工人的早餐，然後渴望午餐時間，還得給工頭巴徹勒先生敲硬堅果。他是愛迪生的摯友與助手。」[2]

這件事對把全副心思放在神祕的電上的年輕人很重要，他處在愛迪生擴大的帝國裡，因為愛迪生是這個領域最偉大的實踐家，向那些高度懷疑的科學家證明，電是可以分流入戶的。特斯拉的老闆巴徹勒參與了創造白熾燈、開創電力照明新紀元的過程。巴徹勒在紐華克待了幾年，之後去了門羅公園，很清楚艱苦工作的含義。他從到巴黎起就決心征服歐洲，讓整個歐洲電氣化。這是個宏偉目標，巴徹勒這樣溫和的人偶爾也會覺得負荷過重。他曾在暴怒中寫便函給愛迪生：「我在這裡的工作不是玩笑，都是燈、發電機、吊燈和雜七雜八的事。我忙得不可開交。天生的責任心讓我有這麼多外部工作，而且投入這麼多錢，我的腦袋現在已經比離開紐約的時候大了三倍。」[3]

年輕的特斯拉恰恰相反，他初出茅廬，工廠裡新來的初級工程師，但也是個可靠的檢修員，能處理最複雜的電力故障問題。特斯拉的英文說得不錯，說得有條有理但是口音很重，他擅長許多外國語，特別是法語和德語。觀察敏銳的同事卻認為，特斯拉雖是個天賦異稟的工程師，卻無疑是個怪人。他過分講究儀表，黑髮文雅地向後梳，鬍鬚修飾得整潔。身材修長的特斯拉深受怪癖與恐懼折磨。每天早上（默默地）數著去工廠的步數；任何完美的行動都應能被三整除（所以每天在塞納河游泳二十七圈）；吃喝之前強迫自己計算立方體積。他厭惡和人握手，「極度嫌惡女人的耳環」，尤其是珍珠耳環。「我永遠不會去碰別人的頭髮，除非有人拿左輪手槍威脅。」[4]他只要看一眼桃子就會發燒。更神奇的是，特斯拉能背誦一整首塞爾維亞長詩（而且很開心）。

特斯拉這樣的人出現在忙碌吵鬧的伊夫里工廠，已讓人感受到新興工業模式正在取代往日的傳統與生活典範。他整個塞爾維亞家族非常保守，每個成員注定在長大後要為教堂或軍隊效命，他們家夾在衰落的鄂圖曼帝國和瓦解的歐洲君主國之間，是個具有戰略地位的小地方，擔任家族安排的職業才能讓人肅然起敬。特斯拉欣然承認，「我剛一出生就被認定當牧師，這個想法壓得我喘不過氣來。」[5]他父親是位知名的東正教長老，他母親很有發明天分，設計和製作出許多家用物品和工具，她還是個紡織師傅，絲線都是自己做的。「即使她已過花甲之年，手指還是那麼靈活，能在一眨眼間編三個結。」[6]但是特斯拉只對電感興趣。他一輩子都忘不了三歲時他與愛貓麥卡之間的事。「那時正值黃昏，我特別想撫摸麥卡的後背。麥卡的後背有一道亮光，在我手掌上產生一陣火花，到處都能聽到大響。」這是怎麼回事？特斯拉好奇地跑去問父親。「父親最後說：『那不過是電，就跟暴風雨時你看到的樹一樣。』但母親產生了警覺，『別再和那隻貓玩。牠可能會引起火災。』我開始做抽象思考：那大自然是一隻大貓了？如果是，誰來撫摸它呢？我的結論是只有上帝了……我每天都在問自己什麼是電，但是找不到答案。」[7]

特斯拉在高中時期是數學與物理的神童，對當時萌芽的電力科學投入更深且無法自拔。他對教授表示自己求知若渴，渴望孜孜不倦工作，對電的研究尤其如此。「我無法形容見證到物理老師展示那些神奇現象時的感覺。每個印象都在我心裡引起共鳴。我想更瞭解這神奇力量。我渴望做實驗與研究。」[8]但是家庭逼迫他接受神職，令他徬徨不定。直到青少年時期被霍亂擊倒，病得奄奄一息，焦急的父親才同意讓他研究電，將來成為電力工程師。特斯拉是家中獨子，病癒之後如願開始在格拉茲讀大學。

一八七七年，他在格拉茲的第二年，特斯拉走進他最喜歡的物理學教室，看見木桌上放著一台迷人機器，用磁鐵和金屬裝配成的藝術品，東西剛從傳說中的城市巴黎運來，外表是個層疊成站立馬蹄形的巨大場磁鐵，空架在被導線緊緊纏繞的空心圓桶（電樞）上方。這是比利時人格蘭瑪新發明的發電機。它的問世震驚了整個西歐與美國，因為終於有個發電機可以在蒸汽機帶動下產生足夠的電，點亮工廠與街道上明亮的電弧燈。同樣令人震撼的是，格蘭瑪的機器倒著運轉時可以當馬達。如果機器能被電帶動，這種新動力會具有深遠意義。

格蘭瑪機器由熟知的兩種材料——磁與鐵——組合而成。特斯拉全神貫注觀看老師操作機器，卻怎麼也想不到這台機器會改變他的生命軌道。當格蘭瑪機器用作馬達運轉，整流器的銅製電刷會隨著電樞旋轉，讓電流只朝一個方向流動。特斯拉注意到，那裡「出現大火花，而我認為不用這些裝置一樣可以讓馬達運轉。但是我的老師宣稱做不到，還因此做了專題演講，讓我倍感榮幸。他在做結論時說到，『特斯拉先生可能會成大事，但絕不會在這件事上成功。這相當於把一種固定拉力，例如地心引力，轉變成旋轉力。這是永動機的構想，根本不可能。』」[9]

被當眾訓斥固然難堪，但是愛作夢的特斯拉仍然不斷琢磨整流器上毫無意義的火花。事實上，這正是第一個實驗性電動馬達的明顯弱點。網狀電刷與整流器摩擦是為了收集未經處理的交流電，並把它轉成安全的直流電送回馬達，這步驟必不可少。況且整流器的維修保養費用很高，因為每當馬達轉動，電刷就會磨損，並且產生火花。於是年輕的特斯拉每天沉浸在電的遐想裡，他的藍灰色眼睛閃閃發光，大腦不停思索不同的馬達設計，如何能讓電刷不產生火花，一遍又一遍研究結合馬達與發電機的方法。「我心中的構想很實在，而且完美可行。」

*

一八八〇年秋天，愛迪生正在門羅公園為第二次除夕夜的中央發電網展示做準備，大西洋彼岸的特斯拉卻因為賭博被高中開除，開始他年輕的漂流歲月。他進入波希米亞古老城市布拉格的一所大學，當時他二十四歲。他只在布拉格待了一年，由於父親病故，二十五歲的他不得不去找工作。他搬到奧匈帝國繁榮的商業之都布達佩斯，在那裡為一家新成立的電話公司工作，這家公司的老闆是費蘭奇・普斯卡斯（Ferenc Puskas），愛迪生的歐洲友人兼公司代表提奧多爾・普斯卡斯的兄弟。儘管在這些年麻煩不斷又多次搬遷，特斯拉腦中一直不斷斟酌，如何設計出不用笨拙的整流器和電刷就可以收集電流的馬達。

特斯拉在電話公司認真且貪得無厭地工作，卻把他折磨到崩潰。輝煌的布達佩斯有不少名勝，例如多瑙河畔的公園、知名古堡和生氣勃勃的咖啡館，但是極微小的聲音始終鞭撻他。「我可以聽見三個房間外的手錶滴答聲。一隻蒼蠅落在房間桌上會在我耳中製造轟然巨響。馬車在幾英里外經過會使我渾身震顫。二三十公里外火車鳴笛能讓我坐的椅子強烈搖擺，讓我痛得難以忍受。」[10]醫生對他無計可施，認為他無法痊癒。縱然世界天塌地陷，特斯拉還是意識到他慢慢釋放出來的高度敏感來自潛意識，因為他尋覓馬達設計快五年了。

特斯拉一位大學密友安東尼・西奇戈提（Anthony Szigety），這時候也搬到布達佩斯，在一家電話公司工作。他建議虛弱的特斯拉鍛鍊身體以恢復健康。有了運動並呼吸新鮮空氣，特斯拉的身體狀況開始改善。在一八八二年二月的一個寒冷下午，西奇戈提說服特斯拉趁著陽光明媚去市區公園散步。特斯拉又按照往日習慣，背誦歌德的《浮士德》頌揚這炫目的天空：

熱情消歇，一天的辛勞結束；
匆匆忙忙，新的生活領域開拓；
啊，沒有羽翼能夠使我飛離大地，
翱翔著去追尋，追尋著它的蹤跡……

「當我正喃喃吟誦那鼓舞人的詩句，一道閃電滑過腦海，真理在一瞬間解開了。」特斯拉優雅地搖擺與揮動雙臂，像在宣告他要振翅高飛。然而，被病魔折磨得十分消瘦的他凝立不動。西奇戈提擔心他的朋友再次受到打擊，努力想帶他到椅子那邊去。但是特斯拉猛撲到地上，抓起一根樹枝。「我在地上畫出來……我的腦中所見那麼清晰，是金屬和石頭的實體，我只能對他說：『看我的馬達，看我讓它倒轉。』我激動得不知如何表達。」[11] 幾十年後，特斯拉與他的第一位傳記撰寫者，也就是科學編輯約翰・奧尼爾（John J. O'Neill）談到此事，重溫起這媲美神靈顯現的電學突破，他依然滿腔熱情。他回想起他，特斯拉，如何欣喜若狂地在泥土上向西奇戈提說明他的簡單設計。「它是不是美麗、壯觀，又簡單？我找到答案了，現在可以死而無憾。但我必須活下去，我必須重返工作崗位，造出這部馬達獻給世界。從此以後人類不再是體力勞動的奴役。我的馬達將解放他們，它能為全世界效力。」[12]

＊

特斯拉出身於有教養的家庭，成長環境中有和許多農民與勞工。他知道大部分的人（現在仍然如此）終日不停地辛苦勞動。一塊地需要耕地、播種、收穫，人們只能累彎了腰來完成，能幫他們的只有牛馬牲畜；要打一口井，人們只能一米一米地用鏟子挖掘；要砍倒一棵大樹，人們只能費力地一點一點鋸；要取水提水，女人和孩童只能把水裝滿在晃動的重水桶裡搬運；衣物髒了，人們只能用手搓洗。

蒸汽機已為交通與製造帶來大革命。它給新工廠動力，讓紡織機在波浪擺動中紡出布料，鐵路軌道橫跨整個大陸，過去幾個月的旅程可以縮短至幾天。現在，特斯拉預感他的交流感應馬達將能用千百種方式減輕日常生活中令人討厭的瑣事與重擔。

西奇戈提也是一位電力工程師，他逐漸領會到，特斯拉用驚人的方式解決了困擾他五年的馬達構想，而且終於擺脫折磨他的電力幻想，賦予幻想以實質。他的馬達免去笨拙的整流器與電刷，採用旋轉磁場產生動能。特斯拉在布達佩斯公園裡終於想出如何設計出依靠交流電波形週期運轉的馬達。與只能固定向前進的直流電相比，交流電沿著導體前進時會快速地來回轉向，這對特斯拉發展出來的多相機器至關重要，但是在布達佩斯，特斯拉只知道自己發明了交流馬達。特斯拉和西奇戈提一起為這傑出獨創的馬達設計徹夜狂歡。奧尼爾這麼解釋特斯拉的空前發明：「至今嘗試製造交流馬達的人都採用單一迴路……特斯拉用兩個迴路，每個迴路傳送同樣頻率的交流電，但是其中的電流波不同步。這相當於為引擎加上第二個汽缸……這些電流產生一個旋轉磁場……透過空間傳輸，不需要導線，憑藉的是力和能量。」

簡單來講，特斯拉這樣布置他的電流：當第一個迴路的電流變弱時，第二個迴路的電流就會進來，因此產生一個無形的旋轉磁場，一個簡單漂亮的交流感應馬達，沒有容易磨損的零件，後人稱之為「電輪」。無論如何，這一切直到每一個微小細節都還只是牢牢待在特斯拉的腦袋裡，因為他從來不用藍圖，只靠自己驚人的三度空間記憶力工作。當然，那時除了特斯拉和西奇戈提以外，沒有人知道他的偉大創舉。後來特斯拉也發現，一八八〇年代初期也沒有人（甚至他的電工同行）能欣賞他卓越的原創馬達。天才愛迪生正用中央發電站和直流發電機征服世界，誰又會去關注和電弧燈原理一樣的交流感應馬達呢？愛迪生有足夠的馬達供客戶生產用電，特斯拉才剛踏入這領域，風險與挫折正在等待。

*

接下來幾個星期裡，愛幻想的特斯拉幻想得更瘋狂。「一時之間我將自己徹底奉獻給繪製機器與設計新形式的強大樂趣裡……我想出來的裝置在我眼裡實實在在，摸得到每個細節……不到兩個月，我改進了所有類型的馬達，修正了系統。」[13]就在這時候，普斯卡斯賣掉了他的電話公司回到巴黎。滿腦子都是旋轉電動馬達的特斯拉也尾隨而去。愛迪生歐洲的推銷商與生意夥伴普斯卡斯兄弟（也許是提維達或提奧多爾）同意將特斯拉介紹給查爾斯．巴徹勒（愛迪生的得力助手和歐洲分部主力）。提奧多爾．普斯卡斯代理了愛迪生電話與電報在歐洲的專利，打從一開始就明白白熾燈與中央發電站前景光明。

以上就是特斯拉抵達巴黎前的故事。一八八四年，他每天早上起來游二十七圈，數著每一步走到塞納河畔伊夫里，巴徹勒的大工廠所在地，工廠生產發電機、獨立發電站與中央發電站需要的元件。像特斯拉這樣的年輕工程師在那裡學會了愛迪生各種不同的機器與錯綜複雜的分配系統，準備以巴黎為中心向外扇狀拓展，把白熾燈與電力帶進歷史悠久的歐洲大陸。忠實可靠的巴徹勒抵達巴黎後的第一項重責大任，就是與普斯卡斯共同為一八八一年巴黎電力博覽會安裝與推銷愛迪生的電燈。果不其然，來自世界各地的博覽會參觀群眾都對巨大展館裡的燈塔讚歎不已，燈塔的光由愛迪生功率強大的新型發電機點亮五百個白熾燈泡（每個有十六燭光）供應。

即使見多識廣的人也被電深深迷住。電與蒸汽機不同，它的動力看不見摸不著。一個法國人這樣寫道，「我們還沒習慣看見機器靠看不見的物體運轉。它們的神祕運作令人費解。我們一時琢磨不出其中祕密。」[14]愛迪生在這場電力戰中大獲全勝，他的展示橫掃所有最高榮耀，將他的競爭對手——英國人約瑟夫・斯萬（Joseph Swan）與萊恩・福克斯（Lane Fox），以及美國同事馬克沁——遠遠甩在腦後。這對重回紐約奮鬥、讓中央發電站運作起來的愛迪生來說是項莫大安慰。

更讓愛迪生高興的是英國科學家威廉・普利斯公開認錯。他長期批評愛迪生，常常嘲笑愛迪生分割電流的主張。普利斯在參觀過巴黎博覽會後寫道，「愛迪生的系統設計十分細微，表現出他的技術精通、一絲不苟，連勁敵都對他稱許不已。許多人對愛迪生個人與他的承諾不友善，我可能是其中最苛刻的一位。現在我可以欣喜地宣布，他終於解開他致力解決的問題。」[15]愛迪生的勝利不僅於此。法國授予他榮譽勳章，再加上眾多表揚，都抬高了愛迪生巴黎新公司的聲望與信譽。

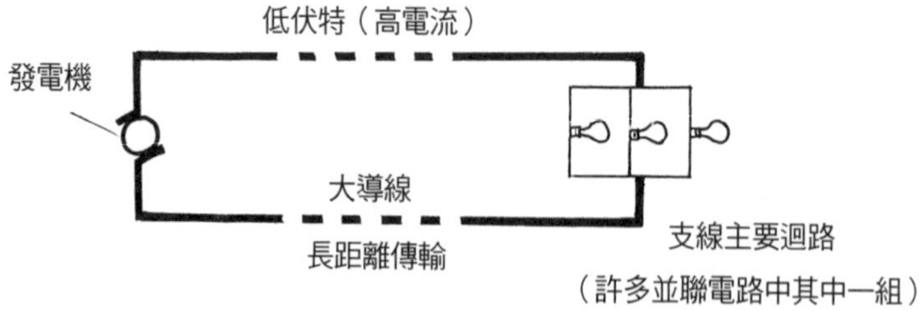

直流電傳輸

＊

特斯拉在伊夫里工廠裡第一次見到美國人，他們「因為我嫻熟的撞球技巧而喜歡上我」。天真熱情的特斯拉很快就開始對新同事與老闆解釋他那奇妙的交流感應馬達與全部系統，以為會得到大家的賞識。當時一般人對電的理解還十分粗糙，多相交流電是項巨大突破而且很難領會。特斯拉興高采烈想要全世界免於勞動的計畫過於理想，連伊夫里工廠裡的人都不認可。大家知道和理解的只有直流電，電子只往一個方向流，並製造小小的磁場，沒有辦法可以增加電壓（或驅動壓）。增加愛迪生電網直流電電量的唯一方法，就是使用更粗（而且更貴）的銅線，才有可能把大量電流輸送到最遠的目的地。電流越強，銅導線就越熱，所以需要堅固的低電阻銅線。此外，這些強電流通過導線時會因為發熱而消耗一些能量。由於電的功率數值是電壓乘以電流，直流電系統（以它的低電壓）需要的是高電流系統。這不變的歐姆定律與高成本的銅讓愛迪生系統侷限在很小很近的範圍內。這也意味著，無論你在哪裡意外碰到愛迪生的直流電系統，電擊都不嚴重，因為它的功率太小了。

愛迪生巴黎分部有個人叫康寧翰（D. Cunningham），是技術部門的工頭，他建議年輕勤奮的特斯拉開公司，讓公司股票上市以負擔發明的支出。特斯拉後來這麼寫道：「那個建議對我來說可笑到了極點。我一點都不懂他的想法，只覺得那是美國的方式。無論如何沒什麼結果，因為接下來幾個月我在法國與德國各城市間不停地奔走，解決發電站的問題。」[16]那年秋天，愛迪生電力公司在紐約珍珠街發電站的電網正式運轉時，特斯拉回到了巴黎。幾個月來他摸熟了愛迪生的機器，於是他向老闆建言，改造發電機的標準機型。「我成功了。老闆很高興，特許我研製我想改造的自動調節器。」[17]

雖然特斯拉分享了他的新交流感應馬達，公司裡卻沒有一個經理感興趣。他們用的是直流電系統，有很好的馬達可以服務客戶，為什麼要換成交流電系統和交流馬達呢？他們還有很多事要做。開發新計畫可謂舉步維艱，而且受限於公司的眼界與企圖心，產品全新、人員幾乎沒有技術與管理經驗，這些全都會阻礙發展。當時一位電力經理曾解釋：「人們通常對電的需求與價值不感興趣。必須教育他們電的功用……合適的生產方式以及恰當的分配形式都需要事先計畫好……沒有客戶在等你，你得去開發客戶。」[18]儘管巴黎博覽會成果輝煌，但是巴黎人對中央發電站沒有半點興趣。巴徹勒幾乎每天與紐約以信件和電報聯繫，陳述資金短缺、貨期需要調整、獨立發電站客群不穩、機器常故障以及供貨不及等問題。許多問題容易解決，但也有些很棘手，因為它們會造成嚴重的財務後果。亞爾薩斯－洛林的重要商業城市史特拉斯堡的例子屬後者，愛迪生公司在新火車站一帶的施工是個災難，這地區自一八七〇年的普法戰爭後歸屬德國。

一八八三年年初，史特拉斯堡市政府為展示新火車站照明舉辦了一場落成典禮。年邁但權力顯赫的德皇威廉一世大駕光臨，給儀式增添許多光彩。車站總共安裝了一千兩百個愛迪生燈泡，預計要用白熾燈的光亮淹沒巨大廣場。沒想到開關一打開卻引發爆炸，炸毀了一面牆。已經簽訂單的德國政府十分氣憤，拒絕接受那部發電設備，更不用談付錢。特斯拉寫道：「因為我會德語又有經驗，所以被委任去擺平這燙手山芋，因此在一八八三年年初去了史特拉斯堡……那些具體工作，與政府官員交涉、會議，讓我從早到晚忙得不可開交。」[19]到了夏天，火車站發電設備大修完畢，也與德國官方展開付款問題談判。特斯拉到這時才有空去做拖延已久之事：製作交流感應馬達的樣品。他已掌握交流電對比直流電的優勢，早在腦子裡設計出一個可以運作的系統。「當我剛著手進行，就答應在火車站對面的維修站組裝一台簡單馬達，我從巴黎帶去了一些材料……那個夏天我終於滿意地看到不同相交流電引起的旋轉，而且沒有滑動觸點和整流器，跟我一年前設想的一樣。真讓我興高采烈，但遠遠不及第一次發明出來時的狂喜。」[20]

特斯拉進一步瞭解了美國股份公司與營運資本，並且透過史特拉斯堡結交的新朋友（包括前市長），利用影響力勸說當地有錢人投資他的革命性發電機。但他受盡了羞辱，因為就算他可以展示樣機，也沒有人表示有半點興趣。是啊，火車站、工廠與富豪的家需要電，但如果舉世聞名且榮耀加身的美國發明家愛迪生已經廣設發電站，誰又會需要塞爾維亞年輕古怪工程師未經測試的想法呢？這個年輕人老是唸著晦澀難懂的詩句，誰會投資給這個陌生人？在史特拉斯堡融資失敗，特斯拉渴望返回繁華巴黎去實現他的理念，這時他已經有了自己的模型。但是德國人一絲不苟地監視與記錄每個細項，完工日期不斷延後，從秋天延到一八八三年的冬天，還拖過了新年。特斯拉因此在史特拉斯堡多待了好幾個月，德國人直到一八八四年春天才終於驗收完畢，並且付清款項。

特斯拉隨後返回巴黎（這時他已離開巴黎一年），時值巴黎沙龍在工業宮開幕。幾年來那裡的油畫大廳在夜晚都用弧光燈照明，有些藝術家被此決定激怒，但是出來閒逛的藝術愛好者因此增加四倍，數量達七萬人，畢竟許多人在夜晚才有時間娛樂。從這一點就可看出電影響了社交生活。特斯拉盡情地享受巴黎的美麗與活力。他大跨步走向塞納河畔伊夫里，開心地要跟老闆們為改良發電機與史特拉斯堡任務成功討些「慷慨補償」。有了一大筆法郎，他終於可以完成交流電系統模型，包括他鍾愛的馬達以及必要的多相交流發電機，有這兩樣東西，他的系統才能正常運作。然後他可以吸引一些冒險的法國資本家。可是稍稍年長而且長了智慧的特斯拉發現老闆們在推卸責任。「我逐漸明白，獎金根本是幻想。」[21]

愛迪生公司經常四處借錢，美國與歐洲業務仍然不穩定且不成熟，經理不願意發獎金並不令人意外。在一八八三年的年報中，愛迪生電力公司全年虧損。此外，在大量的愛迪生商業信件檔案中找不到巴黎上司對特斯拉貢獻的評價高過年輕人眼中的自己。他們看到特斯拉勤奮、有抱負，於是鼓勵他去紐約與大師一起工作。巴徹勒監督完歐洲一百多個獨立電力設備後已搭船返鄉，這些設備分別安裝在紡織廠、工廠、飯店、劇院、商店、輪船、碼頭與火車站，但只賣出與架設了三個中央發電站，分別在米蘭、鹿特丹和聖彼德堡。

截至目前為止，特斯拉的年輕生命經歷過許多戲劇高潮：幾次遭逢生命危險、對電的熱情，視它為畢生志業，並且發明了感應馬達與直流電多相系統。在巴黎這幾年還常常出現強烈幻覺，特別是閃光包圍他的幻覺。特斯拉後來說道：「這些經歷非常奇怪而且無法解釋。幻覺常常出現在我面臨危險或煩惱，或是極度興奮的時候。有些時候能看見周遭空氣中充滿燃燒的火舌。它們的強度隨時間增加毫不減弱，而且在我二十五歲時達到高峰。」[22]（特斯拉也喜歡說他出生的故事：在雷電交加的午夜暴風雨中，他隨著一陣雷鳴來到世間，像是他一生的預兆。）特斯拉離開歐洲抵達新世界（他稱之為「金色應許之地」）的經歷又有更多故事。他抵達巴黎火車站時，「我發現我的錢和票都被偷了」，更不用提他的行李箱。當火車在翻騰的蒸汽中啟程時，心情狂亂的特斯拉決定行程無論如何還是要繼續。他跑下月臺，搶著攀上車。輪船公司允許他在最後一分鐘上船，只因為直到那時沒有人宣稱那是他的臥鋪。「我乘船前往紐約時，身上只剩下一點東西：幾首我寫的詩和文章，一個袋子裡裝了一題未解開的積分計算以及我構想中的飛行機計算。旅途的大部分時間我都坐在船尾，尋找機會營救落水的人。」[23]

*

特斯拉於一八八四年六月六日抵達紐約港。那是個天氣晴朗的星期五，數千名德國人、愛爾蘭人、斯堪的那維亞人、義大利人、俄羅斯猶太人和這個年輕電工一樣，都做著美國夢：農民渴望農場；年輕人奔向礦區、磨坊、工廠；丈夫與父親希望迅速攢到以後回故土買地開業的錢；妻子和母親期待更幸福富裕的生活。曼哈頓的城堡花園移民站位在砲台公園附近，由陰暗的舊堡壘改建，也曾經當作劇場。來自各個國家的人操著各種語言，快速地越過移民線進入美國這迅速富強的國家。美國在南北戰爭結束到二十世紀初這幾年迅速都市化與工業化，並且富裕起來，國民生產總值從九十一億美元增加到三百七十一億美元，人均收入增長了三倍。有三個引人注目的因素導致迅速繁榮，看看城堡花園便一目了然。第一個因素是快速增長的人口。自從紐約在埃里斯島開設聯邦移民局後，光在一八八五年到一八九〇年間就有超過七百萬人經城堡花園入境。外國移民搭乘輪船登陸，很快又靠四通八達的鐵路進入繁榮大城、偏遠地區和新成立的州，各奔前程。第二個因素是美國靠著發達的交通和通訊系統迅速致富。迅速擴展的美國鐵路網聯通廣大地域與不同地方，促進了商業發展，當然還少不了電報與電話的功勞。

人與交通結合在一起，有效開發了國家的自然資源，包括煤與礦石、富饒的農田與森林。隨著工業與城市興起，巨富與大企業也聯合起來。像威廉・范德比爾特這樣的大資本家實際上比英國女王還有富有。數百萬人透過鐵路、鋼鐵、石油、木材、煤、黃金、銀、糖、百貨公司發了財，或是新的消費產品，像是香菸、成衣、肥皂、餅乾以及可樂。但是在一八八四年夏初入境的移民裡，沒有人和身無分文且默默無名的塞爾維亞人尼古拉・特斯拉一樣擁有同樣夢想。他踏上曼哈頓下城區擁擠骯髒的行人區時，仍在幻想要把便宜充裕的能量與光帶給全世界。

特斯拉就這樣信心十足地來到紐約，口袋裡有四分錢、一位朋友的位址，和為愛迪生工作的期望。一八八〇年代中期的紐約不是巴黎。砲台公園有一大片綠地、寬闊道路與遮天大樹。但是只要從那裡往北走，會立刻被城市狂亂的商業步伐與濃厚的金錢味襲擊。這裡沒有連綿的林蔭大道、雄偉宮殿和整齊的公共花園。市中心裡混雜了各種大倉庫、商業機構、破舊房屋，被四條南北向的高架火車切分，吵鬧蒸汽機製造的大量煤煙與灰塵從空中落下。一旦到了夏天，街道炎熱，滿是灰塵與馬糞味，因為馬車隊拉著各種交通工具，像是花花綠綠的舊式城市公車、新型有軌電車、各種類型的大貨車，還有有錢人的私人四輪馬車。華爾街附近的擁擠街區漂亮且令人難忘，那裡都是高貴住宅與昂貴的十層樓大廈。報童們四處兜售銷量最好的《紐約太陽報》與《紐約先驅報》，還有新竄起的《紐約世界報》。木柱森林與糾結在柱子上的電線高高站立在溫熱難聞的商業街道上，電線從柱頂連到屋頂與窗戶，再連到其他柱子上。在一些商業街區，交錯的電線幾乎能遮住初夏的天空。

特斯拉往北走，目睹吵雜的景象與聲音，這時他看到一個店老闆站在商店的電動馬達旁，一副氣急敗壞的樣子。特斯拉走進店門，那位先生告訴他機器故障了。特斯拉很快就把馬達修好，店主立刻要雇他。他拒絕了，說自己另有想做的工作。店老闆給他二十美元為報酬，在勞工每日平均工資才一美元的時代，這份報酬十分慷慨。像特斯拉一樣有技術、受過教育、有經驗的工程師在當時的週薪是十八美元。特斯拉第一次嘗到這新世界富裕的味道。他繼續往前走，投宿在朋友家，在這晚充分休息。第二天他就去了第五大道，他聽一個導遊說：「這條街是富人與貴族的匯集地……所有住宅都巨大宏偉……有大型俱樂部、奢華的圖書館、高雅的畫廊，還有富商富麗堂皇的客廳。」[24]每個傍晚都有令人驚嘆的財富表演：世上最精良的馬與最豪華的車輛像遊行一樣來往於中央公園，時髦紐約人喜歡在公園的馬車專用道上炫耀他們的馬車（和他們自己）。

特斯拉就像是第五大道衣著得體、引人注目人群中的一分子。他受的教育與巴黎的幾年經歷讓他看起來光鮮優雅，因此他自信地走進位於第五大道六十五號的愛迪生公司總部。那座堂皇大廈裝滿了誘惑有錢人的美麗電吊燈與電燈，氣勢奢華無比。大廈頂層留給單身職員住，詹森在另一層樓開設夜校，專為急需專業電工的公司培訓人員。身穿破舊亞伯特王子牌大衣的愛迪生要不是被高貴訪客圍得團團轉，要不然就是在舒適的辦公室裡開會，抽雪茄。特斯拉後來寫道：「與愛迪生見面讓我畢生難忘。我佩服這位偉人，他早年沒優勢也沒受過科學訓練卻這麼成功。我學了十幾種語言，鑽研過文學與藝術，最好的年華都待在圖書館裡，讀過所有到手的書，從牛頓的《原理》到保羅・德闊克（Paul de Kock）的小說，覺得自己在浪費生命。但是用不了多久，我就明白那是我能做的最棒的事。」[25]

愛迪生現在是紐約人了，不再像以前那樣不修邊幅，但他仍然保持實際、言簡意賅的風格。舉世聞名的他很會開玩笑，三十七歲時已經能老練處理大西洋兩岸公司雜亂無章的業務。這時，他面前出現年紀小他一輪的年輕特斯拉：博學、默默無聞、高大修長、衣著舉止得體、談吐不俗、口音很重，而且還很天真。愛迪生很快給特斯拉起了一個綽號：「我們的巴黎小夥子」。特斯拉後來回憶道，「見到愛迪生讓我激動萬分，他是我在美國的老師。我想讓人擦亮鞋子，覺得自己動手有失尊嚴。愛迪生對我說，『你會喜歡自己擦皮鞋的。』他說動了我。於是我為自己擦鞋子，而且很喜歡。」[26]

特斯拉迅速證明了自己的價值。客輪奧勒岡號在東河擱淺，無法按照時間啟程，起因在於愛迪生的船上照明系統故障。他回憶說：「當時困境嚴峻，愛迪生很火大。晚上我帶著必備的工具登船。船的發電機壞了，有幾處短路和漏電。我在船員協助下順利修好了。當我在次日清晨五點沿著第五大道去公司時遇到了愛迪生、巴徹勒和其他幾個人，他們正在回家的路上。愛迪生說，『我們的巴黎小夥子夜裡還在滿街跑。』我告訴他我從奧勒岡號回來，並且已經把兩部壞掉的機器修理好的時候，他靜靜看著我，然後一聲不響地走開。他走了一段距離後，我聽見他說，『巴徹勒，這是個有用之才。』」27

一八八四年夏天，紐約的愛迪生電力照明公司不斷擴增版圖，有越來越多客戶，供電越來越可靠，獲利也增加了。現在他們負責為重要機構照明，譬如紐約證券交易所、《紐約商業廣告報》、紐黑文輪船公司的辦公室與大碼頭、華爾街上布朗兄弟公司，以及在威廉街上的北英商業保險公司。曼哈頓的珍珠街和紐澤西的門羅公園都是中央發電站的所在地。

但是愛迪生的直流電中央發電站的供電範圍只有半英里遠，因此在小城鎮沒什麼市場。要說服上百家企業建立起發電站網路很難，像摩根這樣的有錢屋主或是獨立工廠的老闆才容易從中獲益。到一八八四年底，美國只建立起十八座中央發電站。獨立發電設備反而受歡迎，只要工廠老闆和飯店老闆支持就能裝設。截至那年秋天，全國共有三百七十八個這樣的設備。特斯拉又像在巴黎的時候一樣，致力於改良發電機與故障修理。但是他變得「越來越渴望於發明交流感應馬達，並且下定決心把這件事看得比愛迪生重要」。

愛迪生非常不滿於華爾街老闆控制著主要公司的管理權，卻又經營得漫不經心，因此在那年秋天與冬天忙於奪回控制權，並重建愛迪生公司，以推動中央發電站和產品發展。八月九日那天，被他忽視的妻子臥病數年後於門羅公園撒手人寰，留下三個年幼的孩子。愛迪生更加全心地投入工作。但有時在宵夜或其他機會裡，他似乎與特斯拉討論過交流電系統。特斯拉指出，如果中央發電站採用交流發電機，將可突破直流電設備的一英里障礙。而且，只要他的感應馬達開發出來，即可填補交流電系統的缺口，用途會不僅止於照明。此外，他的交流感應馬達肯定遠遠勝過直流發電機。特斯拉說：「愛迪生直率地告訴我，他對交流電不感興趣，它沒有前途可言，無論誰涉獵此領域都是在浪費時間。而且，直流電是安全的，交流電會致命。」[28]

電弧燈用的是高伏特的交流電，因此經常發生電工不慎碰上交流電設備而被電擊，甚至電死的不幸事故。愛迪生宣稱交流電太危險不適於民用，此立場得到同行權威人士，格拉斯哥的威廉．湯姆遜爵士支持，一位德高望重、說話有分量的科學家。也許就是這緣故，愛迪生和他的公司沒有研究與開發供給電弧燈電力的交流發動機。愛迪生以他發明的低壓電系統為傲（雖然是在下屬協助下完成的）。任何人碰到愛迪生的直流電系統，不論是發電機還是電線、燈泡，只會接收到微弱的電擊。他不想與交流電有任何關係。

*

特斯拉到美國時，剛好趕上美國特有的四年一次血腥運動：總統大選。玷污地方與全國生活的腐敗成為主要議題。共和黨候選人詹姆斯．布萊恩（James G. Blaine）參議員似乎纏入被鐵路公司收買且予取予求的醜聞。民主黨候選人是紐約州長（前水牛城市長）格羅弗．克里夫蘭（Grover Cleveland），人稱「好人格羅弗」，他竭力反對坦慕尼的腐敗。民主黨描述他們的候選人乃值此政經骯髒交易盛行之際少有的誠實代表。支持共和黨的《水牛城通訊晚報》在七月十二日披露：未婚的克里夫蘭有私生子！緊張的克里夫蘭對他的黨解釋：「無論人們說什麼，要說真相。」真相是，那孩子可能是他的，因此一直給予資助。共和黨用「媽！媽！爸爸在哪裡？」嘲諷民主黨，民主黨則用「入主白宮了，哈！哈！哈！」譏諷回去。另一位競選者是紐澤西女權律師貝娃・洛克伍（Belva Lockwood），即使當時美國女性還沒有投票權。

體型高胖、外表溫和的克里夫蘭與灰鬍子布萊恩之間的競賽不分軒輊，直到新工業巨頭候選人布萊恩於十月底突然光臨曼哈頓。紐約是富人和許多全國性報紙聚集地，所以具有舉足輕重的地位。布萊恩於晚上在優雅大理石的第五大道飯店與重要的新教牧師會面。一位牧師譴責民主黨員，「其祖先是危險的羅馬天主教徒，叛變者」。疲倦的布萊恩沒有提出異議，也許心中正想著晚上在紐約最知名最美味高檔的德莫尼科飯店的晚宴，那裡以甘美的紐堡龍蝦、鮮豔可口的甜點「火焰雪山」聞名。就連平民出身的愛迪生也對德莫尼科至為推崇。就在十月二十九日的晚上，一百八十位美國富豪與顯要人士在那裡聚會，盛宴款待他們的共和黨候選人，他的競選綱領是透過提高進口關稅削減進口，以促進本土工業占據廣袤的國內市場，滿足消費者需要。

不幸的是，好鬥的約瑟夫・普立茲（Joseph Pulitzer）於去年買下了勢頭漸弱的《紐約世界報》（*New York World*），努力把它辦成新興通勤勞動階級必讀的報紙，這些人越來越關注財閥興起，因為財閥看似要靠壟斷、資本與操控肯聽話的政治家以掌控一切。普立茲接手後，招集報社在職人員，對他們宣布：「同事們，你們知道《世界報》已有所改變。過去你們過著好整以暇的日子，現在我希望你們明白，將來每個人都要走到現場去。」[29]普立茲大膽摒棄一本正經的報導方式，不再用單欄形式報導重要新聞，也不光使用多層的小標題。他用好幾個欄位置放製造噪音的頭條新聞與巨幅插圖，以顯示新聞的重要性。

於是，十月三十日的《紐約世界報》對富有的共和黨人發出怒吼，用滿版頭條報導了德莫尼科飯店的晚宴，並用了巨大的橫幅標題：**伯沙撒王布萊恩與金錢之王的盛宴**。被餵飽的富翁們被畫成諷刺畫人物，能認出來的有威廉・范德比爾特、安德魯・卡內基、傑伊・古爾德等，啜飲壟斷湯，用杓子舀取遊說布丁，完全無視像陰魂般在乞討殘羹剩飯的窮人。《世界報》謹慎地為「危險的羅馬天主教徒，叛變者」這句話下評論，激怒了許多原本支持布萊恩的愛爾蘭天主教徒。布萊恩在紐約州僅得到一千一百四十九張票，並輸掉整場大選。紐約不只是全國金融中心，還具有巨大的政治影響力。克里夫蘭成為自內戰以來第一個勝選的民主黨人，他的當選象徵國家反對財閥統治的立場。

在無休止的政治鬥爭之際，特斯拉勤奮地為愛迪生工作。「我在這期間設計出二十四種不同類型的短芯與樣式一致的標準機器，取代了舊機型。經理許諾我在完成這項任務後給我五萬美元。」一八八五年春天，特斯拉要求領取這筆獎金。他告訴他的傳記撰寫者約翰・奧尼爾，愛迪生背信，說那只是在開玩笑。他說：「特斯拉，你不懂我們美國人的幽默。」[30]實在很難想像，愛迪生公司還極度缺現金與資金，怎麼可能答應給雇員這樣一筆巨額獎金，這筆數字相當於公司草創時辛苦爭取到的資本。新近的特斯拉傳記作家馬克・賽佛（Marc Seifer）指出，特斯拉甚至連每週加薪七美元的條件都沒爭取到。別的職員也建議巴徹勒為特斯拉加薪（特斯拉相信他的付出應得這七美元，他的週薪應從十八美元升到二十五美元），但是巴徹勒斷然拒絕。他說：「森林裡到處都是特斯拉這樣的人，我可以找到很多週薪十八美元的人。」[31]不管是開玩笑還是不守信用，特斯拉最終忍無可忍，決定辭職。

*

特斯拉在紐約為愛迪生工作的時間不到一年。事實上，他與愛迪生水火不容，對彼此感興趣，又對彼此厭煩。特斯拉生來是個少爺，心高氣傲，衣冠楚楚又時髦，十分討厭愛迪生的不修邊幅。「要不是愛迪生與一個格外聰明的女人結婚，妻子把他當成自己的生活目標來呵護，他早就會因為無人管照而死了好多年了。」[32]特斯拉認為，愛迪生對待科學的方法很糟，「如果愛迪生要在乾草堆裡尋找一根針，他會立刻像蜜蜂一樣勤奮，檢查每一根稻草，直到找到為止……他的方法最沒效率了，就像大海撈針全碰運氣，而我就是做這件事的可憐見證，我知道只要用一點理論與計算，就可以節省他百分之九十的工作。」[33]而愛迪生解雇特斯拉，是因為他認為特斯拉是個「科學詩人」，特斯拉的想法「非常好，但是完全不切實際」。

特斯拉慢慢學會了美國的運作模式，現在他採取絕對實際的方針。他需要用有銷路且實用的東西讓自己成名，好吸引人投資他想像的直流感應馬達。於是他為自己訂下一個直接平凡的任務：設計出不會閃爍的改良弧光燈，以及更好的發電機為前者發電。在一八八五年三月中旬，特斯拉會見專利權律師萊繆爾・瑟瑞爾（Lemuel Serrell）與他的專利藝術家，他們指示特斯拉如何準備與提交他的第一個弧光燈專利。瑟雷爾還把特斯拉介紹給兩位來自紐澤西羅韋市的商人，他們渴望能資助新成立的特斯拉電燈與製造公司。公司的第一個工作就是在羅韋市（投資者故鄉）架弧光燈。第二年，特斯拉開始生產與安裝他的系統，這個系統照亮了該市的主要街道與幾座工廠。特斯拉這麼做是為了表達他的誠心誠意。《電氣評論雜誌》（*Electrical Review*）十分訝異他的進展神速，在一八八六年八月六日頭版上介紹了他的新系統。在同一份雜誌隨後的廣告上，特斯拉電燈與製造公司宣布，「現在準備安裝最完美且前所未見的電弧燈自動調節系統」。這個「全新自動調節系統絕對安全並且省電」，從此「電燈不會閃爍不定和嘶嘶作響」[34]。

接下來幾個月裡，特斯拉的新公司成功完成了紐澤西羅韋市的白弧光燈安裝任務。在公司創始之際，特斯拉於一八八六年二月六日得到他在美國的第一個專利：電動發電機的整流器。下一個專利是一八八六年二月九日的電弧燈，和三月二日的電動發電機穩流器。一八八六年秋天時，特斯拉再次向他的夥伴提議要擴大視野、創新思維（不要老是想乏味實際的弧光燈），並且要開發他那可以改變世界的交流馬達與電力系統。特斯拉在日後回憶時說：「耽擱我鍾愛的計畫令我十分痛苦。」[35]不只這些短視近利的紐澤西紳士們不感興趣，而且決定要欺騙特斯拉這個生意新手，騙取他的專利，將他逐出他建立起來的公司。於是在那年秋天，可憐的特斯拉，這個浪漫的夢想者，因為遭受「人生中最沉重的打擊」而眩暈。「在地方勢力影響下，我被迫離開公司，不只失去了我所有的利益，也失去了我身為工程師與發明家的名譽。」[36]他後來記述道，「我自由了，但除了一個鐫刻精美卻毫無價值的股票證明外，我一無所有。」[37]這位高雅博學的電學家與移民，突然發現他與兩年前登上美洲大陸時一樣身無分文。更糟的是，他當時沒有出路，又不願意折腰去求助愛迪生公司的同事。

*

特斯拉可能從沒想過曼哈頓會沒有他的立足地。特斯拉曾經工作過的愛迪生機械廠座落在紐約最骯髒的貧民區，廠房沒有窗戶，炎熱夏日烘烤戶外廁所的惡臭，刺骨寒冬穿過滿是污點的牆。那裡常有疾病、死亡、邪惡與犯罪並不奇怪。一八八六年的冬天遇上極地寒流和經濟蕭條，更多的家庭得靠乞討維生。勞資衝突升級，迅速膨脹的工會挑戰苛刻的新工業制度，雇主不願意讓太多步。《紐約每日先驅報》批評道，「組織起來的勞工向國人展示了自己的政治力量」，最先從封鎖鐵路開始，抗爭的有製革工、鞣皮匠、地毯編織工、礦工，以及芝加哥的肉品包裝工人。曼哈頓有一萬五千名電車司機與售票人員在街上與警察發生衝突，最後爭取到每天十二小時的工資提高到兩美元。整個一八八六年，「全國上下經濟都受到這些與數百次類似的起義衝擊。」[38]那年五月四日，無政府主義者炸死七名警察，還有十幾個示威者在芝加哥的乾草市場受傷，恐懼的浪潮震撼全國。這場暴行凍結了上層社會支持勞工運動的念頭。

失業的特斯拉在這艱苦環境下求生存，卻發現自己的電學天賦一無是處。「我受過科學、機械、文學高等教育，現在看起來是一種嘲弄。」[39]報紙上登滿找工作的啟事，像是家教、管家、私人侍者、貼身男僕，和所有諸如此類可以照管爐子或服侍餐桌的「有用的人」。徵求欄應該也有很多職缺，一個住在公園街的家庭在尋找幫工照料他們的牛、馬和花園，麥迪遜大道一戶人家需要人照顧鍋爐、清洗窗戶和做些雜事。特斯拉身上的錢都沒了，距離家又那麼遠，他在曼哈頓街道上遊蕩，那裡的豪華餐廳與奢華商店都像在嘲弄他，提醒他有多窮困潦倒。「有好多天我都不知道下一頓飯有沒有著落。但是我從來不怕工作，我看到有些人在挖溝……於是也上前要求工作。那工頭看了看我高檔的衣服和雪白的雙手，對著其他人笑起來……但他還是說，『好啊，吐口水在手上，跳進溝來！』我比別人更努力工作，一天下來拿到兩美元工錢。」[40]

在這動盪且無政府狀態的一年，新興電力工業與煤礦和鋼鐵廠惡劣的工作條件相比起來舒服許多，沒有漆黑熾熱的環境，也少有致命危險，但是電力工業也遇上自己的困境。愛迪生的企業拓展飛快，他已經無法認識每一個員工了。紐澤西的電燈廠罷工，八十個技術好的燈絲檢驗員組織了工會，並且「變得蠻不講理」。愛迪生說：「他們知道如果沒有他們，燈就無法生產。」他們集體抗議他們其中一人被解雇，愛迪生在這時趕緊設計出三十台機器取代他們的工作，然後才解雇了原來計畫解雇的人。愛迪生說：「工會的人罷工了，從此一去不回。」[41]

一八八六年三月，愛迪生在戈爾克街機械廠的一個工人委員會與他們的頂頭上司巴徹勒談判，要求成立工會組織、增加工資並改善工作條件。愛迪生管理階層給的薪資一般，並且已通情達理地將工作時數從十小時減少到九小時，但他們不想和工會打交道。工廠「必須由管理者做決策，不容許任何干預」。他們也不接受按件計酬的條件。巴徹勒向記者解釋：「工人遊手好閒或酗酒，他失去的是自己的時間，不是我們的。」[42]愛迪生的工人在五月十九日罷工。在那之後不久，愛迪生就把機械遷移到遠離大城市的安靜小鎮謝內塔迪，搭乘紐約中央鐵路先往北再往西，很容易就能抵達。他說：「我想要遠離罷工引起的尷尬處境與共產黨人干擾，讓住在當地的人做我們的員工。」[43]

對特斯拉而言，「我這一年在心痛與苦澀淚水中度過，物質需要加劇了生活的苦難。」[44]為了度過寒冬，落魄的特斯拉與紐約勞工隊為伍。也許在他痛苦揮鍬挖土之際，別人已經在加緊研發交流電系統了。隨著天氣轉暖，日光變柔和，逗留時間也變長，命運再次對這位夢想者微笑。

在一八八七年初春，特斯拉的一個工頭發現這個認真工作的塞爾維亞人不是普通工人，於是設法把這位不走運的電學家介紹給西聯電報公司的高級工程師艾弗瑞・布朗（Alfred S. Brown）。特斯拉熱情地向布朗介紹他能為全世界供給能源的交流馬達，布朗對他留下深刻印象，於是把他介紹給著名律師暨發明家查爾斯・佩克（Charles F. Peck）。佩克自己明白，至今還沒有人設計出商業用的交流馬達並且能真正運作。他為什麼要信任這個年輕的工程師會有偉大成就？他不僅丟了愛迪生公司的工作，創業做弧光燈也失敗了，儘管說一口優雅英語，口音卻很重。他拒絕去看特斯拉的實驗。

特斯拉絞盡腦汁，想著如何能讓這個律師不再無動於衷。「我有了靈感。」多年後他回想起這件事，當時他問佩克一個問題，「你記得哥倫布的雞蛋嗎？」特斯拉指的是探險家哥倫布在宴會上挑戰質疑他的客人，看他們怎麼讓雞蛋站起來。這些人一一試過但都失敗了，於是哥倫布拿起一顆雞蛋，輕輕敲一下蛋殼，蛋站起來了。他因此在西班牙伊莎貝拉女王面前表演這項小絕技，女王決定支持他的探險計畫。

佩克這時感興趣了，他詢問特斯拉，打算如何讓雞蛋站起來？原因又是什麼？「如果我能不打破蛋殼就讓雞蛋站立起來，那會如何？」特斯拉知道他已吸引住佩克。佩克答道：「如果你真能做到，人們會認為你比哥倫布還棒。」特斯拉追問佩克，是否願意當他的贊助人。「我沒有皇冠珠寶可以抵押，但我口袋裡還有幾塊錢。」佩克讓步了，「應該可以幫你一點忙。」[45]

聽完他的話，特斯拉急急忙忙穿過喧鬧的市中心，裝運木桶和各種貨物的馬車阻塞了街道，他在那裡找到一顆煮熟的雞蛋和一位鐵匠。表演在第二天上場。「一個旋轉的場磁鐵固定在木桌下面，特斯拉先生拿出一個鍍銅的蛋、幾顆黃銅球和幾個裝在樞軸上的鐵盤，準備要打動他未來的合夥人。他把蛋放在桌上，蛋站立起來，在場者看到都非常訝異。他們發現雞蛋在快速旋轉時全都呆住了。銅球和裝在樞軸上的鐵盤依次隨著旋轉磁場急速飛轉，觀眾看得目瞪口呆。他們恢復鎮靜後提出的問題讓特斯拉欣喜：『你需要錢嗎？』」[46]

特斯拉的命運又出現了戲劇性轉變。經歷過合夥人背叛、貧困的冬天和辛苦勞動，他又一次能擁抱他延誤許久的電子夢。特斯拉、佩克和西聯工程師布朗很快便組成了特斯拉電力公司，而且特斯拉在自由街八十九號建立起自己的第一個實驗室。自由街是條繁忙大道，幾

年輕時的喬治・西屋

第5章

他無所不在：喬治・西屋

勇敢、精力充沛的匹茲堡發明家暨企業家喬治・西屋（George Westinghouse）於一八八三和一八八四年大多待在紐約，就近觀察紐約逐漸充滿電能活力，成為一座燈光閃耀的不夜城。在每個冬夜，淡紫色的黑暗籠罩城市，主要街道都沉浸在目眩弧光燈的美麗幽藍光芒裡。百老匯成了新的夜生活場所，穿著時髦的人群散步、購物、閒逛，電燈在男士圓頂禮帽與高禮帽的黑色弧線上閃爍，在女士的毛皮鑲邊絨布斗篷、烏黑的珍珠飾物和羽毛帽上放出柔和光澤。再往南，音樂廳與劇院燈火通明，愛迪生的白熾燈點亮了公園街的報社辦公室、高級飯店和許多華爾街的金融大廈。第五大道與麥迪遜大道上的富商與新興工業家的豪宅都用電燈迎接黑暗。電力時代正悄悄地到來。

當時的工業泰斗喬治・西屋觀察細緻。他身高六英尺，體格結實有力，濃密的栗色頭髮、有魄力的鬢角和大海象鬍讓人見了一眼難忘。一八八四年他才三十七歲，已靠著美國當時最重要且競爭最激烈的鐵路產業建立起強大帝國。他第一個和鐵路有關的發明是可以讓出軌火車迅速返回軌道的「換裝器」，以及一個結實的鐵「青蛙」，可以保護列車不在軌道會合處出軌。西屋運氣不佳，他的發明雖然被鐵路公司接受，卻迅速被「改進」，並且註冊了自己的專利。早在一八六九年他年僅二十二歲時，就已經為世界帶來至今仍然十分重要的革命性發明：氣閘，可以讓車子迅速安全減速的裝置。要找人資助這項新奇且昂貴的發明十分不容易，加上他太有先見之明，當他終於能介紹他的氣閘發明，他斷然拒絕給鐵路公司生產許可，只有他的小小匹茲堡工廠有權生產。

年輕的西屋改進了氣閘，辦妥了專利，鐵路公司卻試圖忽略這位暴發戶。一位鐵路經理曾這麼寫給另一位經理：「你用西屋的東西嗎？你可不可以不用得到他的同意與合作就改進他的儀器？」[1]西屋感覺鐵路公司在踐踏他的發明，不管鐵路公司多麼有權有勢，他都全力反擊，而且通常親自出馬警告要進行法律訴訟。鐵路經理說：「西屋來過辦公室，並且警告我們，一旦我們打真空（氣閘）的主意，即使是實驗性的，他會帶來起訴書。」[2]西屋的第一個專利就被鐵路公司巧取豪奪，讓他的第一家公司化為烏有，因此他一生都對侵犯他人產品與專利的人毫不手軟。

就在愛迪生藉著電報熟悉電力之際，西屋透過鐵路號誌使用瞭解電。他迅速建立的西屋氣閘公司在美國數一數二，並用他強烈的進取心與迷人的說服力去征服英國，同行的還有他的新婚妻子，文雅且有教養的瑪格麗特・厄斯金（Marguerite Erskine）。他們在火車上相識，經過他狂熱求愛後，兩人迅速在她的家鄉布魯克林結了婚。他最終在英國賣掉了他的氣閘，卻發現了鐵路號誌。一八八一年，他開始購買有潛力的專利，最重要的一個是由火車控制的

喬治・西屋與他的年輕妻子瑪格麗特

電路，以及因此而啟動的號誌系統。他用自己的改進與發明結合上述兩者，不久後用另一家西屋公司（一八八二年成立的聯合開關及號誌公司）在這領域獨佔鰲頭。

號誌系統使用的油燈總是問題百出，現有的電力公司找不出解決方案。喬治的弟弟赫曼是個呆板的商人，「認識了生龍活虎的威廉・史坦利（William Stanley），電力公司才得以發展。」[3]目前的問題是號誌燈，但這只是個藉口。如果西屋要從事電力，會像他一貫做事那樣大手筆。這點滿足了威廉・史坦利。他的身材又高又修長，中分的薄髮整齊平分，茂密的鬍子尾端留成長長一小縷。史坦利確實「生龍活虎」。在耶魯大學上規規矩矩上了一學期課程後，他放棄了學業開始做機械方面的工作。他寫信給父母，「我受夠了，我要去紐約。」[4]他迅速拜訪過斯萬白熾燈電力公司和海勒姆・馬克沁，以及兩個成功僑民開的小企業之後，史坦利在一八八四年決定為令人欽佩的喬治・西屋工作，準備做更大的商業冒險。

事實是，西屋縱覽了愛迪生與他的競爭者創造的電力學，確定電力能發展成大企業，除此之外他並不感興趣。愛迪生的直流中央發電站的局限顯而易見：小型直流中央發電站供電區域僅限於一平方英里內與獨立工廠，像是已裝置好的摩根宅第與許多工廠和辦公室，卻遠遠不足以供應未來的用電需求。喬治・西屋何不和愛迪生等人一樣，也建立自己的中央發電站？世界上有很多野心勃勃等待應聘的年輕電學家。西屋若想從愛迪生手中挖走像拜勒斯貝（H. M. Byllesby）這樣年輕有為的人才，只要開出高薪，絕對沒有困難。為了用自己的直流電裝備進入電力領域，他先花五萬美元從斯萬白熾燈電力公司買回新雇員威廉・史坦利的兩項專利。這兩項專利分別是自動調節的直流發電機和碳絲電燈泡。史坦利一八八四年三月簽下五千美元可觀年薪的合約，約定公司有權生產與銷售他的專利發明。史坦利能獲得百分之十的利潤。這位年輕發明家暨電學家專心在匹茲堡建立商業電燈泡基地，並為西屋發展直流電系統。西屋的新電力系統在一八八四年費城電子展上第一次問世。《電子世界》（*Electrical World*）雜誌在九月報導，「該公司正準備營業。他們的展示也包括了電動馬達。一組精心布置的燈，當一個滅了，另一個會接通電路；也可利用這些燈在隨意選定的位置敲鐘。」5

*

西屋血液裡生來就有機械細胞。幼年在紐約的謝內塔迪成長，那是個俯瞰伊利運河繁榮金融水道的小村莊。年幼時在家裡震耳欲聾的機械工作坊工作，成功製造出父親親自設計的打穀機。內戰爆發時，喬治才十五歲，他立刻隨著兩個哥哥去當兵，但父親把他揪回家。兩年後，戰爭越演越烈，喬治十七歲，到了允許入伍的年紀。先是當騎兵，然後服勤於海軍。內戰結束時，喬治・西屋在聯合學院上了一段時間的課，之後才高興地回到家裡的機械工作坊。十九歲那年秋天，他取得了第一個發明專利：電樞引擎。他在多年後這麼說：「我早年最寶貴的財富就是受惠於命運給予我的經驗與技能。我從小就有機會操作各種機械，之後又在軍隊裡鍛鍊出軍人的紀律。」6

一八八五年初，西屋已是匹茲堡的工業家，具備發明才能，前途光明，在美國與海外已建立四家公司，具有強大的競爭力。愛迪生傾向只使用自己的專利，但西屋不同，他買下其他發明家的好想法，在自己名下加以改進。當然，西屋在一八八五年的名氣根本無法與耀眼的愛迪生相比。那時愛迪生是眾星拱月的人物，記者的最愛，頭髮蓬亂、不裝腔作勢、酷愛蘋果派的天才，大膽做大事的化身，能建立起國家的自信。對媒體來說，西屋不過是個成功的匹茲堡發明家與製造商，更糟的是，他向來拒絕接受採訪與報導。他解釋：「如果眾人都熟識我這張臉，每個無聊的人或瘋狂的陰謀者都會纏住我不放。」[7]即使同意受訪，也很少能讓記者滿意。他是個無趣的人。

但在私底下他有強烈的說服力，直率坦白，有領袖魅力。西屋的一位傳記撰寫人這樣描述，「他有溫柔的聲音，和善的眼神和紳士的笑容，他的魅力能把鳥兒從樹上引下來。聽說，在一次棘手的談判中，有人提醒大銀行家雅各布・希夫（Jacob H. Schiff）應先會見西屋。精明的老猶太人反對，『我不希望見到西屋，他會說服我。』」[8]這就是西屋魅力十足的一面。但他犯錯時也可以很愚鈍。但是他的對外個性含蓄且嚴肅。他腳踏實地從事新技術工作，因此享有可靠的聲譽。他的主要發明——鐵路氣閘和自動號誌系統——強化了安全性，確保國家最重要工業的生產力，卻沒有愛迪生發明的留聲機和白熾燈那樣搶眼和有魅力，迷人的法國女演員莎拉・伯恩哈特也從未求見「偉大的西屋」。

和愛迪生的共同點是，西屋也深受工人愛戴。一個年輕學徒永遠記著他在西屋電氣工作的一段故事：

「一天，我們幾個人回到迪肯恩路上的『鐵甲』廠，那裡沒有鋪路。一個年輕外國人正在路的對面轉動銅塊卸貨。他拿一塊鐵板墊在手推車底下。但是一邊的輪子滑出去，陷入軟泥裡。我們這群人幸災樂禍看著他，給這可憐人一點嘲弄的提示。

「這時候，穿著長大衣、戴高禮帽的西屋先生出現。他脫下手套，抓住輪子，把車子抬回鐵板上。他一句話也沒說，卻讓我留下永不磨滅的印象。」[9]第一個衝出去伸出援手、解決問題的竟然是老闆，用無聲傳達強有力的一課。所有人從上到下都是一起工作的夥伴。

西屋與愛迪生的觀點一樣，視金錢為「儲備能量」，用於工作與擴張事業。他的興趣在於不做富人，只想為人類做有益的事，努力不懈地生產更好更可靠的產品。但是他還有另一個目標。「我希望能給有能力的人機會，讓他們自食其力。這也是為什麼我建立的公司都雇用大量勞工，工資高於其他製造商，或高於開放性勞動市場所需。」[10]他第一次從英國回來後訂定了每星期六下午休息半天的制度，並從一八七一年六月開始實施，這是本地企業的創舉。西屋公司也是工人安全保障、傷殘福利與退休金的先驅。

*

一八八五年春天，西屋閱讀《工程學》期刊時突然靈感湧現，在電學上第一次獲得突破。他讀到倫敦發明創造博覽會上所展示的交流電系統介紹，發現此系統十分新奇：使用一個「輸出發電機」（也就是變壓器）把高交流電壓降低到足夠啟動個別燈泡的低壓電。其他人認為這東西的應用極為有限，西屋卻立刻意識到這是輸送電流經濟有效的新方法，有引發革命的潛力。這方法不僅能把電傳送至每個燈泡，還可以遠距離傳送。在那時候，直流電的中央發電站都建在服務區域的中心。但如果能放棄煤和蒸汽，運用遙遠的瀑布水力讓發電機運轉，用高電壓的交流電來輸送遠距離用電呢？必須先保證這個變壓器在進入工廠、辦公大樓和民宅之前，能夠安全地降低電壓。

正巧公司內有位名叫吉多・潘塔萊奧尼（Guido Pantaleoni）的義大利年輕工程師因為生父過世返鄉。西屋打電報給他，讓他去找「輸出發電機」的發明者路西恩・顧拉德（Lucien Gaulard）和約翰・吉布斯（John Gibbs），徵詢他們的意見。如果一切正符合西屋所想，他們應該要保證專利的專賣權。潘塔萊奧尼沒有跑太多冤枉路就在杜林找到顧拉德，他正在那裡展示他們的交流電系統如何用水利發電機長距離傳輸電，然後降低電壓為每個獨立電燈所用。事實上，顧拉德與吉布斯發展和展示交流電系統好幾年了，但直到一八八五年春天才被西屋的慧眼發掘。

遠在歐洲的年輕工程師潘塔萊奧尼要為老闆評估市場可行性，他因此感到非常不安。他看到「十五英里長的線路讓展覽館、杜林火車站、韋納里亞雷亞萊和蘭佐的車站、薩瓦省的一個小村莊亮起來。」[11] 這個年輕人去尋求老道的德國西門子和哈爾斯克公司（Siemens & Halske）的建議。他在多年後談道，「維納・西門子先生肯定地告訴我，根本沒有什麼交流電，那純屬騙人鬼話。」[12] 當他知道西屋聽過很激動時，便去尋求位於布達佩斯的岡茨(Ganz）公司的建言，他們強烈建議年輕人使用顧拉德與吉布斯的系統，因為他們自己正在改進此系統（有人會說這是侵犯專利）。西屋買下了美國的專利，並且安排一台變壓器運往美國，同時運送的還有交流電弧光燈使用的西門子發電機。

*

悶熱的春季進入夏季，德高望重的內戰英雄格蘭特將軍病危的消息震撼整個美國。曾經馳騁沙場的戰士因為致命喉癌而困在紐約東六十六街家裡的病床上。他忍受過六月與七月的酷熱，完成了自己的回憶錄。雖然他為人正直，但他的兩屆美國總統任期因為腐敗而沾染污點。這位前總統發現他不經意涉入一樁一千四百萬美元的華爾街銀行詐騙案，靠著國家首富威廉·范德比爾特才擺平此事。格蘭特希望回憶錄大賣，以洗刷自己的罪名。他的死亡緩慢且痛苦，但他表現出尊嚴、挽回榮譽的決心，充分表明他的誠實，讓他贏回了國民的愛戴。七月酷暑降臨時，家人將虛弱的格蘭特移往遠離大城市的薩拉托加山區。虛弱的士兵在那裡裹著毛毯，並在編輯撒母耳·克萊門斯（Samuel Clemens，也就是馬克·吐溫）協助下，費力地做最後校對。七月二十三日，在全書完成後幾日內，格蘭特安詳地離開人世。紐約市有上百座教堂在早上敲響哀鐘，鐘聲被報童號外的叫喊打斷，報紙每一版用黑框歌詠這位英勇善戰的共和國將軍，美利堅合眾國的救國英雄。幾個小時內，城內數千面國旗下半旗，建築外牆掛上黑布。格蘭特和愛迪生與西屋一樣都在小城鎮出生，在普通環境中成長為時代偉人。

格蘭特在紐約的盛大葬禮莊嚴肅穆，讓參與者永生難忘。八月八日溫暖的藍色曙光中，一百五十萬各個階級的人如潮水湧入，長達六英里的送葬隊伍從曼哈頓市政廳往北一直排到河濱公園格蘭特的安葬處。到場者都想對格蘭特致上最後敬意，也向倖存的國家元老致敬。

《紐約時報》報導：「九點整，陽台、窗口、大門，到處是觀望隊伍的人群，房頂和屋簷擠滿了人。人們爬上電線杆，抓緊電線，小男孩爬到樹上，馬車與推車擠在警察管制的十字路口……廣場雕像上黑壓壓的全是人，連電燈也成為許多人的立足處。」[13]十點整，空氣漸悶熱，市長溫菲爾德・斯科特・漢考克（Winfield Scott Hancock）騎著黑戰馬帶領全體職員開路，送葬行列在肅穆中緩緩向北前進。漢考克將軍後面的軍隊表演宛如一條大河，「大群軍團士兵身穿威武軍裝，肩上的槍在太陽下發光，他們舉著軍旗，步伐隨著輓歌旋律緩緩向前。」幾小時過去，溫度越來越高，陸海空士兵依然踩著優美精準的軍隊步伐。隨後是來自各州的志願軍和後備軍，甚至有從南部聯邦來的老兵，隨著管弦樂和低沉的鼓聲行進。最後來的是偉大的英雄格蘭特，他的靈柩用紫布覆蓋，放在一輛由二十四匹馬拉的黑色靈車上，每匹馬都披著紫色的華麗馬衣和鞍轡，由身穿絨面呢衣、戴絲綢禮帽的年輕黑人牽引。

隊伍經過安靜肅穆的弔唁人群時，男人與男孩紛紛脫帽致敬，女人則輕按雙眼，淚水靜靜淌下。接下來駛過一長列漂亮車隊，車上載著克里夫蘭總統和國家的政治與外交菁英。這偉大的國葬長達四小時，但直到最後才出現極動人的景象：一群打過內戰的老兵齊步行進，人數達一萬八千人。他們經歷過二十年前的那場戰爭，無論是屬於格蘭特將軍還是李將軍的陣營，在那一天，他們站在一起。在這喧囂城市，群眾裹在罕見的莊嚴肅穆裡。格蘭特的葬禮也給人們一個啟示：舊的、鄉村的、工業革命前的美國已經過去了。北方倚仗鐵路和通訊獲勝，地主不再是最有錢有勢的人，現在東岸的金融家與企業家扶搖直上，主宰這個國家。格蘭特的回憶錄迅速成為暢銷書，拯救了他的榮譽，也拯救了他遺孀的財務危機。

潘塔萊奧尼從歐洲大陸搭船返回曼哈頓時，他的國家才剛剛擺脫哀痛。隨他之後，一位名叫雷金納．貝爾菲爾德（Reginald Belfield）的英國人搭乘另一艘海輪抵達，他是顧拉德與吉布斯的員工，帶來了「次級變壓器」。貝爾菲爾德寫道，「我在一八八五年十一月二十二日抵達美國。我立刻見到喬治．西屋先生和赫曼．西屋先生。」[14]貝爾菲爾德在匹茲堡安頓下來，和其他初來乍到的人一樣，這個灰暗的新興工業城令他觸目驚心。匹茲堡位於賓夕法尼亞偏遠的西部山區，湍急的阿勒格尼河和莫農加希拉河在那裡交匯形成寬闊與交通繁忙的俄亥俄河，匹茲堡自然成了中樞港口。匹茲堡還是賓夕法尼亞鐵路的主要終點站（鐵路公司對當地居民的傲慢態度導致一八七七年暴動的勞工焚燒並搶劫了鐵路倉庫、調車場和列車）。同樣重要的是周圍山谷有幾處世界礦藏最豐富的煤田，為城裡數百所髒兮兮且噴濃煙的工廠與工作坊供應廉價能源。英國作家安東尼．特洛勒普（Anthony Trollope）一八六二年曾途經這座勞動城市，發現它是「我迄今見過……最黑的地方。」六年後，喬治．西屋決定將公司遷至匹茲堡，因為當地的煤降低了鑄鐵成本，作家詹姆斯．帕頓（James Parton）大約在同一年詆毀這個城市如此醜陋，充滿污垢，「每條街的尾端看起來都像消失在黑雲裡……其實那是煙、煙、煙——到處都是煙。」簡言之，就像「掀開蓋子的地獄」[15]。

一八八二年，安德魯．卡內基帶著他的偶像，達爾文主義者赫伯特．史賓塞（Herbert Spencer）來觀看鋼鐵業者熱愛的匹茲堡烏托邦主義。火車噴著黑色濃煙開走時，史賓塞斷言：「在這裡住六個月形同自殺。」[16]和貝爾菲爾德同年抵達匹茲堡的一位觀察家寫道，「從遠處看匹茲堡，就像看到一座不斷冒著煙與火焰的大火山。白天的城市像蓋上巨大棺罩，令太陽失色，山谷與山坡上數不清的鐵工廠在夜晚火光衝天，把天空照得火紅。偉大的賽克洛斯現代工廠是國家最重要的生產中心，代表了鋼鐵生產對人類的重要性……雖然城市郊區很美，有許多漂亮的住宅，城市裡儘管有宏偉的商業區與開闊寬敞的街道，本身依然又髒又暗。」[17]

和西屋一樣的有錢人都住在賓夕法尼亞鐵路線上的霍姆伍德，那裡距離市中心六英里，綠草茵茵，花朵錦簇。貝爾菲爾德於一八八五年十一月底抵達，第一天就成為西屋家的貴客。白磚石的西屋別墅是喬治在一八七一年送給愛妻瑪格麗特的意外生日禮物，房屋呈圓塔形，有時髦的覆斜屋頂，周圍有二十英畝的草坪與花園。西屋還有私人使用的鐵路專線。貝爾菲爾德到訪時值晚秋，夏季的花已被第一場霜氣打落。別墅故意被命名為隱居地，因為西屋經常在此舉辦宴會，身邊總是有賓客。他的一位傳記作家寫道，「好客是他最大的消遣，能幹的西屋夫人也樂意協助他。通常他們家裡總有幾個客人，而且每晚都有晚宴。嘉賓來自各個國家。」[18]

西屋是以友好與迷人魅力聞名的東道主，白天在辦公室經常打電話給夫人，說他可能帶兩個、四個，甚至十個客人回家吃晚飯。客人通常是事業夥伴與他們的太太，但是匹茲堡當地人經常會在西屋宅第裡看見正巧來此考察西屋公司的傑出科學家、鐵路執行長官和外國貴族。當地的《社會明鏡》（*Social Mirror*）雜誌如此形容瑪格麗特夫人，「她的生活高貴出眾，用華麗的方式款待客人，穿著打扮也華麗多變，妝飾高雅，擁有的鑽石比匹茲堡任何女人都更多更好。」[19]桌上總是有美麗耀眼的塞夫爾與德列斯登瓷器，水晶、純銀與鍍金的銀器，食物卻非常簡單健康。西屋經常自己動手做沙拉醬，吃飯往往很專注，聆聽但一言不發。當用餐時談論到專業技術，黑人管家以撒．華生會周到地遞上紙和筆。西屋若是做了筆記或繪圖，華生會把它放到書房桌上。西屋之後可能會與其他人在書房修改這些初步想法，或在撞球室的綠色檯面上鋪開紙張，研究圖表，做計畫。

貝爾菲爾德走出距離隱居地幾百碼遠的賓夕法尼亞火車站時可能已經注意到，在那可愛的別墅後面有一個木頭塔型建築。那東西非常奇怪，因為它是個巨大的天然氣井。西屋從去年開始對天然氣產生興趣，並且挖了一個原始井。但是潘塔萊奧尼後來談到，當地天然氣公司總裁輕蔑地表示這口井雖然不錯但是太小。「如果有事情能引起西屋先生的鬥志，無論事情大小他都會全力以赴。一兩天內就裝了一個新的鑽井架進去……聲音震耳欲聾，拋出來的工具擊中悶熱的房子，全因為他現在執著在寶貴的天然氣井上。住在這裡人有好幾天聽不見自己的聲音……只有西屋一人笑容滿面，而消防隊在給屋子灑水，以免它被燃燒的天然氣燒掉。費城天然氣公司誕生了。」[20]

就在西屋對電越來越沉迷的時候，他開始投入天然氣事業，並且發明了完整的運輸系統（為此他獲得了三十六個專利）。這個有專利的系統仰賴天然氣的高壓穿過幾英里長的窄管，藉著逐漸加寬的氣管減壓，以適合家庭與工廠安全使用。歷史學者史蒂文．尤塞爾曼（Steven W. Usselman）指出，在西屋的早期企業中有個固定規律，「首先，他們運用遠端傳輸。」用氣閘傳輸壓縮的空氣，用鐵路號誌傳輸電，天然氣用自身特性在管線裡傳輸。但尤塞爾曼注意到第二點，「很多西屋追求的技術都包含一個關鍵的機械裝置，可以讓長距離傳輸線與系統其他部分連結。通常這些裝置都與調節系統的回饋機制合併。」[21]西屋會對電如此著迷一點也不意外了，因為他長久以來的意願與經驗可以在這領域發揮得淋漓盡致。

正當西屋在一八八五年秋天焦急等待貝爾菲爾德帶著機器前來，他的電氣學專家威廉・史坦利已病得不輕（也許是因為匹茲堡的空污？）。史坦利在春天就開始抱怨身體不適，他曾寫信給新婚妻子，「我想我會起來，永遠離開匹茲堡。」[22]在為西屋工作之前，史坦利已經有許多工作經驗。他的前任老闆（也就是發明家馬克沁）曾說，史坦利「又高又瘦，雖然不壯，但他用速度補強。所有東西在他眼中都不夠快。」[23]現在史坦利再度感到氣惱，他情願獨自發明創造。到了夏天，史坦利決定和妻子搬到環境健康的麻塞諸塞州波克夏爾去過田園生活。無論如何他會繼續為西屋工作。「我的健康耗盡了。」史坦利後來說，「能否承受匹茲堡與這裡的工作，已經成了很嚴肅的問題。」[24]

到了十一月底，貝爾菲爾德終於來到匹茲堡，而且立刻在西屋骯髒的加里森工廠拆開他帶來的版條箱。東西看起來有點掃興。「從英國運來的顧拉德與吉布斯裝置狀況不佳。」他後來寫道，「各部位都有缺陷；有些地方沒有焊接好，只用焊劑黏在一起。這印象實在太差，潘塔里奧尼先生想要打電報給倫敦取消訂單。這時候西屋先生介入，他對新發明一向抱有同情，因此又給了我一次機會，為此我十分感激，於是動手重新組裝整個設備，幾乎完全重做。工作很艱苦，但結果令人滿意，只因為西屋先生堅決要這台機器。在此期間我一直待在他的隱居地，有機會與他每晚談論這裝置，還有系統的未來發展。」[25]

世界上第一個變壓器事實上是由法拉第創造，第一個發電機也是。在變壓器中，輸入方是輸入電流、產生磁場的銅線圈，輸出方是攔截輸入力場的銅線圈。兩者交互作用，自身感應電壓。在一個有效的變壓器裡，兩個銅線圈必須完全配合以產生高自身感應（即電壓）。但是，早在一八三一年沒有人真正理解法拉第原始變壓器的完整含義，一八八五年的電學家也沒有懂更多。法拉第在一根軟鐵條上繞了很多圈絕緣線，又繞上第二條絕緣線。當交流電通過第一個線圈時，第二個線圈也跟著發電。絕緣線的電壓就是繞鐵條的圈數。線圈數越多，電壓越高。發送同樣的交流電到線圈少一點的鐵條上，電壓會降低。這就是最初形態的變壓器。威廉·史坦利在晚年時說到，「我對變壓器有個人偏愛。它是困難問題完全又簡單的解決方案。」[26]它簡單到沒人感興趣，但西屋與他的工程師欣賞這項發明。史坦利說：「這件事令人難忘，因為在那時候，就是一八八五年，美國還沒有製造交流電機器（有的只是從歐洲進口）。我所知的變壓器或電感應線圈僅有三四種，大多使用顧拉德原理，也是從英國進口。」[27]況且這些變壓器只能用交流電，因為交流電的電子向前流動時，它們的快速震盪會在其周圍產生磁場，這就是變壓器感應現象的關鍵所在。如果要把電輸送到很遠的距離外，就必須使用交流電。

貝爾菲爾德在西屋工廠裡重組了顧拉德與吉布斯的變壓器，他解釋，「由形成磁迴路的一大束鐵絲組成，鐵絲被大量中間穿孔的銅盤包圍，這些銅盤按順序排為輸入方與輸出方，每個相鄰的銅盤焊接在一起，結果這眾多焊接縫都是故障的源頭，製造起來既不實用又不經濟。」歷史學家哈洛德·帕瑟（Harold C. Passer）注意到，當時一份英國技術期刊對顧拉德與吉布斯的變壓器不屑一提，因為當時已在此領域奮鬥的知名電學家不會「允許本來有可能成功的研究課題化為烏有」[28]。兩位發明家自己也沒有真正理解這系統的潛力，因為他們只著眼於用變壓器為每個獨立燈泡降低電壓。

西屋非常高興地檢查顧拉德與吉布斯的裝置，然後又把整個裝置拆了。他與貝爾菲爾德在十二月裡不厭其煩地討論。貝爾菲爾德後來回憶說，「真正瞭解西屋的人就會知道，他在這個問題上投入多大的精力……在短期間內（至年底前），那個完全沒有商業用途的（顧拉德與吉布斯）輸出發電機被轉換成一個新式變壓器。」[29]全新設計讓這裝置能用機器經濟實惠地生產：H形鐵板可以用機器壓出來當盤心。那H的水平（線）部分可以穿過銅線圈，可以用機器纏繞，可用作輸入方與輸出方。尾端則用I形板封閉。瞧，喬治・西屋發明了新式變壓器！他最偉大的創新是將變壓器平行排列，隨著並聯變壓器數量增加，電壓也隨之加大。儘管如此，潘塔里奧尼提到公司裡的電學家同事還是堅決反對高電壓交流電，也反對使用新的變壓器在電離開發電機時增強電壓，在進入建築物時降低電壓。「西屋的電學部門全體反對，靠著西屋先生一意孤行才順利實施。」[30]史坦利整個秋天都在忙著安裝他的第一個西屋直流電系統，除了老闆以外，看起來只有他熱衷於交流電。除了西屋，沒有人瞭解交流變壓器所代表的驚人突破：這個機器能遠距離輸送高壓電，然後減至安全電壓供工廠和家庭使用。

西屋不顧公司內部反對，重新和史坦利談了工作合約，史坦利將要在大巴靈頓（Great Barrington）美因街上新交流電實驗室工作，貝爾菲爾德將去白雪皚皚的北方山區協助史坦利。為了預防嚴寒，貝爾菲爾德於耶誕節前在匹茲堡的考夫曼百貨公司買了美國生產的布外套成衣，還因此得到一支Waterbury手錶。西屋這位好奇的商業巨頭看到，立刻把錶拆了。貝爾菲爾德後來回憶說：「西屋先生不滿意只拆一次，他拆裝了很多次，此舉展現他的機械天賦，錶像是沒被動過一樣。」[31]

*

現在喬治．西屋有了自己的變壓器，這項發明能真正引領電力革命，甚至遠遠超過直流電的白熾燈。一八八六年一月八日這天，西屋踏進他合併的第五家公司——西屋電氣，股價值一百萬美元。這位匹茲堡工業巨頭想擔任總裁，最初持有兩萬股中的一萬八千股，每股值五十美元。接下來幾個月內，西屋賣掉了八千四百股資助他的新事業。史坦利分到西屋電氣的兩千股，年薪四千美元，實驗室每月費用六百美元[32]。史坦利為西屋的發明都歸公司所有。下一個任務就是派遣潘塔里奧尼和一位西屋的律師去歐洲，用五萬美元購買顧拉德與吉布斯變壓器的美國專利。潘塔里奧尼發現，歐洲人也正熱衷此一技術。

一八八六年一月初，貝爾菲爾德都忙著在大巴靈頓史坦利的老穀倉內建造H形變壓器。一旦完成這些引領市場的變壓器，貝爾菲爾德便要頂著二月嚴寒（大概會穿上他溫暖的考夫曼大衣），為四千英尺長的沉重銅電線裝上陶制絕緣體，固定在巴靈頓主要大街高大光禿的榆樹上。為了不讓競爭者看到六台變壓器，史坦利把每台變壓器裝進木箱，神不知鬼不覺地放入要被點亮的大樓地下室裡。並準備好一台蒸汽機為發電機提電。之後他離開城市，開始為期兩星期的休假。

三月初休假歸來，史坦利發現愛迪生的人已搶先他一步點亮大巴靈頓，使用的是白熾燈。愛迪生的燈在當地一座大廈裡展示，愛迪生公司還為那裡安裝了一般規格的直流獨立發電站。一八八六年三月十日那天，《伯克郡快遞報》（*Berkshire Courier*）以一篇題為〈光輝的奇觀〉的文章，熱情洋溢地報導了愛迪生的電燈。報導中提到，「霍普金斯家的陽台在過去幾晚燈火通明，新家內部與庭園也點滿了燈。」報紙也直截了當評論此嶄新科技帶來的恐懼：「已備好一架滅火器……運作起火時能立即滅火。」[33]

一星期後，二十八歲的史坦利在美因街實驗室旁的舊穀倉裡發動燃煤動力的二十五馬力蒸汽機。西門子的直流發電機開始輸送五百伏特的交流電到捆紮的銅線，榆樹下嗡嗡低吟的銅線連到他表兄弟泰勒所開商店的地下室，那裡的變壓器將電壓降至一百伏特，再經過內部線路把電送到白熾燈泡。三月十七日的《伯克郡快遞報》報導，「昨天夜裡，泰勒的商店從裡到外被史坦利系統三盞相當於一百五十燭光的電燈照亮。其中兩盞一直亮到第二天中午。大批商人聚集在現場見證，效果獲得全體一致稱讚。」[34]就在這一天，史坦利寫信向西屋報告他成功完成了實驗。「所有的轉換器（變壓器）都加上鎖和鑰匙，沒有任何人能知道具體細節……本想好好談論這個系統，但長話短說，一切都好。」[35]史坦利在一星期內又為一家藥局、一家雜貨店和一間診所接上電。數百位當地居民於週六晚間走出家門，走進寒冷清新的三月夜晚，在剛發芽的榆樹下散步，親眼觀看這些被大肆宣傳的白熾燈。史坦利說：「這裡的市民雖然心有疑慮，怕距離燈太近會有危險，但還是與我同歡。」報紙用驚歎的口氣報導了商店裡的電燈，「那麼強又那麼白，綠色與藍色分明，這不可能是煤氣燈。」[36]在那個月

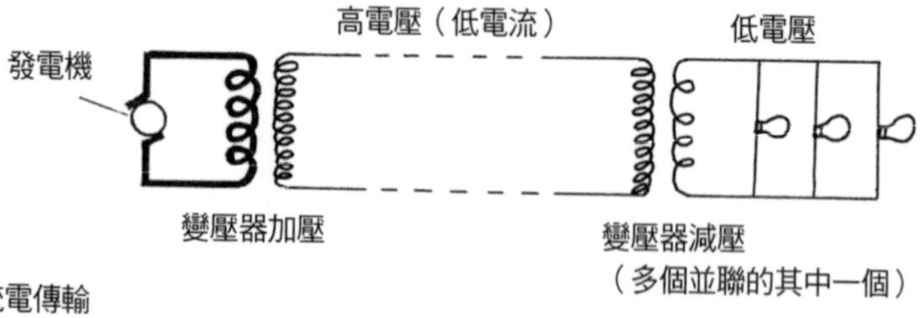

交流電傳輸

底，史坦利已經有了幾十個新客戶，包括一些當地診所、撞球室、接待室、郵局、一家鍋爐店、一家鞋店和一家餐廳。愛迪生的工人並沒有袖手旁觀，但是他們依然只有六個客戶。他們有距離限制，史坦利則不然。這樣的科技成就對將來電力發展具有巨大意義，宣傳報導卻很低調，情況實屬罕見。

史坦利閉口不談新交流電系統的特性，當地報紙無法區分他的公司與對手愛迪生的人。只有少數美國人懂得欣賞此一具有里程碑意義的新照明系統，其中正在匹茲堡拜訪的幾位於四月六日搭火車抵達。喬治．西屋立刻帶弟弟亨利、潘塔里奧尼以及發明工程師富蘭克林．波普（Franklin Pope）趕來觀看史坦利與貝爾菲爾德的偉大電力成就。美國歷史上最早的高壓電就是在這裡生成、輸送，然後經過新設計的變壓器減壓至適合民用的安全等級。不會再有那些以煤為燃料、製造噪音煙霧、必須建在近距離內的都市發電站。發電廠可以設在距離城市很遠，但離燃料基地很近的地方，透過廣大電網穿過田野與河流，傳送乾淨、安靜的電力。幾星期後，整個西屋的人馬再次前來欣賞，並研究進一步擴展的交流電系統運作。史坦利又設計了一個更可靠的發電機，取代了原先的西門子機，因為它只適用於電弧燈。現在新系統每一面向都經過嚴格的測試與改進，即將去占據市場和改變世界。西屋下令在匹茲堡的聯合開關及號誌公司安裝新式的史坦利交流電系統，並架設一條三英里長的電線連接到匹茲堡東自由區。線路頭尾都安裝了變壓器，整個夏天不斷地運轉並反覆檢測。到了秋天，西屋已經準備在新的電力領域裡占下一席地位：開價出售世界上第一個商業化的交流電系統。他不像愛迪生，從不大張旗鼓宣傳自己的新發明，只是安靜地做介紹。沒有一家媒體報導交流電的重大突破以及直流電的限制。交流電革命開始得無聲無息，幾乎看不見蹤影。

西屋最早的客戶是水牛城的 AM&A's 商場，一座四層樓高的巨大義大利宮殿，裡面有各種顧客喜愛的商品，座落在紐約市北部知名的美因街上。水牛城因地處交通樞紐而日漸富足，搭火車往西的大批移民，以及運回東邊的各種農作物與貨物（特別是中西部收成的穀物與大群牲畜）都在此交會。許多巨大穀倉排列在水牛城寬闊的濱水區，山一樣高的穀物在此交易、估價與儲藏，之後運往紐約與海外市場。這是個富庶的大湖港，伊利運河的終點和國家鐵路交會點。水牛城已準備成為商業繁榮的中樞。

時間剛過感恩節，《水牛城商業廣告》（*Buffalo Commercial Advertiser*）於一八八六年十一月二十七日的頭版廣告宣布 AM&A's 獨家經銷的黑色喀什米爾披巾、地毯、布料、床與鞍褥、斗蓬與披肩、娃娃等，並展示西屋系統的四百九十八盞史坦利電燈。「沒有氣味，沒有高溫，沒有火柴，沒有危險。我們是城裡第一家採用電燈照明的商行……效果好極了。燈光穩定無色，光度一致。敬請光臨，一睹這十九世紀最偉大的發明。」[37]兩天後的星期一，這家巨大商場開張，不為銷售蕾絲手帕、手套、絲綢雨傘、精美黑絲綢或羽絨被，只為了展示西屋的電燈。商業廣告報報導，「不販賣商品，但是店裡人山人海，寸步難行。」穿著入時的人群在四層樓裡川流不息，對電燈照明讚歎不已，驚呼它宛如純淨的陽光，印度圍巾的顏色與紡織布上的編織都看得一清二楚。水牛城有很多地方都用電燈照明（包括電弧燈與白熾燈），AM&A's只是其中之一。結果，「昨天晚上店裡來了一大群男士，他們對城裡不同的電力公司感興趣，當然還有其他人，全都十分讚賞西屋的電燈。」這次又和在大巴靈頓一樣，報紙並沒有提到（或並不知道）這個新系統標誌著商業供電的重大變革。西屋本人也沒有做任何大型公開說明。但是無法得到直流電的人很快就懂得賞識交流電的優點。西屋很快就在不同地區得到二十七家新客戶的訂單。

*

回到曼哈頓第五大道六十五號，愛迪生抽著雪茄，已喝成爛醉，得知西屋電氣搶奪他這個先驅在電力照明的地盤，他深深感到憤怒。布拉什電力公司專門製造弧光燈，愛迪生對此不屑一顧，認為這產品只是過渡，注定會完蛋。愛德華·韋斯頓（Edward Weston）開發了一種白熾燈泡，愛迪生認為他只是剽竊了自己的燈泡，他的直流電系統雖然可以用，但是比較差，並不構成威脅。湯姆森與休士頓電力公司不過是專利小偷，他們肯定做了不正當的買賣。愛迪生的專利權律師正在法院提告。但西屋是完全另一回事，他是個強大競爭者，擁有無數成就，財力雄厚。他不是個可以藐視、嘲弄、不屑一顧的對象。這位匹茲堡工業家素以真正的鬥士聞名，一旦下定決心就會全力以赴。而且西屋活躍在資本家的黃金時代，他絕對不會以現在的成就自滿。在這唯利是圖、貪污腐敗的年代，他始終是個崇高的理想主義者，真誠的民主黨黨員，一心一意用工程與機械讓世界更美好。無論推出什麼新計畫，他都要做到最好。他和愛迪生一樣喜歡在吵鬧骯髒的作坊裡和人一起工作，對計畫的進行追根究柢，用熱情鼓舞每一個人。

當愛迪生聽到像西屋這樣的人想登上他的奧林匹亞聖域，可以理解他會憂心忡忡。況且這個匹茲堡巨頭有備而來，手裡有新技術、新產品，可能會引發革命。愛迪生對這個新對手深深感到不滿。他寫信告訴詹森，「不管該死的西屋安裝哪種尺寸的交流電系統，我敢肯定他在六個月內會害死一名客戶。他有個新東西，但要做過無數實驗才能實際運作。這東西根本不可能安全。」愛迪生不懂交流電系統怎麼可能實用，他在同一封信中寫道，「我完全不能想像交流電的高壓管線如何維修，因為大城市不能停止供電。人就算碰到直流電管線也不會觸電而亡。」[38]這是未來敵對狀態的憤怒前奏，最後演變成兩大巨人的電流大戰。他們強大的技術都改變了世界。

1888年紐約市大風雪，從新街看向華爾街

第6章
愛迪生宣戰

一八八八年三月十二日星期一，大部分曼哈頓人還在睡夢中，一場暴風雪席捲紐約市。窮人們擠在蒸汽爐上，蜷縮在街道角落與裂縫裡，在寒冷暴雨肆虐中渾身濕透。暴雨演變成雨雪，然後變成大雪。暴風雨咆哮了整夜。天破曉時，時速六十英里的狂風鏟起積雪，把雪堆到兩層樓高。紐約的中產階級在星期二早上醒來，在積雪的家門前找不到早報，牛奶商沒有送來新鮮牛奶，也沒有剛出爐的新鮮麵包。只有寒冷颼風颼颼捲過的白色街道。溫度降至寒冷刺骨的華氏五度（相當於攝氏零下十五度）。到處是因為冰雪重量而下垂、倒塌、斷掉的電線蜘蛛網。

《紐約時報》報導，「在白天來臨前，城裡所有馬車和高架火車全部停駛；街道由於積雪過厚幾乎無法行走；電報線和電話線、城裡的連接點、安裝在戶外的通訊裝置全部壞了；整天沒有火車可以進出；郵遞停止了；各種仰賴運輸的商業活動停滯……如果沒有這場暴風雪，這城市的人還得繼續忍受各種掛在電線桿上搖晃的電線呢。」報紙再次極力主張電線應該要地下化，否則會招惹可怕意外。「城市很有可能變成一片黑暗，後果十分危險。消防警報線路可能出錯而釀成大火。」[1] 但是沒提到觸電身亡的危險。一八八八年的暴風雪帶來二十二英寸厚的積雪，是這城市六十年來的最大風雪。

大約一個月後，公眾開始出現「觸電身亡」的恐懼症。一八八八年四月十五日，一個天空清朗的寒冷星期六晚上，一個興高采烈的小男孩沿著東百老匯往凱薩琳街蹦蹦跳跳走著。雪已融化了，大部分的粗電線網已被拉直掛回森林般的樹桿上。在那乾冷的四月夜晚，馬車在附近駛過，發亮的車廂和健壯的馬匹在明亮街道的電弧燈下閃現光芒。過路人注意到那活潑的孩子抓住一根從高處垂下來的電報線。他把電線抓在手中跳來跳去，繞著電線桿打轉。突然一陣火花濺射，那男孩蹣跚後退了幾步，然後暈倒在骯髒的人行道上。一大群人迅速聚攏，救護車也很快趕至，把男孩送到錢伯斯街的醫院。但是他不治死亡。

《紐約每日先驅報》發表社論說，「真是遺憾，週日早上被電線電死的不是什麼百萬富翁或社會名流，若真是如此，整個社會將大為震驚，人們的憤怒會促成電線地下化。死去的只是一個可憐的小販，十五歲，一個羅馬尼亞人，這座大城的陌生人，販賣放在托盤上的領扣和口袋小梳子養活母親與八個兄弟姊妹。警察說，這根電線在離孩子站立不遠處的電線桿上盪了好幾個月，他碰到電線『大叫一聲』，然後死了。」負責這條大道高壓電線的美國照明公司任由危險的電線垂掛，因此被控怠忽職守[2]。

一八八八年春天，「觸電死亡」的消息首次占據紐約的報紙。「頭頂上的電線突然變得顯著，不光刺眼，還會釀成公眾災難。」西屋的傳記作家法蘭西斯．盧普（Francis Leupp）寫到，「主要報紙一直以來都不討論電燈取代煤氣燈利害問題，現在突然一致調轉筆鋒，煽動公眾憎恨交流（高壓）電。」[3]報界不斷高漲的怒氣反映了紐約媒體長期寵兒愛迪生的心聲。突然間，每個因為高壓電線引起的傷亡事故都會立刻引起關注，媒體也正傾全力注意曼哈頓空中紊亂的高壓電線。

男孩死亡不滿一個月，又出現了另一個犧牲者。五月十一日星期五，那天春光明媚，布拉什電力公司的一位工人爬上百老匯六一六至六一八號的二樓屋簷，清除那裡的舊電線，位置在西休士頓街繁忙碼頭交通的上方。附近建築內的一位職員「看見窗裡冒出濃煙，並聽到畢剝聲。他發現默里死了，一根電線被剪開一半，剪口的絕緣材料燒焦了。」[4]這個電線工人沒有戴手套，因此觸電死亡。救援者把他從窗口拉進來時也遭到電擊。最後他們找到一塊橡膠布把屍體裹起來，把燒焦的同事拖下屋簷，送到第十分局。電弧燈和它的電線被曼哈頓人視為刺眼東西與妨害已有六年。但現在，市民開始將高壓電與危險和死亡聯想在一起。就跟愛迪生一樣。

*

自從喬治・西屋為水牛城的 AM&A's 商場點燈之後，愛迪生就被接二連三的壞消息折磨。一八八六年底，愛迪生洋洋得意地將競爭對手喬治・西屋一筆勾銷，聲稱「我一點也不擔憂他的任何計畫」，卻還是承認，「唯一讓我不安的是西屋有能力在全國各地設立代理和巡迴推銷員。他無所不在，在我們意識到之前就已經成立了好幾家公司。」[5]確實如此，時間將證明西屋對愛迪生的優勢構成越來越大的威脅。

進取心強的西屋涉足電力生意僅僅一年，已經建立並籌備建立六十八座交流電中央發電站。他赫然出現，成為愛迪生最強的競爭對手。起初以電弧燈聞名的湯姆森與休士頓電力公司也從那年春天安裝交流電中央發電站，用的是西屋的變壓器。他們建好與簽約的發電站共有二十二座。到了一八八七年底，愛迪生坐在曼哈頓帝國寶座上已有八年，已在伯明罕、阿拉巴馬和密西根的大急流城建立與籌備共一百二十一個直流電中央發電站。愛迪生電力公司的決策部門在十月底的年度報告中對交流電威脅滿不在乎，譴責交流電「從商業立場來看沒有任何優勢，而且它本身是高壓……會對生命財產帶來眾所皆知的危害。」[6]

西屋在紐奧良建了一所大型交流電中央發電站，愛迪生徹底被激怒，因為他在潮濕的路易斯安那港搭建一家工廠，要為他的白熾燈鋪路。一八八七年愛迪生公司的年報嘲笑了西屋在那裡遭遇的眾多不幸：經常故障，變壓器被閃電摧毀，除了照明外，其他用途沒有交流電馬達可用。報告書引用了公司經理莫特勒姆（W. T. Mottram）的話：「堅信愛迪生系統無懈可擊……他們無法和我們匹敵，也無法對我們造成永久損害，採用穩定的保守方針會打贏這場仗。」[7]豪言壯語說給公眾聽不錯，但是愛德華．詹森鋒利地譴責愛迪生，沒有交流電，「我們就不能和小城鎮做生意，甚至不能在較小規模的城市裡發展。」[8]如果市政府官員家裡或工廠需要電，地點距離直流電中央發電站半英里以外，愛迪生的業務要如何因應？

愛迪生陣營在廣大的中央發電站市場裡不斷遭遇挫折。如果一座城鎮買了直流電設備，它只能服務一半需要電燈的人。住在發電站半英里外的人得考慮買獨立設備或整個中央發電站。相反的，交流電站可以供應全地區，如果需要還可以根據情況擴增。所以愛迪生對西屋的敵意在一八八七年隨著每個月過去越來越多，越來越深。

愛迪生並不是沒有自己的交流電系統。早在西屋於一八八六年底建起第一個交流電廠時，愛迪生的班底已經在認真考慮購買歐洲研發的交流電系統，這系統在歐洲大陸引起轟動。愛迪生的長年職員法蘭西斯・傑爾早在一八八五年初受命去歐洲，到布達佩斯的岡茨公司看他們的新交流電系統。這系統名為ZBD，取用三位匈牙利發明家查爾斯・齊波諾斯基（Charles Ziperknowsky）、奧圖・布拉希（Otto Titus Blathy）、馬克思・德瑞（Max Deri）的姓氏開頭字母。傑爾後來回憶起布達佩斯的日子，「我在參觀時發現有一千只或更多的白熾燈由一台交流發電機供電，電壓是一千三百伏特。真是令人大開眼界，因為無極的感應線圈把電壓降低至電燈所需，匈牙利的發明家稱之為變壓器。」[9]過去曾在門羅公園抽取早期白熾燈泡空氣的傑爾說，所有年輕的歐洲電學家都在討論交流電。

第一個ZBD的客戶不是別人，正是愛迪生在米蘭的分公司，經營者約翰・利布曾經是珍珠街發電站的首席工程師，因為踮起腳尖拉動發電站開關而在歷史上留名，現在在米蘭成功開了分公司。他希望能點亮達爾・維爾梅劇院，他的新客戶，但此處不在愛迪生的直流發電站範圍內，只能採用ZBD系統。利布一八八六整年唱著交流電的讚歌，請求愛迪生購買ZBD的專利。此系統的發明家之一，任職於岡茲公司的奧圖・布拉希博士，也同樣急切地想與愛迪生攀上關係，因為愛迪生首肯就等同於得到最高表揚，立即榮耀加身的保證。但是愛迪生對他搪塞推延，這位匈牙利博士遠航至紐約，要親自說服這位偉大的發明家。他在一八八六年九月抵達。愛迪生還是沒有同意，但是把厄普頓派去了巴黎。厄普頓曾是門羅公園的數學和物理專才，如今在經營電燈公司。西屋正在為水牛城大商場安裝他的第一個交流電系統之際，厄普頓抵達巴黎，視察了ZBD系統，並且強烈要求愛迪生公司花兩萬美元買下美國的經營權。

愛迪生向柏林的西門子和哈爾斯克公司諮詢，他們均批評ZBD系統昂貴、毛病多且危險。他們的建議和當初潘塔里奧尼替喬治・西屋請教購買顧拉德與吉布斯裝置時的意見大同小異。鑒於來自公司管理階層的壓力，並且意識到西屋已經走在前面，愛迪生在不情願下購買了ZBD的專利，但他仍傲慢固執地拒絕使用交流電系統。歷史學者伯納・卡爾森（W. Bernard Carlson）和米勒德（A. J. Millard）相信，因為愛迪生「害怕這設計與安裝簡陋的交流電系統會阻礙電力被廣泛採用」[10]。還有一個可能原因：他身為元老的頑固自大。愛迪生的直流電系統是他與同事一起辛苦創造出來的。這樣就能理解他為何拚命阻撓收編其他的發明，特別是他認為別人的技術不安全的時候。

一八八七這一年讓愛迪生受盡了折磨。不僅西屋用交流電挑戰他，銅價也突然提高了，從每磅十分提高到每磅十六分。所有電學家焦慮不安，因為銅的柔韌性和導電性出類拔萃，是電力不可缺乏的主要原料。一八八七年十二月的《工程與礦業期刊》（*Journal of Engineering and Mining*）解釋了漲價原因：「由於歐洲聯合操弄整個市場。」[11]事實上，在大西洋對岸的巴黎商業區可以找到壟斷銅價的人，一個叫海爾新・塞克雷坦（Hyacinth Secretan）的禿頭小個子，他創辦的金屬公司是歐洲最大的黃銅與銅製品生產商。塞克雷坦密切關注銅的市場，追蹤金屬價的漲跌。一八八六年後期，大量訂單的銅錠價在短期內飆升，塞克雷坦從過去錫交易的失敗中學到經驗，知道壟斷銅市場的時機到了。

塞克雷坦開始和世界主要的銅礦簽訂合約，以每磅十三分的價格買下所有產礦（並且受到限制），對礦主是筆不小的利潤。然後他逐步提高銅在世界市場上的價格，一八八七年底達到每磅十六或十七分，塞克雷坦的利潤不菲。一大群歐洲金融大老想要與他的集團聯合，包括羅斯柴爾德家族、里昂信貸銀行，以及法國第二大銀行巴黎國家貼現銀行。這些金融家看到周圍的電燈、電車和電報行業對銅的需求激增，期待靠著銅壟斷的時機發橫財。全世界對此金屬的需求因此大增。

沒有人比愛迪生更清楚銅價的關鍵。訪問過華萊士電弧燈公司之後不久，他心中便燃起強大的野心，要「超越別人」，用白熾燈照亮世界，愛迪生看到了別人盲目之處。大幅度降低銅用量建立實用白熾燈照明系統的關鍵所在，財務上才能和使用煤氣燈照明的城市競爭。於是愛迪生運用他的天賦，把原來估計的銅用量降到最低。但是在一八八七年冬天，銅的問題再次讓他頭疼。《電力工程師》（*Electrical Engineer*）期刊在一八八八年二月提到，「如果銅價上升並非短期現象，附帶結果就是嚴重打擊低電位系統（愛迪生的直流電），使它無法與新引進的高電位系統（西屋的交流電）競爭。」[12]

一個月後，一八八八年三月初的《工程與礦業》指出，「現在這個國家所有電力用銅全掌握在財團手中。看起來價格全掌握在財團手中。」[13]這個不幸轉變對愛迪生電力照明是個沉重打擊。例如在一八八七年春天，公司已投標明尼亞波利斯的中央發電站，要點亮兩萬一千七百盞燈。估計支線要用二十五萬四千磅的銅，主線要用五萬一千六百八十磅。如果銅價是十七分，銅的總支出將計五萬一千九百六十五美元。價格每漲一分，支出就會增加三千零五十六元。如果價格漲三分（因為銅價一直穩定上漲），預算就要增加九千美元。相較於此，西屋的新中央發電站銅用量只有愛迪生的三分之一。

就在愛迪生受西屋與銅價上揚兩面夾擊之際，他得到一個千載難逢的機會可以報復他的新敵人。一八八七年十一月初，美國最受尊敬的電學家愛迪生收到水牛城牙醫艾爾弗雷德·索斯威克（Alfred Southwick）的親筆信，他是紐約州死刑委員會三位成員之一。這個委員會的任務是找一種文明的方式取代絞刑。委員會主席是富有的紐約律師暨慈善家埃爾布里奇·格里（Elbridge T. Gerry），以推動反動物虐待運動而聞名。第三個成員是馬修·海爾(Matthew Hale)，一個阿伯尼的政治家。經歷過一波排斥絞刑的聲浪後，紐約州長大衛·希爾（David Hill）想知道這種「黑暗時代」制度是否可以讓步給「少點野蠻」的方式[14]。所有報紙都鉅細靡遺地描述絞刑執行者的醜惡與一再瀆職，以及蒙住視線的罪犯如何痛苦地在過鬆的繩套上掙扎搖晃、痙攣，直到慢慢窒息，最後由死亡消滅了噪音。還有同樣毛骨悚然的問題：絞索過緊，以致於在眾目睽睽下殘忍地切斷了罪犯的頭讓屍首分離。索斯威克醫生在信裡徵詢發明家，如何使用電刑處死罪犯，也想知道他是否可以建議「多強的電流可以保證在任何情況下確定致命。」[15]愛迪生回信謝絕涉入此事，並說他反對死刑。此時是十一月。

但是索斯威克醫師和他的故鄉水牛城一樣在推動電刑。他十分堅定地認為，乾淨與現代化的電刑應該普及（他曾目睹一個人遭到電擊倒下立即死亡），於是在十二月初再次致信給全國最知名的電學家。他在信中呼籲愛迪生的公民義務，懇求道：「科學與文明需要比繩子更人性的方法。繩子是野蠻人的遺物，應該被掃入歷史。」死刑的三個委員——索斯威克醫師、政治家海爾、慈善家格里——認真研究了死刑的歷史，並對聯邦法官、保安官、檢察官與醫生做了調查，索斯威克博士在信中報告，兩百人中有八十七人贊成電刑。這位水牛城牙醫現在需要愛迪生以威望崇高的「電學家身分」說服立法機關。

一八八七年十二月九日那天，愛迪生顯然改變了主意，並回信給索斯威克。世界赫赫有名的電學奇才的觀點非常明確且顛覆。他斷言最快且無痛的死亡「可以用電來達成，而為達此目的，最適合的裝置就是可以輸送週期性電流的發電機，其中最有效的就是人們知道的『交流電機器』，在這國家主要由喬治．西屋生產……這些機器輸送的電流通過人體時，即使是最輕微的接觸也能瞬間致命。」[16]因為不斷上漲的銅價？因為西屋又從愛迪生的地盤搶走了一個客戶？還是因為煤氣公司降低了價格，採用更明亮的燈罩，要把他們逐出市場比預期中還難？我們只能推測。無論是什麼原因讓愛迪生採取敵對，他的背書完全是陰謀詭計。到了一八八八年中，紐約州立法機關制定了電刑法令，並不顧電力界（其他）人士的公憤，從一八八九年一月一日起，電刑成為新的死刑方式。愛迪生悄悄地（或者說祕密地）借立法給交流電對手埋下了隱患。

一八八八年二月，愛迪生不再滿足於私底下抨擊洩憤。他利用愛迪生電力公司為宣傳手段，公開痛斥對手，發表了美國史上篇幅最長且最惡劣企業聲明。愛迪生長達八十四頁的謾罵用表達憤怒的鮮紅色封面，以醒目的「警告！」為題，成為美國企業史上最獨特且刻薄的公然宣戰。愛迪生以他的直流電第一次攻擊了西屋的交流電，電流大戰正式開打。愛迪生長時間以來（也有理由地）假想電的未來是屬於他的，會為他帶來光榮與財富，現在突然出現以強硬、不計一切後果聞明的工業富商西屋，從匹茲堡大膽襲擊，搶走他辛苦掙來的成就。愛迪生不會坐以待斃，不會讓一個危險的系統危害他的公司，甚至危害整個電力領域。

是什麼觸發門羅公園的奇才發惡言攻擊？又為什麼發動了這場電流大戰？不識反省的愛迪生從來沒說明。但我們知道，愛迪生一直忙到一八八五年，對市場穩操勝券，甚至無意追究許多小工廠侵犯他一八七九年的電燈泡專利。他根本不在乎且不理會競爭對手，那些無恥的偽造者，偷竊想法但構不成威脅的「專利海盜」。但是在一八八五年，別家公司開始打擊他的生意，愛迪生終於動用他的第一流律師。他對所有侵犯專利者的憤怒讓他對匹茲堡巨頭越發不滿，因為西屋就是免費使用愛迪生燈泡的其中一員。歷史學家帕瑟解釋，愛迪生的競爭者「對愛迪生電燈專利的合法性提出強烈質疑。舉例來說，（在西屋控制下的）美國公司認為自己比愛迪生更有權擁有專利，因為它擁有法默、馬克沁、韋斯頓的白熾燈專利。法默與馬克沁兩人都比愛迪生更早開始研究白熾燈。」[17]西屋也是一位鬥士，他對燈泡專利權訴訟提出反擊，更進一步激怒了愛迪生。所以不管愛迪生的律師在法庭上如何咆哮，帕瑟說，在這一點上仍然「有理由懷疑愛迪生能否保有燈泡的基本專利。或許沒有幾家製造商與用戶意識到，沒有愛迪生的許可而生產和使用這些燈會冒上嚴重的商業風險。」[18]

愛迪生固然對燈泡侵權者感到憤怒，但是西屋最大的過錯在於他大膽冒犯了愛迪生的電力領地。當愛迪生第一次聽聞匹茲堡的工業家正進軍電力領域，他氣沖沖地說：「告訴他，好好做他的氣閘。」[19]現在西屋不但挑釁愛迪生，而且在賣自己原創的東西，一個新型發電系統，不是愛迪生的二手複製品。所以《警告！》一書前半嚴厲批評了燈泡專利的侵權者，後半大多在攻擊西屋。愛迪生的人堅稱整個交流電系統「是給大眾最不經濟實惠的東西」，直流發電機具有高效率，系統有可靠的記錄且經過更多檢驗，而交流電沒有計量器，沒有任何馬達[20]。直流電馬達依然是愛迪生的王牌。那些支持交流電的人被斥為「叫賣小販」和「小氣的使徒」，用次級設備矇騙無戒心者的奸詐之徒[21]。愛迪生無意承認交流電的優勢（服務區域廣大，且能依照需要擴張）。

但是愛迪生始終對交流電的危險性懷有極大恐懼。《警告！》小冊子宣稱：「事實上任何系統使用高壓電，例如五百到兩千單位（伏特），都會危及生命。」[22]愛迪生的陣營警告，一旦變壓器故障，不能降低電壓，整棟建築可能會成為高壓電死刑室。愛迪生一直以他的系統安全性為傲，「愛迪生發電機的電流都是安全的，對健康、生命和人無害」，而且「不用戴手套就可以抓系統任何部位的電線甚至發電機的把手，不會有絲毫損傷」[23]。沒有一家電力公司像愛迪生公司一樣，投入許多時間與精力設計安全絕緣的電線，並小心安置在遠離公眾的地下。相反的，愛迪生在《警告！》裡詳記了死於高壓交流電事故工人的慘狀。直流電是溫和友善的，交流電則是冷血殺手。愛迪生暗示支持交流電的人無視安全無疑在犯罪，只為了省錢和沽名釣譽。

愛迪生對憎恨企業的謾罵，在他召集同盟以反對交流電時達到頂峰。「所有相信未來的電學家們都應該聯合起來，打一場根絕廉價供電的戰爭，不讓無效率且危險的電流出現。」愛迪生志願擔當這場聖戰的道德領袖。喬治・西屋那一夥人若膽敢繼續做交流電，無論前途多麼光明，現在都是公開的敵人，玷污了神聖的道路。他們嘲笑喬治・西屋是「自吹自擂發明家，他的系統在今日任何一個博學的電學家眼中只是個虛幻目標，匹茲堡公司以後每走一步，都會在失望泥沼裡越陷越深。」[24]這是電流大戰中公開射向匹茲堡的第一發子彈。

*

一八八八年春，報紙開始追蹤每一個「觸電事故」，愛迪生電力公司對交流電的憤怒也眾人皆知，圈子不大的紐約電學界卻開始對曾為愛迪生工作過的特斯拉有傳言。據說他已復出，在自由街做某個大案子，交流電的專利申請源源不絕。特斯拉確實非常多產，做出一個又一個新的交流電機器。為了應付眾多工作，他把當年在學校的密友與工程師同事安東尼・西奇戈提從歐洲找來，他搭的船在一八八七年五月十日駛進紐約港，看見奧古斯特・巴特勒迪（Auguste Bartholdi）的自由女神像。這個不朽女神已在此迎來六個月的朝霞，手中火炬由內置的電力點亮，青銅色的長袍與莊重臉龐因為足下數千支燭光而發出紅光。這發亮的雕像在去年冬季完成籌款：《紐約世界報》的工人階級讀者紛紛捐出一分一角，告訴全國人是普通老百姓——不是百萬富翁——讓這座宏偉雕塑豎立在自由島上。城堡花園出來能看到巴特利公園的草地，綠蔭的碎石小路在草地上交錯，海港微風清涼，西奇戈提與老友特斯拉重聚了。兩人迅速投入工作，夜以繼日地做各種類型組建，為完成當年特斯拉在布達佩斯公園沙地上畫出的交流感應馬達。

多年後，特斯拉的第一個傳記作家約翰．奧尼爾始終記得特斯拉對自己設想的完整性有多自豪。「當機器組裝完畢，每一個都按照他的期望運作……從設計到成形已過了許多年。他沒有寫任何記錄，但是清楚記得所有細節。」[25]一八八七年剩下的時間他忙於創造與祕密組裝，和他的助手用所有需要組件完成了單相、雙相、三相交流電系統：一個產生電流的發電機（但不帶整流器），一個用旋轉磁芯產生電力的感應馬達（也沒有整流器），以及一個能調節電壓的變壓器。他為每個系統分別設計與安裝了銅與鐵的型號。瘋狂工作六個月後，特斯拉的實驗室裡有了一整套多相交流電系統。一八八七年十月十二日那天，特斯拉提出一項公共汽車的專利申請，但是專利局要求他進一步分類。在十一月與十二月間，特斯拉總共申請了四十項專利，含括了他的整個交流電系統，以及他具有革命性的感應馬達。他的前任老闆愛迪生正向全世界痛斥交流電，而他在完善交流電系統。

《電學世界》的年輕編輯湯瑪斯．科默伏．馬丁（Thomas Commerford Martin）偶然中過訪特斯拉的實驗室。他是個風度翩翩，懷著雄心壯志的英國移民，立刻意識到這個默默無聞但魅力十足的塞爾維亞人將成為下一個電力巨人，他燦爛的夢想將可與愛迪生媲美。無名特斯拉的電力夢與聞名世界的愛迪生的衝突（交流電對直流電）在記者馬丁的報導中增添了許多戲劇色彩。特斯拉才三十一歲，是個實在的人道主義者，企望能用他特殊的感應馬達與交流電系統解放全世界的勞動苦役。迄今為止，交流電仍缺少可運作的發電馬達（雖然已有很多著名發明家想破解這個謎並取得榮耀）。現在，沒沒無名、沒有成就的電學家特斯拉出現，奪走了桂冠。

馬丁十分欣賞特斯拉開闢新紀元的交流電馬達和多相系統，開始思考如何讓這位新天才名利雙收。幸運的是，馬丁很有影響力。他不僅是美國電學界重要期刊的編輯，也是現任有聲望的美國電氣工程師協會（已有四年歷史）的主席。因此他熟知電學界的內部爭鬥，也知道在此風雨飄搖時刻如何讓這顆燦爛明星升起。馬丁離開特斯拉在自由街的實驗室時，信心百倍地計畫要為特斯拉運作。這位英國編輯的首要任務，就是讓大家也都被特斯拉的系統迷住。

首先，特斯拉的多相交流電機器需要檢測，它們的革命性質必須得到權威人士認定。馬丁安排了康奈爾大學電力工程系的著名教授威廉．安東尼（William Anthony）前往自由街去見特斯拉並視察他的機器。然後將機器運送到安東尼與其他幾位專家那裡做進一步檢測。一八八八年三月時，安東尼教授在給朋友的信中興奮地提到，「申請還在專利局裡，我發誓保密才被允許檢測機器……我看到一個重十二磅的電樞，其中一個（交流）迴路突然反向轉動，運作那麼迅速，我根本看不出來怎麼做到的。你要知道，這裡面沒有整流器。電樞對外沒有連接任何東西……這個結果太棒了……馬達外形和整流器完全不同，整個機器就是兩路電流繞著磁場互相追趕。除了兩個軸承外沒有東西磨損。」[26]於是，如馬丁所願，特斯拉的名字和精采的發明在相關人士中流傳開來。安東尼教授，一個毫無利害關係的人，判定特斯拉的馬達與現存的直流發電機有同等效能。

這時馬丁建議特斯拉準備講座，以在電學界建立地位。特斯拉反對。特斯拉十四個基礎專利中有七個在一八八八年五月一日獲得批准，馬丁再一次催促這位塞爾維亞發明家讓電學同行認識他的偉大突破。特斯拉以設計和組裝整個系統令他十分勞累為藉口，也再一次禮貌地推辭。安東尼教授加入馬丁的行列，催促特斯拉盡快舉辦講座。《電力工程師》的編輯波普，以及西屋的工程師與專利律師也被邀請到自由街加入勸說。馬丁在多年後記敘，他「勸說特斯拉為協會演說遇到很大的困難。特斯拉先生過度操勞並且生病了，強烈拒絕展示他的馬達，好在他終於不再堅持己見。處在巨大壓力下的特斯拉在會議前一晚才用鉛筆匆匆寫完講稿。」[27] 特斯拉顧慮他的系統還沒有得到專利批准，因此不願意做學術交流。馬丁不理會他的顧慮，他認為特斯拉必須在這領域裡成為傑出人物。因此，在涼爽的五月十五日星期二晚上，特斯拉來到位於麥迪遜大道與第四十七街的哥倫比亞大學，美國電氣工程師協會在那裡舉行會議。

那天晚上的會議先用了很長的時間讚頌主席馬丁對協會的貢獻，之後，高瘦修長、頭髮中分、前額寬大的特斯拉站在與會電學家面前，一大群戴著高禮帽、身穿黑禮服大衣的男士，以及少許感興趣的女士。特斯拉顴骨高，穿著他偏愛的燕尾服，看起來像有點古怪的外國貴族。他操著流利但有口音的英語，首先感謝他的恩人安東尼教授、馬丁先生和波普先生，任何有志向的電學家都期望得到這樣的恩人。然後他請大家原諒他蒼白疲倦的模樣，而且他對演說欠缺信心。他提高聲調說：「通知來得很急，沒有充裕時間可以做好準備，而且我的健康狀況不佳。期望能得到在座各位寬容，如果我的小成就能獲得您認可，我就很滿足了。」

特斯拉站在閃閃發光的交流感應馬達後面開始演說，提出論點時不時啟動與關上機器，也用繪圖和圖表說明機器如何運作。「我很榮幸有機會與大家討論此新奇的配電與動力輸送系統，它用的是有特殊優越性的交流電，尤其是應用在馬達上。我有自信能立即證實這些電流出眾的電力傳輸適應性，它們可以達到許多以前高不可攀的結果，也是直流電望塵莫及之處。」[28]特斯拉繼續告訴在座人士，自然產生的交流電進入機器時，現有的馬達使用整流器與電刷把交流電轉換成直流電，但從現在起，這些東西想當然耳不再必要。他發明了一個前所未有的馬達，也專門為此馬達設計了一個運作系統。因此從現在起，「交流電是電能應用更直接的方法。」[29]

特斯拉的傳記作者羅伯特．洛馬斯（Robert Lomas）註解到，在特斯拉面前的人發現，交流電產生的磁場進入馬達後「只是在周圍攪動，不是轉動馬達。特斯拉讓兩個交流電彼此不同步（多相），像有一排推進的腳讓相位波往前，磁場共同作用推動了馬達的旋轉軸。如果使用的電流超過一組，他可以保證一直會有強大的電流帶動馬達。當一組電流減弱，另一組可以繼續讓馬達轉動。磁場旋轉會帶著馬達一起轉，而且旋轉軸確實沒有接電。」[30]

特斯拉演說完畢，馬丁走上前，提議讓傑出的安東尼教授講幾句話。教授大加讚揚這位才華出眾塞爾維亞人的新馬達，「我承認，第一眼看到這個馬達運轉，我就覺得它卓越不凡」。他簡短談論技術上的先進——少有易磨損部位——以及馬達的效率。接著是知名電學發明家伊萊休．湯姆森（Elihu Thomson）的發言，他的湯姆森與休士頓公司發展迅速，已在六個月前涉足交流電中央發電站業務。湯姆森身材高大，眼睛深陷，蓄著厚厚的鬍鬚，他不像愛迪生、西屋或特斯拉一樣有自己的原創發明和先鋒技術，但他善於幫助業內人才改良發明並且商業化。湯姆森與休士頓公司看見市場對西屋交流電系統的需求，已開始搭建自己的中央發電站線路，惹得西屋控告他們竊取了顧拉德與吉布斯的專利。兩家公司在幾個月內達成協議，湯姆森與休士頓公司同意，變壓器每生產一功率即支付兩美元的稅（馬克沁的老公司國家電力公司也開始推銷交流電系統。西屋採取了異常強硬的手段，國家電力最終把自己賣給事業蒸蒸日上的西屋電氣帝國）。

哥倫比亞大學的交流電討論結束後，湯姆森教授站起來祝賀特斯拉「嶄新且令人欽佩的小馬達」。但是湯姆森更希望他自己也做過交流電馬達。「也許你已經知道，我也在做類似方向的研究，也得到類似的成果。但我做實驗用的單一交流電路，不是雙向的。提供單一電流給交流電馬達，並且讓它旋轉。」[31]無論如何，湯姆森和其他人一樣，也依靠那製造麻煩的整流器。特斯拉清楚湯姆森的企圖：搶占優先位置。他有風度地迴避挑戰，說他能得到像湯姆森教授這樣德高望重、「走在專業最前端」的人注意實在受寵若驚。特斯拉恭敬地承認，「我的馬達與湯姆森教授的機器大同小異，但是我搶先了一步。」

他也誠懇地建議湯姆森教授，他的機器想要並駕齊驅或搶先都非常難。特斯拉指出湯姆森的「特殊形式馬達弱點顯著，那對必不可少的電刷會讓電樞線圈短路」[32]。特斯拉的想法一度與湯姆森相同，但是他現在已大步向前，用完全自創的方案讓磁場不停推轉馬達磁心，因此省掉了整流器。情勢看來站在特斯拉這邊，馬丁這時巧妙地打斷討論，但是這暗地交鋒的公開交流已預示了今後的仇恨。當特斯拉回到座位，在此聚集的電學家已經感到不安，

1891年5月20日，特斯拉在哥倫比亞大學對美國電氣工程師協會演講。

或憤恨地意識到一個新的電力巨人誕生，他們的所有成就都將黯然失色，他們最寶貴的付出都將變得無關緊要。他的名字是尼古拉・特斯拉，野心勃勃且有影響力的湯瑪斯・科默伏・馬丁是他的先知。

特斯拉的第一個講座《交流電馬達與變壓器的新系統》正符合馬丁的期望，一口氣抬高了特斯拉在工程界的地位與聲譽。他的講座論文發表在所有第一流的工程期刊上，內容明白易懂，很快就成為了電學上的里程碑。工程師與新聞界驚詫於他的設計有獨創性、簡潔、值得期待。愛迪生卻把它看成科技的變種、不安全，不適合人類住家使用。

在五月中旬這場精采演講之

前，西屋似乎就已經聽說過特斯拉的革命性旋轉馬達與交流電系統。最後，《電力工程師》編輯波普與一位西屋公司的職員在馬丁安排下參觀了自由街的實驗室，但是西屋在讀過特斯拉的論文之後才採取行動。他迅速派遣拜勒斯貝（曾經是愛迪生的工程師，被西屋吸收擔任公司副總裁）去曼哈頓拜訪特斯拉，探看那個知名馬達的虛實。一八八八年五月二十一日，拜勒斯貝致信給老闆，說明他會見了特斯拉的贊助人，工程師艾弗瑞·布朗和律師查理斯·佩克，隨同他們一起去自由街。他在那裡見到特斯拉，並親眼看過幾項展示，他承認一切都超過自己的理解力。「特斯拉的描述我完全不能理解。無論如何，我還是發現幾點有趣的地方。首先，據我近距離的觀察，這個馬達的基本原理和雪倫伯格先生現在使用的那個原理一樣。這個馬達很成功，依我做的檢查來判斷，我也可以做得出來。它們從靜止狀態開始，可以快速變換旋轉方向，而且沒有短路。」[33]

展示結束後，拜勒斯貝和他的隨員回到布朗的辦公室繼續談生意。這位西屋決策者詢問購買專利的可能。他得知，專利屬特斯拉電力公司所有，而且佩克和布朗已經得到一個舊金山資本家二十萬美元加上所有設備每一馬力兩塊五美元的報價。據說康乃爾大學教授威廉·安東尼加入了這個財團。如果西屋想競爭或提高報價，最後的期限是星期五。拜勒斯貝嚇呆了，他寫給公司總部，「他們的條件很荒謬；但是我告訴他們……我說，我們還沒有認真考慮過這件事，但一定會在星期五前給予答覆……為了不讓他們認為我被激起了好奇心，所以沒有停留太久。」[34]

他們並不清楚佩克和布朗是否真的得到如此高利潤的報價。一星期後，佩克和布朗同意拜勒斯貝用五千美元換取六星期的提案期限。西屋就此認真地與公司內的工程師和專利專家商議。特斯拉和他的夥伴並不知道，西屋代表（到處巡行的潘塔里奧尼）為了交流電再一次去了歐洲，這次他計畫從義大利工程學教授加利萊奧・費拉里斯（Galileo Ferraris）手裡購買一個交流電馬達的專利。特斯拉在美國電氣工程師協會演說的一個月前，甚至在特斯拉的專利申請還在專利局審查的時候，杜林的費拉里斯教授就已經在講座上提出自己的交流電馬達了。但是特斯拉和費拉里斯之間有極大的差異：義大利電學家認為自己做了一個有趣逗人的玩具，特斯拉則是為重型商業工作設計機器和系統。馬丁性急地讓特斯拉高調發表他的偉大發明，因為其他人確實走到進退兩難的地步。只要交流電系統在歐洲和美國普及起來，能運作的馬達將會勢在必行。但對工程師來說，交流電馬達如空中樓閣。在特斯拉講座幾星期前，西屋的工程師奧利佛・雪倫伯格（Oliver Shallenberger）才彌補了公司交流電燈系統的漏洞，系統裡一直缺少一個電度表。這個電度表也採用異相電流旋轉效應，而雪倫伯格已經開始在馬達上做實驗。西屋一方面繼續調查交流電馬達的狀況，一方面指示潘塔里奧尼僅用一千美元買下費拉里斯的專利。

瘦長結實的威廉・史坦利日後抱怨說（當西屋已離開人世），西屋從來沒有真正認清交流電在創始階段的發展潛力，也從沒有給他公正的報酬。現在，隨著特斯拉的捷報傳出，史坦利對老闆聲稱，他已經發明了一個交流電馬達。「我用基本上相同的原理做出一個交流電系統。」但是他和湯姆森一樣，沒有注意到自己的交流電馬達仍然使用不方便的整流器和電刷。只有特斯拉設計的交流感應馬達沒有這些會惹麻煩和迸火花的東西。一八八八年七月五日，西屋的提案期限到了，他寫信給律師和合作夥伴，「我一直在認真考慮這個馬達的問題，我的看法是，如果特斯拉還有很多申請壓在專利局，其中一定能涵蓋雪倫伯格正在實驗的機器以及史坦利認為自己發明的東西。他很有可能將發明日期大大提前，足夠含括到費拉里斯的發明，我們在他身上投資會很不明智。

「如果特斯拉的專利範圍夠大，能控制整個交流電馬達市場，西屋電氣無法承擔別人擁有專利的後果。」[35]本想用費拉里斯的專利讓公司成長，如今希望徹底破滅，西屋公司只能接受布朗和佩克的要求，當然報價比二十萬美元低許多。特斯拉公司收到兩萬美元現金和五萬美元的期票（三次分期付款），加上特斯拉交流電馬達每馬力兩塊五的權利金，第一年的權利金至少五千美元，第二年一萬美元，第三年一萬五千美元。西屋還是和往常一樣冷靜務實地說：「單就特斯拉馬達的專利，加上其他的條款和條件，價格看起來相當高，但若這是用交流電運轉馬達的唯一方法，如果它適用於有軌電車，我們毫無疑問可以從使用者手中收回發明家加的稅。」[36]

就算舊金山的報價是真的，特斯拉電力公司的合夥人還是會屬意西屋。在強盜資本家橫行的年代裡，西屋贏得了好名聲，他公正、不屈不撓、說話算數，誓死維護自己的專利權。他已經控告湯姆森與休士頓公司侵權他的變壓器，強迫他們繳一筆權利金。美國電力公司冒犯他的時候，他也輕而易舉將其收購。在鍍金時代資本主義鯨吞蠶食的氛圍裡，特斯拉和他的合夥人清楚知道，如果想收三年以上的權利金，他們需要這樣一個無畏鬥士。特斯拉十分崇拜西屋的商人特質，他曾這樣說：「當西屋被激怒時，沒有人可以是他的對手。在日常生活中他是個運動員，一旦遇上難以逾越的困難，他會變成巨人。當別人絕望而放棄時，他會勝利。即使把他送到孤立無援的外星球上，他也能發揮他的救世精神。」[37]

在考量這筆專利買賣時，特斯拉和他的投資者並沒有忽略愛迪生對交流電的公開敵意。只要增加了利害關係，衝突便會逐步升級，而特斯拉需要交流電馬達去與敵人分庭抗禮。這也是為什麼特斯拉後來說，「依我的看法，喬治．西屋是這個地球上唯一一個能在現存環境下採用我的交流電系統，來戰勝偏見和金錢勢力的人。他是個令人讚嘆的開拓者，世界最高尚的人。」[38]特斯拉當時已預見，全世界在短時間內就會使用到數百萬馬力的交流電，而且覺得他的專利交易公平合理，即使他必須把九分之五的收益分給合夥人。特斯拉和愛迪生一樣，希望每個人都能富裕，他只希望可以完全自由地思考、發明和發想。他是個熱情的理想主義者，把貢獻世界當己任。許多年前，在他第一次想出旋轉磁場時，就對抱持懷疑的西奇戈提宣稱，「不再會有沉重勞動的奴隸。我的馬達將解放人類，造福世界。」

一八八八年七月底，特斯拉離開了炎熱的曼哈頓，搭乘渡船穿過微風吹拂的哈德遜運河，登上賓夕法尼亞鐵路的火車前往匹茲堡。他在那裡同意擔任西屋公司顧問。西屋公司使用他全新且無比重要的交流感應馬達，迅速擴張為電力帝國。特斯拉讓愛迪生直流電系統的巨大優勢變得一文不值。電流大戰進入了白熱化階段。

愛迪生在桌前對著愛迪生商業留聲機口述

第7章

猝死危機四伏

一八八八年六月五日星期二的炎熱傍晚，紐約市疲倦的通勤者正前往高架車站，報童正大喊著暗殺、暴力、政治八卦的頭條新聞，只有買了《紐約晚報》（*New York Evening Post*）的乘客才會在回家途中讀到一封激昂陳情的讀者投書，標題是「觸電而亡」。信是這樣開頭的：「一個叫斯特萊福的可憐男孩死了，他四月十五日在東百老匯街碰到一根掉下的電報線，立即觸電身亡，在這之前不久，威特先生死在樹蔭街兩百號前，威廉．默里五月十一日死在百老匯六一六號，每天都可能有新的遇難者。」

投書者名叫哈洛德．布朗（Harold Brown），他譴責城市最繁忙大街上空雜亂無章，懸掛著上千條致命的電線蜘蛛網。但布朗先生不是意在批評官方對這眾所皆知的危險電線置之不理，而是在譴責交流電，「幾家公司只顧賺錢，罔顧民眾死活，採用交流電來照明。如果弧光燈的電流是危險的，那麼只有『該死的』一詞最適合形容交流電。」布朗聲稱，「使用致命交流電的唯一理由是可以為公司省下一大筆購買銅線的資金，安全的白熾燈系統就是使用銅線。大眾得活在猝死危機裡，這些企業才能多獲得一些股息。」他呼籲規定所有交流電超過三百伏特為非法，以「防止人類生命遭受大規模危害。」有件事不得不提：《紐約晚報》屬於愛迪生長期以來的投資者亨利·維拉德（Henry Villard），而且他馬上就要擔任愛迪生公司的總裁。電流大戰的情勢驟然間變得更險峻、賭注更高。布朗不是想勸阻未來客戶，而是想從法律上徹底消滅交流電。

哈洛德·布朗先生又是何許人？直到投書刊登的那個星期二，他只是個無名的紐約工程師和電力顧問，一個徹底的小人物。在他給《紐約晚報》的譴責信中，他介紹自己是電力工程師、特別目的裝置設計師、弧光燈、白熾燈與蒸汽動力承包商，也是保障生命安全的弧光燈發電機創建者。在六月五日那天，他突然向交流電宣戰。儘管許多歷史學家做過大量研究，但布朗盛怒攻擊的原因始終是個謎。他與愛迪生陣營沒有明顯聯繫，他本人和交流電沒有什麼個人或專業上的過節，或嫉妒交流電系統裡的人，包括西屋本人。這個默默無聞的紐約電力同業也許看到討伐交流電是沽名釣譽的絕佳機會。直至那時，愛迪生陣營一直忙於在文雅論壇上（像是芝加哥電力俱樂部）寫文章咒罵交流電，反對交流電居高臨下的態度。哈洛德·布朗突然從天而降，為他們在公眾領域打開前哨戰，引領更多人加入反交流電的聖戰。

布朗不是個吹牛的人。他力陳迅速立法，「禁止使用超過三百伏特的交流電」，這肯定會使交流電失去市場。他很快抓住新的戰略立場，以拖延聞名的紐約市電力控制委員會竟然要召見他。幾天後在六月八日星期五，一個晴朗溫暖的暮春之日，布朗現身了，他是個年輕面善的小夥子，整齊的黑髮梳向一側，柔順的鬍鬚襯托著高高的鼻樑，一開口卻火藥味十足，堅稱他那封如今惡名昭彰的投書要逐字錄音記錄。他提議的安全規定要在幾分鐘內公布，並且要把做標記的複本寄給各個知名電力公司和電學家要求回應，包括喬治．西屋。事件升級到不再只說鬥氣話，而是要以經濟制裁和法律手段強行讓交流電絕跡。

在遙遠的匹茲堡，夏日的炎熱潮濕與該城出名的污垢與煤煙混在一起，在上空形成對身體健康有害的黑色巨傘。布朗的攻擊對象西屋正在等待時機。他拒絕回答紐約市電力控制委員會的要求。六月七日那天，他坐在鋪設波斯地毯的寬敞辦公室裡，給在西奧蘭治的愛迪生寫了一封私信，信中部分談到他們兩家公司要合併的謠言，但他的主要目的是議和。「我相信一定有人有計畫搬弄是非，企圖離間愛迪生公司和西屋公司，我們的業務根本南轅北轍。「我還清楚記得，我想為自宅裝設發電裝備，而您多麼辛苦地帶我參觀門羅公園，那時您正準備開公司，參觀過伯格曼工廠後又一次與您會面。若您能在方便的時候前來匹茲堡，我將不勝自喜，希望能回報您對我的熱情款待。」[1]愛迪生在六月十二日的回應對此邀請不置可否：「實驗室工作占據了我全部的時間……謝謝邀請我訪問匹茲堡。」[2]全信就這樣。不久後，愛迪生的業務開始指責敵人西屋對交流電的優勢撒謊。這個戰術激怒了西屋，他迅速考慮起訴。

主動要求和解的願望被拒絕了。喬治．西屋第一次收到紐約市電力控制委員會將於七月十六日星期一在華樂克劇院召開會議的通知。愛迪生肯定會在幕後悄悄指揮，西屋則相反，他準備正面迎擊。其實到了一八八八年七月中旬，他已不再抱更多期待。愛迪生和他的公司反對交流電，認為這是一場聖戰。所以是他該反擊的時候了。於是西屋給紐約市電力控制委員會寫了一封有技巧的重磅公關信。首先他表示抱歉，由於公司大量業務壓力以致於耽擱了回覆。在過去不到兩年時間裡，他的公司和被授權人湯姆森與休士頓公司一共建立了一百二十七個交流電廠，其中九十八個已建成並啟用。在這九十八個交流電廠中，已有三分之一擴大了規模。匹茲堡的廠是「世界上最大的白熾燈電廠」。有了這麼多的業務，西屋解釋道，「迄今為止，關注批評者和來自對立電力公司的攻擊或做出回應，我認為還不是時候。」

西屋是這鍍金時代最殘酷商業競爭中的企業泰斗，他聲稱自己訝異於「這種攻擊是我所知最沒有男人氣概、最丟臉和最不誠實的。」如果他們想用卑鄙的方式打仗，西屋會慢慢放出自己的燃燒彈。既然焦點在安全上，那好，沒有一個西屋的中央發電站「因為使用我們的系統而起過火災。而處於領先地位的直流電公司（指愛迪生）擁有一百二十五個中央發電站，卻發生過無數次火災，其中三座徹底燒毀，最近的一次是波士頓站。該系統造成的火災數也數不清，費城一家大劇院甚至完全付之一炬。」

一份有八人覆議的贊同交流電投書也在幾星期前送到電力管制委員會的辦公室，並在華樂克劇院裡宣讀。所有人都覆議一位來自費城名叫萊特的電力工人，他陳述自己與「被認定為致命的」交流電打交道的經歷：他在潮濕的地下室裡鋪設電線，光顧著讀說明書，忘記裡面有一千伏特的電壓，「我站在潮濕的地面上去抓插座，被電擊了一下，我臉朝下倒下，在我身體下面的手還抓著插座……當我恢復知覺，我正坐在地下室裡，有兩個人扶著我，這時救護車到了。我後來去了發電站領錢，等了大約十五到二十分鐘，因為那天是發薪日，然後我回家了。」公司要求他去看醫生，醫生為他包紮燒傷的手。「燒傷癒合很慢，但是我沒有感覺到任何電擊的後遺症，不像一般從直流高壓電機器感受到的電擊……我敢肯定，如果這樣的電擊來自任何一種常規直流發電機……我死定了。」[3]

哈洛德·布朗沒有參加劇院的會議，他正好去維吉尼亞出差。他的缺席導致另一方的陣營砲火全開，他們質疑布朗先生的心智是否健康，身為電學家為何有此動機。就算他的批評合理，他有證明嗎？他憑什麼主張取締使用交流電的企業？

在短短兩星期內，默默無名的布朗封自己是美國最可敬偶像湯瑪斯·愛迪生的激情鬥士。不知愛迪生讀到布朗激烈反對自己宿敵的言辭時做何感想？我們無從得知，但是遭到圍攻而氣憤無比的布朗決心證實他的理由，於是他求見愛迪生，「我從沒見過他，要求借用他的儀器……出乎我意外，愛迪生先生立刻邀請我去他的私人實驗室做實驗，提供所有我需要的儀器。」[4]布朗可能是紐約唯一一位被愛迪生由衷接受的電學家。從這時候起，愛迪生就渴望援助並唆使這位自封的戰士去討伐那「該死的電流」，他宣稱自己的目標就是用法律打倒愛迪生的最大競爭對手，交流電公司。布朗需要回應批評，他需要證明他的主張。愛迪生不光把自己全新的實驗室供他使用，還讓他最信任的查理斯·巴徹勒和新雇用的英國科學家亞瑟·肯內利（Arthur Kennelly，孟買港務長之子和未來麻省理工學院及哈佛大學的著名教授）協助他。

愛迪生的新實驗室建在紐澤西，占地十英畝，距離他的格萊蒙特新莊園半英里遠，位於安靜的西奧蘭治山谷中。愛迪生鰥居了一陣子，不久前才和美麗可愛的米娜·米勒（Mina

Miller）訂婚。價值二十三萬五千美元的格萊蒙特別墅市價僅五萬美元。原屋主是個紐約富豪，因為挪用公司款項被發現而逃到海外。米娜覺得此處非常適合當全國最偉大發明家的新居，而愛迪生渴望取悅她。

查理斯·巴徹勒監督購置這座房子附近一塊地，並建造了愛迪生的新實驗室。愛迪生最新式的發明工廠比門羅公園大了十倍，包括一個六萬平方公尺的雄偉主樓、機械工廠、玻璃吹製工廠、化學部、照相部、電子檢測室和儲藏室。愛迪生在這裡有個氣派的木頭鑲板辦公室和書房，巨大的捲蓋書桌上方有兩層樓的陳列架，收藏了一萬冊科學文獻。愛迪生不再想扮演鄉巴佬，他現在很重視留給客人的印象。實驗室裡存有「八千種化學品，各種不同類型的螺絲，各種尺寸的針頭，各種規格的繩索和電線，人的、馬的、豬的、牛的、兔子的、羊的、頑皮姑娘的和駱駝的毛髮。」愛迪生開玩笑地告訴記者，他自己「訂購了所有東西，包括大象的皮和一位美國參議員的眼球。」[5]

愛迪生很早就不滿於只當個發明家，此一夙願有望實現。他夢想成為一位工業巨頭，而他意識到，必須利用儲備量充足和資金充裕的實驗室來發展他的電力網，這樣就能快速將理念轉化為產品。在這距離銅臭味曼哈頓僅一小時車程的安靜西奧蘭治，精力充沛又心急如焚的布朗正夜以繼日利用愛迪生第一流的設備做各種實驗，來證明交流電確實是「該死的」電流，是不合法的。

*

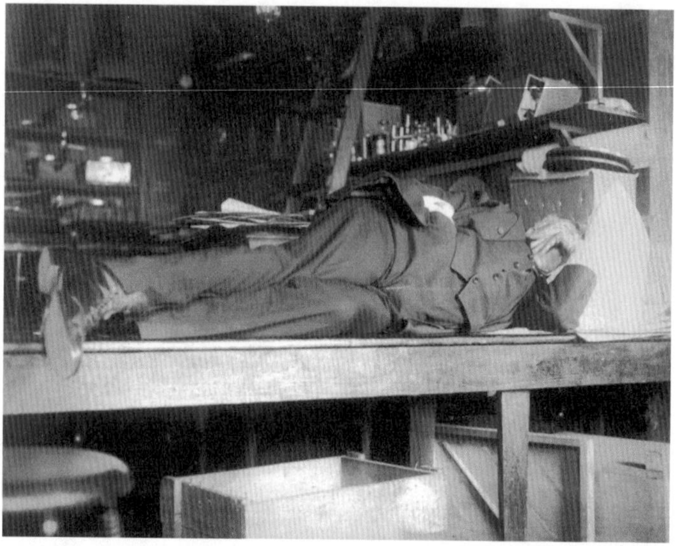

小憩中的湯瑪斯·愛迪生。需要小睡的他喜歡在實驗室裡打瞌睡。

愛迪生再婚後與家人同住在格萊蒙特，就在他的西奧蘭治實驗室附近。

到了七月底，布朗覺得已掌握了確鑿的科學證據來平息爭論。精美印製的邀請函發給了紐約市電力控制委員會成員、各個電力公司代表，以及其他電學界同業，邀請他們於七月三十日星期一那天到麥迪遜大道第五十街哥倫比亞大學錢德勒教授講座教室[6]。那天很溫暖，但有七十五位電學界人士和記者興奮地聚集在寬敞涼爽的學院教室裡，大家感到布朗充滿活力，不是打不還手的人。「沒有通知這是個什麼性質的展示。」一位記者這樣記敘。布朗要做什麼？

布朗的頭髮整齊有光澤，鬍鬚修剪整齊，他開場時說：「出於正義感，他陷入一場爭議。他不代表任何公司、財團和商業利益。」然後分析交流電和直流電的差異，並且宣稱他可以證明，「透過反覆實驗，一個活著的生物對直流電電擊的適性較佳。」[7]這可以用有許多銅線纏住的大木籠解釋。說到這裡，布朗暫時走進旁邊的小房間，回來時帶來一頭黑色獵犬。他給狗戴上口罩，然後放進籠子裡用皮帶扣上，並且鎖上了籠門。手中拿著草帽和淺色禮帽的與會者騷動不安，低聲發出抱怨。布朗說這隻狗身體健康但是性情凶猛，體重七十六磅。戴口罩的狗在低吠。

愛迪生的首席工程師亞瑟．肯內利現在是布朗的助手，還有專門治療電擊病人的弗雷德雷克．皮特森（Frederic Peterson）醫生，還有一些其他人。他們幫忙抓住掙扎的黑狗，因為電線纏住狗的右後腿和左前腿，腿上已經綁好浸過水的材料。狗的「阻抗」應該有一萬五千三百歐姆。布朗啟動三百伏特的直流電，那隻狗看起來有些震驚與不快；加到四百伏特時，大黑狗開始掙扎，並且發出可憐的吠聲。觀看的人群開始坐立不安，不滿的低語越來越清晰，教室裡的氣溫因為炎熱夏日與人群而不斷升高。當電流加到七百伏特時，狗掙斷了皮帶，實驗者又得將牠綁緊。

布朗無視觀眾對他的殘酷演示表示不滿，將電流加大到一千伏特。一位記者寫道，「許多觀眾離席，他們不能容忍這種令人反感的演示。」[8]那隻可憐的狗因疼痛而扭曲，部分觀眾大聲要求布朗停下來。在這時候，布朗關掉了直流電。他對騷動的觀眾說：「如果我們試試交流電，牠就不會受這麼多折磨。用你們紳士的話來說，就是讓他舒服些。」一個西門子兄弟的交流發電機啟動，三百三十伏特的交流電給予這隻發抖的狗致命一擊，牠迅速癱倒在地上死去。在這時，《紐約世界報》的記者站起來，他強烈反對這種虐狗行為繼續下去，他要去找美國保護動物協會（ASPCA）進行干涉，禁止布朗繼續電死其他的狗。觀眾不但沒有得到啟發，反而群情激憤，布朗不得不停止。

電學家們渾身顫抖地站起來，戴上帽子離開。儘管布朗宣稱他提出了必要的證明，但是沒有幾個觀眾表示贊同，因為那只黑色獵犬在受盡了直流電的折磨奄奄一息後，由交流電給予最後一擊才死亡的。沒能直接用交流電殺死狗讓布朗感到惱火，他抱怨這是交流電學家的「詭計」。他還向離去的觀眾保證，他還有更多狗，他在過去幾個月做過大量實驗，足以證明交流電的超級殺傷力。布朗在結束時評論到，「應用交流電的地方只能是狗收容所、屠宰場和監獄。」[9]

在涼爽得不尋常的七月夜晚裡，布朗都在西奧蘭治河邊準備這個實驗。他從當地小孩手中收購狗，每隻二十五分。肯內利和巴徹勒是他的幫手，他們每接過一隻幼犬都會魂飛魄散，覺得「身體和靈魂被撕碎……難以忍受的痛苦滲透全身每個細胞。」[10]布朗從實驗得知，用交流電讓一隻狗致命只需要三百伏特，而直流電要一千伏特。

在第一次演示的四天後，悶熱八月的星期五，布朗又去了城裡，帶了三大籠的狗出現在哥倫比亞大學。這次熱烘烘的講廳裡只有幾個助手，但是公共健康部的官員和報社記者都出席了。他們很快就用低於三百伏特的交流電結束了一隻六十一磅重雜種狗的性命，之後用八秒鐘電死另一隻九十一磅的紐芬蘭犬，最後一隻五十三磅的賽特與紐芬蘭混血犬經過了四分鐘的痛苦折磨，伸著舌頭死去。悶熱中充滿死狗解剖的血腥味，布朗感到非常滿意。他說：「所有在場醫生也認同狗比人類更有活力，所以，如果電流能殺死狗，也就證明它對人致命。」[11]

第二天，在華爾街悶熱的辦公室裡，街上噪音穿過打開的窗戶傳進室內，布朗得意揚揚地寫報告給西奧蘭治的亞瑟．肯內利：「昨天的演示又成功了，您可以從所有報紙看到，我請所有與會者在報告上簽了名，再發送給全國相關媒體。可惜您沒在場，不過交流電方無人到場，愛迪生的人不在那裡會更好……無論電力控制委員會採取什麼行動，有一點十分肯定，昨天的演示會讓立法機關在秋天頒布一條法令，把交流電限制在三百伏特內。」[12]在這封打字的信底下，布朗親筆寫道，「我為這件事掉了十二磅，我累壞了，今天去山裡休息。」他認為愛迪生陣營一定對他的高效率與宣傳天分感到滿意，深信那年秋天就會有一條國家法律限制電流在三百伏特內，可是他的想法過於樂觀。

＊

在涼爽與飄著松木香的山中假期結束後，布朗又回到情勢惡化的電流大戰戰場，發動了最令人毛骨悚然的戰役。紐約立法機關已確定將電刑當作正式執行死刑的方式，現在正從紐約醫學與法律協會尋求技術支援。什麼電流是電刑最好的選擇？這個新組織的主席恰巧是弗雷德里克．皮特森醫生，布朗在哥倫比亞大學兩次殘忍殺狗演示的得力助手。布朗現在決心要做一件事：讓交流電成為執行電刑的理想方式。

那年秋天，全美國的注意力都放在總統大選上。民主黨人支持克里夫蘭總統，他支持文官改革，暫緩不確定的內戰撫恤金，震怒於大企業反對更高的進口稅。這位肥胖溫和的總統在白宮迎娶年輕漂亮的法蘭西斯．傅爾森，這場婚禮讓全國人痴迷。共和黨徵召了俄亥俄州參議員班傑明．哈里森（Benjamin Harrison）為候選人，他矮小灰鬍，是第九任總統的孫子，提出高關稅與行使美國影響力的誘人政見。哈里森在大選中險勝。但是共和黨在賓夕法尼亞州的首腦馬修．奎（Matthew Quay）認為哈里森不知道「許多人迫不得已和監獄打交道讓他當選。」[13]

在大選白熱化的階段，布朗和皮特森醫生回到愛迪生西奧蘭治的實驗室，開始做更可怕的實驗：如何以最有效的方式電死活生物。拿到結果後，兩人參加了十一月十五日醫學與法律協會的會議。皮特森醫生在會議上說明直流電和交流電都可以執行電刑，「但是後者更合適」[14]。協會將於十二月十二日的會議上宣布決定。布朗不滿於靜待決定，回來後立刻行動，特地安排了一個新演示，要讓那些嘲笑殺狗與殺人不能相提並論的人閉嘴。他需要一個與成人大小相近的生物。

愛迪生的人再一次讓布朗使用他們知名的西奧蘭治實驗室，讓他做「極為重要的事」[15]。在陰暗寒冷的十二月五日下午，布朗和皮特森醫生被請進西奧蘭治的愛迪生公司總部。燈火通明房間後半聚集了一大群記者和愛迪生公司的人，幾位醫學與法律協會的主要醫生，還有兩位紐約死刑委員會成員：水牛城牙醫索斯威克，他首先將愛迪生拉入這議題，以及協會主席格里，他長期以來在紐約反殘害兒童協會和保護動物協會活躍。格里是國家電刑議案的發起人。布朗那天最大的妙計無疑是威嚴的愛迪生到場，在那時之前，愛迪生一直對這件事緘口不語，是直流電支持者的幕後領袖。舉世聞名的國家偶像愛迪生的魅力即刻讓這場會議具有極大的合法性。現在，在愛迪生馳名的實驗室裡，這些德高望重的客人將親眼看到交流電的殺傷力。

首先是一頭眼神溫柔的小牛，剛從當地屠夫那裡買來的。牠溫馴地走到一塊放在實驗室地面的錫板上，蹄子在金屬上發出劈啪聲響。牠被綁在附近的柱子上，這一百二十四磅小牛的前額和脊柱上各被切了一刀，實驗者把用紗布包好的金屬片放在切口。錫「地毯」裝有電線連接到交流發電機上，全都是愛迪生的第一流設備。交流電迅速加到七百伏特，三十秒鐘後，小牛倒地死了。第二隻小牛重一百四十五磅，通電五秒就死了。最後帶進來的是一隻抵抗力很強的動物：一匹高大健壯的馬，有一千兩百三十磅重，比任何犯人高大強壯。因為銅線繞著牠的前腿，馬發出低微和緩的嘶鳴。人們都往後退，誰也不願意馬蹄飛到自己身上。

電流加到七百伏特，這匹馬雙膝跪倒而死。交流電致命的展示給人留下深刻印象，還有愛迪生的出席，都符合布朗的期待。

第二天一早，《紐約時報》以嚴肅的口吻報導，「實驗證明，交流電是目前科學裡最致命的力量，只要使用本城電燈照明一半的電壓（一千五到兩千伏特），就足以立即致命。明年一月一日起，交流電將讓紐約的絞刑執行者失去飯碗。」[16]醫學與法律協會十二月二日在西二十四街的帕利特俱樂部召開會議，會上一致通過電刑委員會使用交流電執行死刑，要被處刑的犯人應「側臥在鋪有橡膠的桌子上，或是坐在專為此用途設計的椅子上」[17]。紐約州即將成為歷史上第一個實施電刑的政府。

在遠方的匹茲堡，怒吼的鋼鐵熔爐照常吐出污染的煙，喬治．西屋正在讀報紙上關於布朗最近做的電力大屠殺新聞。他控制住自己的怒氣，以免影響他寫一封措辭嚴謹、有理有力的回信。醫學與法律委員會通過以交流電為電刑方式的第二天，這封長信刊登在紐約各大報紙上。西屋指出，即使布朗先生斷言已證明任何超過三百伏特的交流電都有致命殺傷力，「那麼，還有很多人可以出來作證，他們受到一千伏特交流電的電擊依然安然無恙」。西屋再一次強調他公司的巨大成就。一八八八年愛迪生公司的年度報告中顯示，他們的中央發電站全年只供電給四萬四千個電燈，他提醒人們，他的公司光十月的訂單就要供電給四萬八千個電燈。

西屋以他一貫的方式直言不諱，他嘲笑說：「如果沒有哈洛德．布朗先生和愛迪生公司的同事用危險的表演製造如此噪音，我們的生意也不會像現在這樣迅速發展……我們毫不猶豫地控訴這些實驗目的沒有考量科學的利益與安全。」[18]行為極端的布朗做了史上最異乎尋常的答辯，他寫信給各大報，要求和他的匹茲堡強敵決鬥！他像個老紳士丟下手套，誣陷西屋這個工業巨頭只關心「出自金錢利益……不顧死活的交流電買賣」，這交易「已經讓許多人殘廢、癱瘓和喪生」。然後布朗擬出一種罕見的決鬥方式：「我向西屋先生挑戰，讓有法定資格的電學專家在場，他用交流電通過他的身體，我同時用直流電……我們從一百伏特開始，然後逐步增加，每次加壓五十伏特，每次由我先，直到一方或另一方忍不住大喊夠了，在公眾面前認錯。」[19]西屋當然不屑於回應。

*

一八八八年快結束時，愛迪生陣營又在電流大戰中取得了一些引人矚目的重要勝利。首先最重要的是布朗，紐約州政府讓交流電成為「劊子手電流」。從直流電角度來看有件事同樣重要，民眾對電的討論焦點已演變成討論電的安全，而愛迪生的直流電因為低電壓與電線埋設，一直是安全電流的典範。但其實愛迪生的中央發電站造價昂貴，除了人口密集的大城市外，其他地方根本用不上。

一八八九年春天，愛迪生陣營又一次取得令人歡欣鼓舞的勝利。布朗被紐約州監獄雇為電力專家。他將設計執行電刑的裝置，確保西屋的機器早點派上用場，劊子手的名號永不被磨滅。法國的銅價經過整整十八個月居高不下，卻在三月巨幅下跌。歷史學家肯尼・羅斯・圖爾（Kenneth Ross Toole）這樣解釋，「首先，塞克雷坦忘掉收破爛的人。他的計畫是控制全世界的銅供應。但如果銅的價格在十七分，廢金屬回收者短期內就扔進市場七萬噸的銅（大約為世界年消費量的四分之一）……塞克雷坦的第二個計算錯誤是，就消費量而言，當銅價劇增，許多消費者就停止購買了。」[20]這世界對銅的需求不再那麼強烈。壟斷的財閥發現，他們坐在十萬噸發紅光的金屬上，卻賣不出他們當初收購的價格。法國銀行和世界主要生產廠商迅速達成協議，把銅價定在一磅十二分。

這年秋天，直流電一方取得了更多勝利。愛迪生的電燈泡專利案件已纏訟了四年，在某些法院遭遇挫折，在某些又獲得鼓勵。一八八六年，西屋確定愛迪生專利的命運已注定，於是他決定報復。西屋以聯合電力的名義擁有原始索耶與曼的燈泡專利，這家公司對麥基斯波特電力公司（隸屬於愛迪生）提告。然後在一八八九年十月四日，匹茲堡美國聯邦巡迴法院法官布雷德利給予燈泡侵權者重擊。這位好法官支持愛迪生長期以來的主張：他的燈泡與所有完全不能使用的過去發明有個最大的區別，「高電阻的導體中有個小小的發光平面，並且能降低電流強度。這是愛迪生發明的……並且確實是電力學的偉大發明，沒有這項發明，電燈無法在家庭與城市普及使用……沒有這項發明，電力照明就無法實現。」[21]西屋決定要花時間上訴。

*

尼古拉・特斯拉來到匹茲堡開發他的交流感應馬達與多相系統時，他見到了當時四十一歲的西屋，立刻對他無比欽佩，特斯拉記敘道，「即使僅觀察外表，西屋的潛在力量也是顯而易見。他身材魁梧，體型勻稱，渾身散發工作的朝氣，一雙眼睛清澈明亮，行動敏捷，步伐輕快，顯現出少見的健康與力量。他像叢林中的獅子，每一次深呼吸都興奮地聞到工廠的氣息。」[22]特斯拉參觀了令人印象深刻的工廠，會見了工程師，之後匆匆回了一趟紐約，安排妥當後又返回匹茲堡，開始擔任西屋電氣的顧問。

可以確定特斯拉有段時間是西屋家的賓客，住在茂綠隱居地的屋簷下。這棟漂亮白磚別墅的白窗外有遮陽篷阻隔夏季的炎熱，四周種滿花與植物。一邊有長長的葡萄藤架遮蔭，高大銀杏樹的葉子在陽光下搖曳生光。火車軌道另一頭的菜農正在照料番茄和蔬菜。高雅的西屋宅第有個突兀的地方：掛在天花板與樓梯間的電線像張燈結彩一樣。西屋自然為隱居地裝了電，但他要求要看見所有電線，讓他可以檢驗新的改良方式。發電機裝在很遠的馬廄裡，與別墅之間的地下通道足夠讓一個人走進去。

特斯拉在一八八八年突然獲得認可並一夜致富，接下來在匹茲堡的幾年是一段從發明到商業化成功的艱苦歷程。首先，特斯拉大肆宣傳的感應馬達並不符合西屋的預期，它對牽引力沒用，不適用於成長快速且獲利的電車事業。其次是擔心他在哥倫比亞大學展示的多相感應馬達無法契合西屋的單相發電站。特斯拉很早就決定理想的頻率是六十轉，他的交流感應馬達都是按此設計。但是西屋工程師設計的中央發電站全是用兩倍以上的轉速，也就是一百三十三轉。特斯拉堅持翻新中央發電站，否則交流發電機無法運作。這個意見並不討新同事歡迎。

西屋的工程師不願意讓步，不想照特斯拉的意見大幅改造。這個才華橫溢的傢伙聲稱他們所知所做都是過時的、沒有必要，因此和許多電學先驅一樣，對特斯拉深感不滿；特斯拉一夕之間獲得財富與名望，地位被知識界奉為跟愛迪生一樣，甚至超越愛迪生，對此他們也頗有微詞。享譽世界的作家馬克・吐溫在一八八八年十一月的日記中悄悄透露，「我剛剛看到一張描述特斯拉先生最近取得專利的電機繪圖，他剛剛賣給了西屋公司，這將給全世界的電力企業帶來革命。這是自電話發明以來最有價值的專利。」馬克・吐溫這回說了真話，但是他的話激怒了西屋的工程師。幾個月後，他們和幾家電學報刊下了一個滿意的結論：特斯拉是吹牛大王。再加上雪倫伯格的新電度表與西屋現存的交流電系統相合，結果令人滿意。顧客一旦知道帳單以使用度計算，便開始關掉不需要的燈。裝配電度表的中央發電站如今能省下一半或三分之一的電力，讓西屋公司省下一大筆費用。

西屋公司的新進職員查爾斯・斯科特（Charles Scott）年輕單純，不識仇恨。他被指派為特斯拉的助理，協助製造與測試感應馬達。他高興得不得了。「對新手來說，這份機會太難得了，讓我與一位崇高、充滿創意、親切友善的人一起工作。特斯拉豐富的想像力經常建構出驚人的空中樓閣。但是我懷疑被他賦予過高期待的玩具馬達能否真正實現。」[23]做實驗的這幾個月裡，年輕的斯科特也景仰西屋，他總是在「建議、打氣、指揮、催促。每一步都要朝電力分配的通用系統發展。他的視野與抱負很偉大……雖然發現了製造更大、不會短路或過熱的發電機與變壓器的新方法，但是會發展到什麼程度，當時沒有人知道。」[24]

在匹茲堡受挫的特斯拉很沮喪，決定返回曼哈頓。「在西屋的匹茲堡工廠工作了一年，我非常渴望恢復自己曾經中斷的研究，縱使這裡的工作非常誘人，我還是回到紐約，繼續我的實驗室工作。」[25]時值一八八九年秋天，特斯拉迅速在格蘭特街的新實驗室裡安頓下來。他的朋友，也是他的傳記作者約翰・奧尼爾這麼寫道，「他厭煩透了……因為感覺他對自己發明的提議沒被採納」。他還告訴奧尼爾，「我在匹茲堡不自由，必須依賴別人，不能工作。要做創造性的工作，我必須完全不受約束。一旦處於無拘無束的境地，想法與創造力就會像尼加拉大瀑布一樣從腦袋湧出。」[26]人們猜想許多固守地盤的電力同行正幸災樂禍，因為特斯拉離開了西屋，而且沒有做出可供公司兩百座中央發電站使用的交流感應馬達。

秋高氣爽的天氣隨著十月來到喧囂的曼哈頓，社交界正如火如荼地為德莫尼科飯店的舞會做準備，愛迪生正高興銅價下跌，他的燈泡專利獲得勝訴，而且特斯拉的聲勢一落千丈。當然也出現了強大的新競爭對手。在大眾眼裡，愛迪生與西屋的電流大戰還沒有結束（無論是間接還是直接）。另一家交流電系統公司，麻塞諸塞州的湯姆森與休士頓公司，在這場大戰裡缺席，而且已從生產電弧燈發展到建造中央發電站。該公司的查爾斯・科芬（Charles Coffin）是個有影響力的行動派，正嚮往加入這場戰鬥。

早期的電椅

第8章

恐怖的實驗

一八八九年三月二十九日星期五的黎明，當灰條紋的天空出現亮光，約翰．霍特（John Hort）醉醺醺地從水牛城濱水區一家悶熱吵鬧的酒吧走進寒冷的清晨。個子矮小的他二十八歲，留著深色大鬍子，眼皮浮腫，賣蔬果的小生意做得有聲有色。他常常在碼頭區下層階級聚集的酒吧流連，整個下午愁眉苦臉地喝過一家又一家。有時候他會絆倒在地，棲息在附近會所前的大桶子上，目光空洞地玩弄自己的拇指。星期四晚上，他又是一夜狂飲，連續幾小時灌了好幾桶腐壞的啤酒，和他的雇員約翰．德貝拉暢飲廉價威士忌。酒吧裡氣氛變吵鬧，霍特意外地嘮叨起來，喋喋不休地談論他的妻子蒂莉是個無恥的蕩婦。

酩酊大醉的霍特在又冷又霧的清晨時分回家，路上還說著惡劣的笑話。不到八點，他回到了戴文森街五二六號位於一樓的家，一個破舊的大平房。他猛地撞開大門，進入陰暗的房間。三十一歲的蒂莉站在小廚房裡，這個風韻猶存的女人還穿著便服，四歲的小女兒艾拉在她身邊。溫暖廚房內飄著烤馬鈴薯與煎蛋的香味。霍特用醉眼凝視站在爐邊、手裡拿著煎鍋的蒂莉，衝著她狂吼，說她是妓女，然後搖搖晃晃地走到馬廄，他的六個工人正在把水果蔬菜裝上貨車，拉住不安的馬匹。年輕雇員都知道不要去惹發酒瘋的老闆。一個人注意到霍特走過地上鋪著稻草的馬廄，抓起一把掛在牆上的斧頭，又回頭去了家裡。寒冷的清晨裡傳出搏鬥的尖叫、桌子嘎嘎亂響和有節奏的重擊，然後安靜下來，留下輕微的呻吟。

房東瑪麗・里德夫人急忙衝到霍特的房門前，大喊「霍特夫人！」幾次，但她只聽見微弱的呻吟。然後她跑到房子側面，看見霍特從後門出來，手上、胳膊上、鬍子上都是血。「霍特先生，」她瘋了似地問，「你做了什麼？」

「我把她殺了。」

里德夫人恐懼地看著他，「不，不是真的。」

他冷冷地回答，「是的，我把她殺了，我會上絞刑台。」

里德夫人跑去求救，這時霍特又回到了屋裡。一個到附近探望父親的人聽到里德夫人悲痛求救的叫聲，趕快戴上帽子跑了過來。後來他這樣描述，「我打開廚房的門往裡面看，一位婦人趴在地上，手和膝蓋朝下，她滿身是血，頭髮披散開，痛苦的身軀扭來扭去。我關上了門。」他鎮定了一下又打開門，「一個男人站在我面前，在用什麼東西擦滿是鮮血的雙手。他邁步跨過倒在地上的女人。」嚇壞的訪客對要走的霍特說：「這太可怕了，先生，我們得去叫醫生。」

但是霍特繼續走向後面的馬廄。一個年輕雇員看到渾身是血的老闆，嚇得不能動彈。霍特對他下令，「去叫警察，我殺了我妻子。」看那男孩還在遲疑，他又說，「我殺了她，我將被絞死。」然後霍特又搖搖擺擺地去了酒吧。警察來逮捕他時，他正在點威士忌。茫然的霍特說：「絞死我，越快越好。」

回到馬廄這裡：一輛急救馬車衝進院子，頭部被砍傷、失去知覺的霍特夫人被抬上急救車，送進了菲奇醫院。醫院的外科醫生認為她回天乏術，她在午夜過後去世。四月二日的《水牛城晚報》認為霍特犯案「全都出於嫉妒與壞脾氣。他說他從馬廄走回家，手上拿了一把短柄小斧，什麼話也沒說就敲她的頭。」[1] 但實際上霍特不是約翰．霍特，而是威廉．凱姆勒（William Kemmler），蒂莉也不是他真正的老婆，只是他的情婦，她姓齊格勒。他們兩人各自拋下鄙視的配偶，帶著四歲女兒艾拉離開費城，想到繁榮的水牛城開始新生活。現在不但沒有新生活，他反而被當地報紙起了「南戴文森街斧頭殺手」的綽號，而且會因為新的死刑方式而臭名昭著。在蒂莉被殺後不到一星期，《水牛城晚報》就在第一版大肆宣揚，一個可怕的命運正等待這個殺人犯：**電刑。如果殺人凶手凱姆勒被宣判有罪，將要接受恐怖的實驗。**

水牛城警察局的電工非常冷靜地提出疑問：「那些所謂的專家說，他們能立即將人電死。我倒是想明白他們的根據……有的時候人被電死是出於意外。現在他們要受電擊，要怎麼用電擊斃他們呢？……他們會讓犯人坐在一把金屬椅子上，通上電之後也許只能讓他癱瘓。這種行刑方式多可怕！如果電擊未能致死怎麼辦？」[2]

五月初，威廉．凱姆勒的審訊進行了整整四天，這個「斧頭殺手」一直彎腰駝背，一言不發地坐在那兒。陪審團在五月十日判他有罪，一八八九年五月十三日，在這雷電交加的暴風雨日子，法官宣判他死刑，要處以電刑，同時將有當地媒體到場。這起案件引起全國上下關注，主因是凱姆勒的死刑將非比尋常。哈洛德．布朗此時已是紐約州的官方電刑專家，他提醒他的盟友，「上週五水牛城依照新法令下了判決——一個畜生用斧頭砍死了一名婦女。」[3]布朗長久以來把交流電稱作「劊子手電流」。第一個電椅受刑者來自水牛城，恰好是倡導以電刑取代絞刑的死亡學家索斯威克醫生的故鄉，彷彿是個巧合。西屋建立的第一所交流電中央發電站也是在那裡，照亮了AM&A高級百貨公司的四層樓。

一八八九年春天，愛迪生和布朗終於有了合法的真人犧牲品。從此電流大戰進入最殘忍、最令人毛骨悚然的階段。直流電陣營的當然是布朗與愛迪生，現在可以正式用「殺人的」西屋發電機為活人執行電刑，兩人都為此欣喜若狂。這將會是了不起的公關成就，人們會永遠把交流電與死亡、犯罪聯想在一起。另一個陣營自然是西屋，他決心沉著應戰，挫敗那些詆毀他機器的卑鄙行為，他的全部心願是給予所有人的日常生活光與明亮。

凱姆勒在水牛城受審時，這個斧頭殺人犯的所有財產，包括賣掉他所有的貨車和馬匹，總共約有五百美元。但是凱姆勒堅持不花一毛錢請律師，因為他要用這筆錢安葬蒂莉，把她放在有銀把手的棺材裡，並且還要用來照顧他的小女兒艾拉。就在凱姆勒被宣判死刑後，一位名叫威廉．波克．科克蘭（W. Bourke Cockran）的法律界當紅明星，前紐約國會議員，突然站出來為凱姆勒辯護。他有力地爭辯，電刑違反了聯邦憲法和州法中關於禁止施行酷刑的規定。他為凱姆勒辯護的高額費用是不是由西屋支付？雖然眾說紛紜，但沒有確鑿證據。

在這場最冷血的交流電與直流電戰役中，這次不是西屋，而是科克蘭引領公眾反擊。三十五歲的科克蘭擅長政治與法律論戰，是鍍金時代知名的演說家，當時已確定將返回國會再工作一個任期。這個紐約坦慕尼高級幹部是個愛爾蘭移民，十七歲時來到曼哈頓，說著一口優雅法語，具備他人難以匹敵的優勢。他高大威嚴，頭像個獅子，眼睛深邃，臉刮得乾乾淨淨，富有表情。他一直是窮困潦倒者最靠得住的朋友，也是高薪的企業律師，例如他是約瑟夫·普立茲的訴訟律師，後者擁有影響力廣大的《紐約世界報》。科克蘭後來的客戶還包括當時許多大企業，像是鐵路局、公家機構、航運公司。此刻，這位聲音清晰流利（仍帶著愛爾蘭腔）的律師正值飛黃騰達，他成為這項重要判決的反對方，要為一個殺人犯辯護。

科克蘭正在忙著為凱姆勒的電刑上訴，布朗則在加快精進可怕的電刑設備。他的每一步驟與進展都得到愛迪生的鼎力相助。首先在三月初，布朗必須為紐約州監獄做新演示時，協助布朗的一位愛迪生公司職員急切地寫信給老闆愛迪生，「我在過去幾星期都在試圖買、借，甚至偷一台西屋的發電機，迄今沒有成功。我恐怕不得不打擾您……能否重繞您的西門子交流發電機，好讓我們起碼能得到一千伏特？」[4]一切進行得很順利，州政府說應該為奧本、辛辛和丹內莫拉監獄購買三台發電機，而且要跟布朗購買，但是條件非常苛刻：一旦「第一次電刑能證明這個設備能達到目的」，州政府才會支付七千美元的發電機費用[5]。布朗三月二十七日那天在他的華爾街新家寫了一封信哄騙愛迪生，聲稱他需要五千美元才能繼續執行，「但布羅德街十六號（愛迪生企業總部）的人不接受，除非您批准。如果我能夠透過健康署停掉全國的交流電，您認為值不值得？」[6]

在這關鍵時刻，湯姆森與休士頓公司機靈的查爾斯·科芬悄悄地往前跨進了一步。乍看上去，這家公司偷偷摸摸加入這場紛爭的決定有些蹊蹺，因為湯姆森與休士頓公司一直是交流電的支持者，而且兩年來都向西屋繳交許可證費用。但是自從前一年西屋輸掉了顧拉德與吉布斯變壓器的專利官司後，一切都結束了。湯姆森與休士頓擺脫了與西屋的聯盟關係後，開始積極與愛迪生公司對話，尋求合併的機會。科芬開始祕密地幫助布朗，為三個監獄購買西屋的二手發電機。這是個關鍵性勝利。現在直流電陣營得到了他們的「殺人」機器，西屋生產的發電機。在七月四日那天，其他人都忙著聽愛國演講和觀看內戰老兵遊行，布朗卻潛心於電刑，他告訴科芬，「我承受了巨大壓力還收到誘人的報價，但我堅守了信中協議，沒有改用其他機器。」[7]

五月二十三日，沉著冷靜的凱姆勒離開水牛城，在奧本車站下車後被護送走過兩邊有行道樹的街道。奧本監獄在他眼前若隱若現：一座有看守塔的灰石堡壘，四周厚圍牆有二十英尺高，茂綠常春藤與歡快的麻雀讓冷酷不安的監獄外貌柔和多了。奧本監獄建於一八一七年，地處與監獄同名的小鎮，水牛城與阿爾巴尼之間繁忙伊利運河的中間點，是紐約州的第二所監獄。雖然獄內關押一千兩百名犯人，但除了嘰嘰喳喳的麻雀聲外，裡面一片死寂。犯人全都穿黑白條紋獄服，監獄管理十分嚴格。「犯人之間不允許交談。他們的眼皮必須永遠下垂。每天拖著腳行進時必須前後挨緊，無論走到哪裡，一隻手都得搭在前面人的肩上。」[8]在一千多個犯人中，只聽得見步調一致的低沉腳步聲。奇怪的是，凱姆勒這個死刑犯卻是制度特例。他在狹小牢房裡允許穿普通衣服，日夜看守他的衛兵會唸《聖經》和小說給他聽。在那恐怖寂靜之地，人的聲音也許成為他最大的安慰。

一八八九年六月轉入七月的夏天，科克蘭律師不斷上訴，阻止凱姆勒受電刑。卡尤加縣法官愛德溫・戴（Edwin Day）授權水牛城律師崔西・貝克（Tracy Becker）擔任仲裁人，以證據決定，到底電刑比傳統絞刑少一些痛苦還是更殘忍、非常規，且違反憲法。哈洛德・布朗被安排出席聽證會，當然，這在愛迪生陣營裡引起騷動。在聽證開始前兩個星期，愛迪生的總工程師肯內利與布朗取得聯繫。「愛迪生先生提醒，」肯內利建議他，他們希望布朗意識到「唯一影響反對電刑的爭論點在於電刑是否為酷刑。罪犯身上與電極相連的地方可能會燒焦，避免這種現象的合適電流量尚不明確。」[9]

聽證會的第一天是七月九號星期一，在科克蘭於雄偉的公正大樓裡設備齊全的辦公室舉行。時值夏季，辦公室窗戶開敞，能聽見百老匯街上各種雜音：報童呼喊當日新聞頭條，小販拚命叫賣玉米，還有駕車人催促馬的吆喝聲。接下來兩個月裡，辯才無礙的科克蘭不斷嚴厲批評兩個基本問題：不同領域的電學專家是否對此議題涉及的專業有所瞭解，瞭解到什麼程度？如何才能保證迅速且無痛致死，使電刑不成為殘忍與非人性的刑罰，而且怎麼看待確實有很多人遭受電擊卻依然安然無恙的實例？科克蘭是個傑出雄辯家，明白幽默與大眾玩笑的力量。他的主要策略就是製造一群人，這些人質疑電刑快速無痛致死的可能性，而且他們本身就經常遭受電擊卻安然無恙。他的證據裡還包括一條名叫達什的狗（並製造出喜劇效果）。

第一個證人就是哈洛德・布朗。剛一上臺，他就受到科克蘭盤問。科克蘭從布朗確認自己的職業為電力工程師問起，說他並沒有受過這領域的正規教育或得到認可。布朗承認，他不是美國電氣工程師協會的成員，也沒有受過中學以上的教育。但他主張自己在西聯電力和布魯斯電力公司工作了十三年，相當於任何學歷。他獨力生活已有五年。「我的工作是應客戶要求設計機器，或當電力機械買賣的中間人……或以專家身分做電力方面問題的顧問。」他宣稱，「我現在不代表任何公司。」

科克蘭把問題轉到奧本監獄的發電機上時，布朗看起來挺高興。「那機器真的在那裡嗎？」布朗沾沾自喜地問，當然了，那是西屋的交流發電機。兩天詢問下來，布朗沒有承認什麼，但他不得不承認確實有一條叫艾傑克的狗，在他的殺狗實驗中經受過無數次電擊沒有死。不過布朗強硬地說，他已經熟練掌握了凱姆勒電刑中的操作，保證他將迅速無痛苦地死亡。《紐約時報》如此報導：從各方面來說，布朗作證時「遭受了嚴酷考驗卻不慌不亂」[10]。確定無疑的是，自從布朗自願擔當反交流電的先鋒起，他的財富就有明顯增長。他的辦公室從老舊偏僻的西五十四街搬到了四十五街的黃金地段。而且，大家都知道他現在是美國最著名發明家與電學家的同盟者。

星期一，聽證會在科克蘭辦公室重新開始。那天的證人對科克蘭有利。丹尼爾·吉本斯（Daniel Gibbens），一個無精打采的紐約市電力控制委員會特派員，目睹了布朗的殺狗實驗，對電刑是否快速無痛持懷疑態度。他一副苦相地說，只記得狗實驗「是我經歷過最可怕的情景。那些狗因痛苦而翻滾扭動，用嚎叫與令人憐惜的哀吠發洩憤怒」。就電力本身而言，吉本斯說，在不同的人與動物身上很難估計出效力，「就像喝威士忌，每個人身上的作用不一樣」[11]。

然後科克蘭帶來一位名叫亞歷山大．麥卡迪（Alexander McAdie）的怪人，哈佛大學畢業，現任於華盛頓特區的美國號誌服務實驗室，在那裡全心研究電燈。科克蘭問這個年輕人，他是否認為電椅能致死。他回答前猶豫了一下，「它的致死效果取決於物件的抵抗力和電流通過身體的路線……可能只會使一半身體癱瘓，而另一半仍正常……可能可以殺死人，但是一旦沒有立刻殺死的話，他將被炭化——被燒焦……是的，我想會把他的皮燒焦。」12 這位奇怪的麥卡迪先生曾經做過氣象研究，他告訴大家，他曾在暴風雨中站在華盛頓紀念碑頂上，任憑閃電通過全身——而他此刻還在這裡講故事。可以想像科克蘭對這一顛覆性證詞有多高興。「凱姆勒炭化」——難道不殘忍沒人性嗎？

為了保持上午會議形成的懷疑氣氛，午飯後，科克蘭帶來他寄予厚望的證人：名叫達什的狗。「牠看起來很壯……個頭大，是蘇格蘭長毛牧羊犬和聖伯納犬的後代。」據說達什曾被西聯電力公司搖曳的交流電線擊中，甩到四英尺的高空，完全失去知覺，大家都擔心牠會死，但在幾小時後牠又恢復了精神。達什就是活犬證據，這麼大的哺乳動物可以被電擊後失去知覺，然後又逐漸恢復生命。那是否可以預言凱姆勒也會如此呢？這個資訊讓政府不安，因為他們希望凱姆勒隨著電刑永遠逝去。對一個人執行兩次死刑，難道能不殘忍、不人道嗎？這天以紐約州死刑立法委員會會長格里帶來的好消息結束。他說，他將放棄夏日遊艇出遊，要參加第二天的聽證會。

科克蘭將問題引向無痛結局，引起了許多反對意見與質疑者，也引起州政府與布朗擔憂。七月十七日，在達什成功出現的第二天，布朗焦急地要求得到電流之戰的最有力支援：

世界著名的電力奇才愛迪生出場。如果愛迪生說電椅可行，誰還會考慮其他人的意見？一年多以前，愛迪生寫給索斯威克先生的那封信已經認定，總體來說，電——特別是西屋的機器——可以用來執行電刑，但是這位大師還未在任何公共場合說明，或曾就此一問題發表過意見，只允許別人替他作戰。現在他第一次從幕後走出來，沒有他的影響力，布朗和州政府可能會輸給雄辯家科克蘭。

七月二十三日，一個夏天不太常有的陰雨涼爽日子，愛迪生第一次以直流電陣營的領袖出席。他來到科克蘭的律師事務所。那裡已擠滿了急切的旁觀者，想親眼見這位舉世聞名的發明家作證。布朗做他的隨身參謀。由於愛迪生耳聾，叫喊式的詢問與愛迪生大聲的回答「可能大街上都能聽到」，《紐約時報》這樣報導。微笑的愛迪生一度把椅子拉到科克蘭旁邊，他才能用那隻好點的耳朵聽清楚。又是一次大聲的討論，關於人的平均承受力是多少歐姆，既然承受力是個整體概念，有的人承受了大的電擊活下來，有的人卻倒地死去，人們怎麼能確切知道呢？但是愛迪生知道。他說，他在來之前已用他實驗室裡的兩百五十個人就承受力做了實驗。這位讓人敬畏的科學家與發明家，把電燈帶給世界的偉人，在回答科克蘭的問題時毫不含糊。科克蘭用愛爾蘭語調問：「根據您的判斷，有人工電流可以在任何情況下致人死亡嗎？」

「有的。」愛迪生說，用手指撫摸他抽了一半的雪茄。

「立刻死亡嗎？」科克蘭問。

「是的。」愛迪生只提醒到，「犯人的雙手（被放進）一個有水的罐子裡，水經過碳酸鉀稀釋，再與電極連接。」

「那您認為用多大的電流可以燒死一個人？」科克蘭大聲問。《紐約時報》記者記錄了以下的對話。

愛迪生想了一會兒，然後回答，可能「幾千馬力吧……你就可能把他燒掉了」。

「只是小小燒一下嗎？」

「喔，不是，」愛迪生說，「是炭化了。」

「那麼，愛迪生先生，用這個極其邪惡的西屋發電機，」科克蘭用盡諷刺功力引導問題，「如果它運作到最極端，那您估計需要多長時間燒死一個人呢？」

「這個人的體溫會比平常提高三到四度，過一會兒他就成為木乃伊了。」

「木乃伊，」科克蘭先生興奮地叫道，「現在我們抓住電力科學的本質了。怎麼辦到的？」

「高溫蒸發掉他全身的水分，於是就剩下木乃伊了。」[13]

科克蘭自然詢問到愛迪生和布朗的真正關係，後者官方的職務是州電刑專家。愛迪生是否曾經給他寫過推薦信？從來沒有，愛迪生一口否認。可能他忘記或是忽略了——一八八九年三月二十二日，他在布朗緊急要求下寫了推薦函，以證實布朗對斯克蘭頓市長的誠意。愛迪生說，他和布朗之間的交往嚴格限制在只允許布朗使用他在西奧蘭治的新實驗室，而他提供給無數工程師和科學家同樣的優待。又問了幾個問題後，科克蘭先給愛迪生點上抽了一半的雪茄，請他退席。第二天報紙的頭條都是關於布朗與愛迪生公司：**愛迪生說電可以致死，**

電學奇才在凱姆勒案子中以專家身分作證，他認為人工電流可以將人迅速無痛地電死——一千伏特交流電就夠。

科克蘭努力想證明，偉大且受人歡迎的愛迪生可惜對電的特殊性一無所知。但是愛迪生一貫趾高氣揚的態度和斬釘截鐵地斷言主導了那一天。歷史學家泰瑞・雷諾茲（Terry Reynolds）與希歐多爾・伯恩斯坦（Theodore Bernstein）認為，「愛迪生的聲望可能壓倒了科克蘭關於（愛迪生）忽略了電在活生物上效力的闡述。」當然有些報紙認為他的證詞具有關鍵性。例如《阿爾巴尼期刊》（*Albany Journal*）記述，「凱姆勒案件終於有了一個懂電的專家。愛迪生先生可能是全美國最懂電流和它的破壞力的權威人士了。」[14]

愛迪生與他年輕可愛的妻子米娜於十天後搭船去巴黎，展開為期兩個月的訪問。世界名人愛迪生在歐陸受到精心款待，獲得法國與義大利頒贈的國家榮譽，在巴黎歌劇院受到起立鼓掌歡迎，全身珠光寶氣的觀眾叫喊著：「愛迪生萬歲！愛迪生萬歲！」地方的媒體與官員以稱呼他為天才致意，愛迪生在巴黎博覽會上展示他的公司產品大受歡迎。會場上展示二十五架能說多種語言的留聲機，每天都吸引了參觀熱潮，一同展示的還有各式各樣的電燈與設備。愛迪生很喜歡亞歷山大・古斯塔夫・艾菲爾為博覽會建造的鐵塔，此鐵塔是現代工程的精采樣本，到了夜晚會通體點亮。愛迪生對許多記錄他每句話的記者說：「鐵塔的主意很棒。艾菲爾的光榮在於構想偉大與執行勇氣。我喜歡法國人，他們有偉大的想法。英國人應該學一學。哪個英國人有過這種想法？哪個英國人可以想出自由女神像？」[15]然而，時尚的巴黎生活令愛迪生氣惱。他直率地評論：「我最受不了的是這裡的人極度懶惰。這些人什麼時候在工作？做些什麼？這裡的人似乎精心訂製了一套虛度光陰的系統。我完全無法理解。」[16]

回到大西洋另一頭，科克蘭又不辭辛勞地開了幾次會議，從一些目睹人被電死或聽說人被電擊後又倖存的醫生那裡取證。科克蘭煞費苦心設計了生命力的基本議題，但苦於他們這方沒有人可以與愛迪生的聲譽與地位相匹敵。試想，如果世界名人愛迪生都考慮用電椅，交流電陣營在這場電流之戰中幾乎必敗無疑。

紐約人正被八月炎熱折磨得發昏時，電學家們來到涼爽的尼加拉大瀑布，對愛迪生、布朗和計畫中的電刑大發不滿。一個人氣憤地對國家電力協會的同事說：「我們到這裡的目的是為了發展電力應用，讓世界恢復活力，讓電成為文明的媒介，不是用作折磨人的工具……我的意思是，讓我們一起譴責……不能讓這個國家到處都聽見電刑罪犯臨死的呻吟。」[17]與會者一致同意，並迅速派了代表去見紐約市長，請求盡快撤銷電刑法令。

西屋陣營歡欣鼓舞。一八八九年八月底，又有一個微小但輝煌的勝利。《紐約太陽報》周日版出現了一篇揭發哈洛德．布朗的文章，標題是「真丟臉，布朗！」小標題寫，「受賄於一家電力公司去傷害另一家」。有人溜進布朗在華爾街的辦公室，偷了他鎖在辦公桌裡的四十五封信。這些信件說明他確實受到愛迪生公司與湯姆森與休士頓公司資助、唆使和賄賂，這兩家顯然都是西屋的對手。《紐約太陽報》報導，「大家都知道布朗不是有錢人，但他能抽出所有時間，逍遙自在地只為人類社會利益而罔顧自己，這對認識他的人來說是個謎。」[18]但是情勢變化不大。布朗請地區律師協助調查，並懸賞五百美元給提供小偷線索的人。布朗對其他媒體依然口出狂言，「我揭露西屋系統完全出自一個正直人的做法，就像揭露一個騙子或雜貨商，他明明賣的是毒物，他卻非說他賣的是糖。」[19]

九月十一日，仲裁人貝克給法官愛德溫・戴一份一千零二十五頁的完整證詞記錄，詳細描述各種不同類型電的接近死亡與實際死亡的例子，觀點都在反駁凱姆勒的電刑將會快速且無痛。但是一個月後，十月十二日，也就是愛迪生從歐洲凱旋歸來幾天之後，法官否決了科克蘭，科克蘭立刻將案件上訴至紐約最高法院。

＊

儘管凱姆勒的案子一拖再延，突然間卻出現一個意想不到的事件對愛迪生有利：迄今最觸目驚心的高壓電致死。這次死亡如此駭人聽聞、公開，並有許多人親眼目睹。事件發生在午餐時間，離市政府幾條街的地方，高壓電安全與否的爭論又重新掀起。而且這件事令人難以置信，這已是曼哈頓南部三天內的第二起公開燒烤鋪線工人的事件。第一件發生在十月九日，死的是個放蕩粗野的人，他很有可能在工作時已經喝醉了，因為粗心大意被電擊，倒在人行道上死亡。但是在兩天後的星期五，十月十一日，事情更糟糕，糟糕透頂。

這次是在一個秋高氣爽的正午，幾個西聯的鋪線工人正在錢伯斯街與中心街高達四十英尺的巨大木柱上工作，那裡距離宏偉的特威德法院有一條街距離。工人剪掉纏繞在柱子上和建築物上的廢棄電線，下面的人行道川流不息，午休的人穿越馬路，交織在馬車和卡車之中。一個叫約翰・菲克斯（John Feeks）的工人在亂成一團的電線上方，跨站在十四條橫梁的第四條上，伸出手要去剪一段壞電線，「他突然開始發抖震顫，像觸了電一樣。他鬆開右手，想抓住一根電線穩住自己，頃刻間他手中產生一道火光。他手的周圍出現明亮的火花與藍色火舌，空中騰起了一縷煙。他右手裡的電線滑開，然後往下倒向電線網，電線纏住他的喉嚨和臉，把他懸吊離地面四十英尺高。他全身起火，藍色火苗從他的嘴巴和鼻孔裡冒出，火花流過他的雙腳。然後鮮血開始滴下來，先是滴落在桿上，然後在人行道形成一大灘血……最後身體一動也不動，懸掛在電線上被火吞噬。一大群人聚集在下面，目瞪口呆地看著這可怕情景。」[20]有人狂呼救命，不斷被吸引過來的旁觀者擠滿了人行道與馬路，擋住來往的街車與馬車。許多人從附近窗戶與屋頂上探出頭，看到一個恐怖景象：有個人身上冒出煙、起火燃燒。菲克斯的身體被數不清的電線纏裹，傾斜搖擺但沒有掉下去。屍體就像被蜘蛛網捕獲的可憐蒼蠅，在空中吊掛了四十五分鐘，直到電流關掉，他發黑的軀體才被解救出來，放到下面安靜的街道上。

經過這次電擊致死事故後，公眾群情激憤。菲克斯是個老實的公民與丈夫，是公司的長期雇員。庫根酒吧將一個錫製餅乾桶釘在電線杆上當募捐盒，為菲克斯懷孕的妻子與孩子籌款。《紐約時報》報導說，「穿得破破爛爛的男男女女排成長隊往罐裡扔錢。報童、擦鞋匠與義大利水果小販都帶來幾分零錢硬幣。麥迪遜大道的司機把車停在路邊，跑到盒子那裡扔進一角硬幣。」十小時內竟收集了八百二十二點二三美元。三天後，數目增長到一千八百七十三點五美元（菲克斯的週薪不超過十二美元）。

市長休．格蘭特（Hugh Grant）從病床上爬起，來到市政廳，下令關閉曼哈頓所有高壓電弧燈，並強制所有公司清除、修理和改造亂掛的電線。這裡的居民幾十年來沒經歷過如此漆黑的日子（即使以前有煤氣燈），人們氣得發狂，到處是大呼小叫的抱怨。《紐約時報》悲歎地寫到，「昨天夜裡，城市又像在為失去光明默哀。到處是黑暗與陰鬱。」[21]發生了幾起不愉快事件：紐約市電力控制委員會被授權應為城市所有電線修建地下管道，但是進展緩慢；三個坦慕尼協會專員拿著驚人的五千美元年薪，卻幾乎沒有工作。媒體再一次發洩憤**怒：無視公共利益的電力控制委員會不站在公眾一邊，他們阻礙市長加速建設地下線路的努力——城市一片黑暗。**

可怕的菲克斯事件終於促使愛迪生走到幕前。他不再躲在幕後指揮布朗，神采奕奕地站在前方，成為直流電陣營真正的統帥。在這場反對「劊子手電流」的聖戰中，愛迪生本人第一次喊出響亮的作戰口號：消滅交流電！在享有聲望的《北美觀察》（*North American Review*）十一月號裡，愛迪生怒喝「殉難」的菲克斯證明未來的電壓必須根據法律規定受限。愛迪生已經聽到要求電線地下化與重建城市街道安全的「民意」。但是他堅持認為，這不能真正解決問題。交流電線「只會為人孔口、房屋、商店、辦公室、電話轉接處、低壓系統與高壓電流設備帶來死亡事件」。直流電從來不會高過七百伏特。就交流電安全電壓而言，「我親自看見一頭健康的大狗被一百六十八伏特的交流電迅速電死……我很難說多少電壓才安全。」然後他提到自己的公司已經購買了ZBD專利，「至今我一直勸阻他們不要公布這個系統，沒有我的同意，他們絕不會這樣做。我個人希望徹底剷除交流電應用。它們又多餘又危險。」[22]

電流大戰越演越烈，喬治・西屋在一八八九年秋天決定雇用一個叫恩斯特・海因希斯（Ernest Heinrichs）的匹茲堡報社記者，利用媒體宣傳自己的公司。海因希斯第一天上班時，西屋特地路過向他致意，並解釋自己的目的，「我希望看到報紙上印出的東西精確無誤。事實是不傷人的。」[23]不久後的一個十一月清晨，海因希斯在他任職於西屋公司九層大樓的辦公桌前，瀏覽一篇攻擊交流電與西屋的文章，這位年輕人被激怒了。他跳起來，連門都忘了敲，就衝進老闆的辦公室。西屋坐在他寬大的軟墊椅子上，用大型木頭餐桌當書桌。他也正在讀同一份報紙，但是他心情平靜。他看見海因希斯被自己也在讀的文章搞得激動不安，這位匹茲堡工業家翹起頭問他：「好啦，為何那麼急？」

「您不認為我們應該說些什麼來反擊這些誹謗和錯誤陳述嗎？」

海因希斯永遠不會忘記西屋看他那幾秒的眼神。這時，只有壁爐台上方的木鐘在寂靜中發出滴答滴答響。西屋笑了。

「海因希斯，他們告訴我，你是玩惠斯特牌戲的高手，對嗎？」

他承認了。

「好，那你明白這個說法的含義吧？不要人云亦云。」

海因希斯聽後很困惑，紙牌遊戲與愛迪生的誹謗又有什麼關係？西屋解釋：「現在說正經的，所有這些交流電的敵人都在幫我們大忙。我們正在獲得許多免費廣告……就實用性與商業性來說，交流電系統比直流電領先多了，兩者無法相比……宣傳『交流電致命』是在幫我們忙，我們以巧撥千斤。他們希望仰仗自己的勢力、自己的影響力，就能阻止事態前進。這在自然法則中是做不到的……那些對我個人的攻擊當然很無恥，但是我的尊嚴與良心不會讓我用相同的武器去反擊。此外，我覺得自己的道德品質和商業聲望已經很好，不會不堪一擊。但是我將準備一篇文章給《北美觀察》，回答愛迪生先生對交流電的指責，除此之外，我沒有什麼讓你發表的……讓別人暢所欲言，只要不降低自己的人格與惡意攻擊者一樣水準，我們反而會得到更多朋友。」[24]

《北美觀察》十二月號沒有改變愛迪生對西屋的敵意，因為西屋對手寫了一篇直率強硬的文章《答愛迪生先生》。電流之戰進入長期「控制電力生意的階段，激烈程度超過史上任何商業之爭。數以千計的人與此有金錢利害關係，而且可以想像，許多人完全是站在個人利益角度來看這場戰爭」。西屋做了以下歸納：一八八八年，紐約市有六十四人死於街車事故，五十五人死於公共汽車與貨車事故，二十三人死於煤氣中毒，總共只有五個人死於觸電。大膽的西屋這樣描述愛迪生珍愛的直流中央發電站，「許多有能力的電力工程師認為，它在許多方面都有根本缺陷；事實上它的缺陷只有用交流電能彌補。它注定被更科學和無論哪方面（取決於用戶或建築物所有人）都更安全的感應系統取代。」

迄今為止的爭論都受到銅價漲跌影響，因為銅價決定變壓器的造價，但是西屋以兩記重拳結束了對愛迪生的反擊。第一是愛迪生陣營中痛苦的內訌。西屋說，八月在尼加拉大瀑布召開的愛迪生公司年會上，通過一項底特律分公司經理提出的決議。它要求母公司提供「一種靈活方法讓他們的發電站擴大經營規模，為此應有比三相系統更高的電壓和相對較少的銅耗」。愛迪生自己的陣營在分裂，在要求交流電！西屋最有力的重磅炸彈是，「三年來購買電燈照明裝備的客戶有充分自由從任何公司購買產品，但其中大部分傾向使用交流電系統，所

工作中的喬治・西屋。他不喜歡拍照；這張照片在他不知情下拍攝。

西屋夫婦遊覽尼加拉大瀑布

以如今交流電系統的中央發電站電燈照明規模起碼是直流電的五倍。」25

＊

走到幕前之後，愛迪生再也沒有退縮。他現在要充分利用自己的卓越聲譽與威望來勸說公眾與政治家：世上有一種安全電流，那就是他的低壓直流電，它的傳輸電線安全地鋪設在地下；而危險的電流──高壓交流電，是用戶外的電線送電。他的目標是：引起公眾恐慌的交流電應該在美國被法律禁止使用。這樣他就可以將西屋趕出戰場，恢復自己公司岌岌可危的地位。可以預言，正逐步升級的電流之戰下一個戰場將會在州立法機關，愛迪生與布朗希望用政府禁令來摧毀西屋的高壓電。

第一回合在維吉尼亞州的里士滿（Richmond），原南方聯邦首都。西屋聘請了有力的律師與一個長期以來愛迪生的敵人──史蒂文斯理工學院的亨利．莫頓（Henry Morton）教授當專家。一八九〇年二月十二日，愛迪生自己在維吉尼亞州參議院出場做第一證人。會議廳裡擠滿了人，想一睹這位美國最受愛戴發明家的風采。愛迪生日漸嚴重的耳聾使他幾乎什麼也聽不見，也無法回答委員會的問題。這位曾經妙語如珠的偉人並沒有人們所期待的那樣能言善辯。愛迪生被動地跟隨著莫頓教授，他早就因當眾蔑視愛迪生燈泡而出名。此刻，莫頓拚命詆毀他的宿敵。他聲稱交流電與愛迪生危言聳聽的看法完全相反，如果操作得當，是一種絕對溫和的電流。

但是最引人注目的證人是當地使用電弧燈的居民，他們急切想保護此一蒸蒸日上的事業，不受那些好戰的北方佬傷害。有些人甚至是當年南部聯邦士兵的兒子，因此立刻引起公眾同情。「第一個被叫上去的人只有一條腿，架著雙拐……他言談流暢有力……最後，他嘲笑那關於三千伏特是危險電壓的建議，他大聲疾呼，『先生們，為什麼？費爾法克斯郡的公牛比那電流更危險！』」[26] 西屋一班人立刻發現這裡有最好的盟軍，對政府代表來說，他們比德高望重的北方人愛迪生或莫頓教授都更有說服力。愛迪生忽略了這股有力的電弧燈遊說團體的力量，現在在美國任何規模的城市都有一些電弧燈站。如果禁止高壓電，這些當地公司也將倒閉。愛迪生陣營會在維吉尼亞失利，但這並沒有動搖愛迪生與布朗的決心，他們繼續展示他們的證據——布朗殘忍的殺狗實驗。在其他州與加拿大，他們堅持要透過立法機關來消滅交流電。

*

一八八九年底到一八九〇年初，紐約高等法院的法官德懷特駁回了凱姆勒與科克蘭的上訴，認為看不出電刑有什麼殘忍和不人道之處。他的觀點是，殘酷的懲罰只包括「火刑、車裂、炮轟燒死、吊在鐵索上餓死、剖腹和在釘死在十字架上」[27]。科克蘭聽到讓人失望（但是預料之中）的裁決後，他立刻宣布「將繼續上訴」[28]。一八九〇年春天，科克蘭又一次失敗。這次法院指出，關於殘忍的問題，紐約州死刑委員會已經在決定用電刑取代絞刑時做了詳細的分析。四月底，報紙開闢論壇日，竭力杜撰出一些事為即將到來的電刑做準備，比如描述凱姆勒努力想立遺囑，他的低落情緒，以及他的「帶條紋的」原松木棺材。凱姆勒在他的小牢房裡閱讀簡單的兒童版聖經消磨時間、玩拼圖、忙著用潦草筆跡在厚紙板上簽名，送給看守人的太太與關心他的警衛。後來還成為真跡蒐集者的搶手貨。

科克蘭的上訴落空之後，監獄發表了凱姆勒的聲明：「我已準備接受電刑。我有罪，必須得到懲罰。我已準備死。我很高興不會被絞死，我更傾向用電刑，它不會給我任何痛苦。我很高興是德斯頓先生為我合上電閘開關，他穩當可靠。如果是個虛弱的人來做，我會害怕。我的信念十分堅定，不可動搖。他們說我沒有信教，我不在乎他們怎麼想，我知道我得到什麼。我很高興能死。我從來沒有像現在這樣高興。」謠言立即四起，說凱姆勒在監獄裡等待太久，以至有些精神錯亂。報紙不得不出來闢謠，說明凱姆勒神智健全且聽天由命。

什麼是「新的行刑器具」？《北美觀察》一八八九年十一月號發表了愛迪生的開戰聲明，敦促法律制裁交流電。布朗在一篇文章中描述電椅如何運作。他具象描述了即將到來的情景：「處決犯人的小屋裡擠滿了監獄長官，他的手和腳浸泡在能迅速透過皮膚保護層的碳酸鉀溶液裡，在這一階段將測量電阻……罪犯腳穿濕毛氈拖鞋，走到椅子就位，手和腳又一次浸在碳酸鉀溶液裡，腳盆一端接著電極，洗手盆另一端接通另一電極。有了這樣完備的連結，將不會有燒焦皮肉的可能，也可以降低電流對人體的破壞。

「電器控制調節盤將顯示機械是否運作正常，並記錄電壓的每一個波動。副監獄長將啟動電閘開關。犯人的呼吸和心跳將立刻停止，電流將結束他的生命……接著會出現肌肉僵硬，但在五秒鐘後就會消失，沒有掙扎或呼喊。崇高的法律得以維護，沒有導致人身痛苦。」[29]

四月底，二十五名當初擔任第一次電刑實驗的證人又聚集在奧本。令人奇怪的是布朗沒有出現。幾乎可以肯定，他一年前被《紐約太陽報》揭穿是愛迪生和湯姆森與休士頓公司的走狗後，他的利用價值就被大大削弱。他擔任州電刑專家的合約在五月一日到期，也沒有再續約，也許是監獄方排斥他。他曾急切、不屈不撓地追求用西屋的交流電執行電刑，此刻態度卻有了一百八十度的大轉變。他對記者聲明，「您可以放心，我很高興能擺脫這不愉快的職責。」[30]索斯威克博士，水牛城牙醫與電刑的主要倡導者，自然在奧本出現了。這位高大、留著一圈白鬍子的博士和其他到場的人一樣，都對電椅的醜惡外表大吃一驚——殺氣十足的超大橡木座椅有寬寬的扁平扶手，帶一個粗製的腳踏和帶孔的木座。椅子上有很多厚厚的皮製固定帶，最讓人看不下去的是一個套住犯人面孔的碩大皮臉罩，拉到後面用頸托扣住，中間有塊浸濕的海綿。索斯威克解釋，「我反對這種裝置，但現在的安排必須這麼做，因為我們不能失敗。全世界都在關注著這次實驗結果，如果我們稍不小心就會有閃失，整個系統將受到破壞。我信心十足，凱姆勒會立即死去……我想根本不會有什麼毀容發生。」[31]

當所有準備就緒，一位法律書記到了奧本，說凱姆勒的案件又一次上訴！一位新律師，上訴專家羅傑．休曼（Roger Sherman）替他辯護。他到監獄去看凱姆勒，但是被拒絕，於是留下不少法律文件就匆匆返回曼哈頓。休曼拒絕承認他是被西屋雇用。索斯威克博士和其他證人，包括從水牛城來的仲裁人崔西．貝克聽說電刑暫停後都十分懊惱。為了平息這種情緒並為電刑做預備練習，德斯頓指示用電椅先電死一頭小牛。在接下來的一個月裡，由於休曼又一次爭辯用高壓電刑殘忍與不人道，凱姆勒的案子被送到了美國最高法院。但是在八月初，交流電陣營的請求又一次被拒。審判長梅爾維爾．富勒（Melville Fuller）說，死刑應該是「沒有人性與野蠻的——不僅僅是消滅生命」[32]。同時，在愛迪生總部，人們得意地關注事態發展，「既然西屋的發電機要用於處死罪犯，為什麼不給這個事實一點公眾印象？從此以後，我們就說罪犯被『西屋』了或被宣判西屋了，與在法國一樣，吉約丹博士的名字與斷頭台永世長存！」[33]愛迪生的部下嘗到電流之戰中最重要卻最荒謬的勝利滋味。

在最難受的八月酷暑中，奧本最好的奧斯本飯店開始住進許多記者，主要來自紐約。骯髒的鐵路貨運站在監獄對面，為西聯公司特設了一間辦公室，有十四條電話線路通往紐約。每輛到達的火車都有很多下車的乘客，人潮湧進骯髒、堡壘般的奧本監獄。據說看守者的太太被人看見離開監獄，搭火車離開。這位死刑犯喜歡這位教他閱讀的太太，希望他死時，她不要在場。在死刑逼近的四月底，她也曾經離開過。八月五日那天，悶熱潮濕的空氣中浮動著激動的氣氛。擋不住的人群一整天聚集在監獄牆外，前擁後擠地想靠近大門鐵柵欄。年輕人爬到電線桿和高高的樹上，越過二十四英尺高的監獄圍牆，窺視藤蔓覆蓋的監獄大樓。附近房頂上和窗戶裡全是嚴肅的旁觀者和記者。晚上七點整，天氣開始有了涼意，許多州官方證人、嚴肅的法醫與律師，穿戴整齊地走出奧斯本飯店，穿過沉默的人群，走進厚重的大門。於是，在八月五日晚上，為了這推遲已久的死刑，所有證人又一次聚集。雖然仍是個實驗，但有個法醫自願坐在電椅上，經受了一次低壓電擊。官方證人興奮地回到飯店裡，要服務員明天一大早就叫醒他們。

一八九〇年八月六日，天剛濛亮，涼風習習地掠過奧本的街道，那天一定是個陽光明媚的日子。早上六點剛過，就可以看見官方證人三三兩兩地穿過寂靜的街道，走進碉堡式的監獄。他們拚命擠過上百個當地的好奇旁觀者，快步穿過聚集在大鐵門外的報社記者。威廉．凱姆勒，「南戴文森街的斧頭殺手」，今天終於成為歷史上第一個死於法定電刑的人。每個證人出示了入場證，然後走進監獄的院子。在監獄裡面，沃登．查爾斯．德斯頓看起來心煩意亂，坐立不安。凱姆勒厚密的鬍鬚被剃得乾乾淨淨，坐在小牢房的長凳上，為電刑穿上一條深灰色寬腿褲、馬甲和外衣，還有吊褲帶、白襯衣和一條時髦的黑白相間領帶。他花了很長時間梳理自己的頭髮，在前額小心翼翼整理出一個誇張的捲來。德斯頓非常不滿於擔任電刑監督，此刻已是當天第二次走進凱姆勒的牢房。他宣讀了死刑判決書。凱姆勒說：「好的，我準備就緒。」

然後水牛城的監獄看守與他說再見，並被邀請與這將死之人共進早餐。兩分鐘後，進來兩位經常造訪凱姆勒的神父，他們跪在地上開始靜靜地祈禱。吃完早餐，在離開小牢房之前，水牛城看守還有一個令凱姆勒尷尬的任務，從他褲子上剪掉屁股部分那塊布，這樣一來他坐在電椅上時就會接觸良好。為了同一個原因，看守緊張地剃掉了犯人頭頂上一片頭髮。看守剃頭時，凱姆勒對他說：「他們說我懼怕死亡，現在他們會發現我不是。我希望你待在我身邊，看著這一切過去，我保證不會製造任何麻煩。」[34]頭髮剃好後，德斯頓同凱姆勒一起走到電刑室，這時是六點三十二分。不知什麼原因，前一天德斯頓將原來放在樓上的沉重電刑木椅搬到地下室一個獨立房間裡。發電機位在遙遠的監獄大理石工作室，所有操作員只能靠鈴來聯繫。

德斯頓領著凱姆勒進入這個與氣氛不協調、充滿陽光的死刑室。七英尺高的兩扇窗戶射進兩道宜人陽光，照在房間的地板上。這個小地下室曾是犯人洗澡的地方。幾個月前，這個房間的牆被刷成淡灰色，兩個煤氣燈的雙頭支架從天花板懸掛下來。二十五位證人、著名法醫、律師和兩名被挑選的記者，都心神不寧地靜坐著。

德斯頓說：「先生們，這是威廉・凱姆勒。我已經警告過他，他將死去，如果他還有什麼話要說可以說出來。」

已定死罪的人向證人們鞠了一個躬，證人們坐在排列成馬蹄形的椅子上，面對看起來凶惡的巨大電椅。凱姆勒說：「先生們，我祝你們好運。我相信我將要去一個美好的地方，我已準備好去那裡。我現在只想說，所有關於我的評論不真實。我是個壞人。如果讓我再壞下去會更殘酷。」[35]這個矮小好鬥的人閉上雙眼，向證人再次鞠躬，轉過身脫下他的灰外衣。他先坐在一張普通椅子上，然後他意識到自己錯了，馬上坐進電椅。德斯頓想起來，他必須檢查凱姆勒的衣服，他衣服上剪開的口是否正對著後背下方以連通電極。襯衣不符合要求，於是德斯頓摸出一把剪刀，開始笨手笨腳地剪掉塞在那裡的襯衣下擺。「你的吊褲帶還好嗎？」他在放下剪刀時問道。

「是的，沒問題。」凱姆勒回答。

「那麼，你最好坐在這裡。」

凱姆勒照他所說坐到電椅上，這位監督者開始用吸盤連接後面的電極和濕海綿。「別著急，要做對了，監督官。」凱姆勒指揮道，他十分冷靜。證人們全看得目瞪口呆。「請慢點兒，」他又說，「你知道，我可不想心存僥倖。」

「好的，威廉。」德斯頓冷酷地說。他的雙手顫抖，開始為他罩上像面罩一樣、帶有吸盤與濕海綿的皮頭套。

德斯頓退後時，凱姆勒晃了一下面罩，用被捂住的聲音說：「監督官，請稍微弄緊點。你知道，所有事都要做到好。」

德斯頓照做了，然後用皮帶束住他的胳膊和腿，當他扣上一個個皮帶扣時，他的手一直打顫。「好了，」他退回到死刑室門口，「準備好了嗎？」他又確認了一次，然後轉向凱姆勒，現在只看見不祥的皮面罩和厚厚的皮帶，還有被太陽曬熱的電線。戶外的清風正吹過常春藤與綠草坪，能聽見沙沙聲響，麻雀唧唧喳喳的叫聲。

兩個法醫上前檢查皮帶。一位法醫說：「上帝保佑你，凱姆勒，你做得很好。」許多見證人的眼眶已含著淚，並發出低語：「你做得好，凱姆勒。」在這一刻，水牛城地區律師從椅子上站起來，一臉慘綠。他抱歉著走到通往走廊的門，打開門走了出去。後來人們得知他昏倒在走廊上。

再回到死刑室，監督官迅速和已坐回原位的兩位醫生交換了意見。德斯頓環視過緊張的二十四位證人和兩位記者，然後說：「很好，我們開始吧。」然後走到給發電機發訊號的房間。那裡的電燈已亮，意味著發電機已開始運轉。可以看見凱姆勒的手正緊緊抓著寬寬的電椅扶手。在明亮陽光下，空中飄浮的塵埃依稀可見，常春藤上的麻雀吵鬧地唱著，屋裡一片緊張的寂靜。

德斯頓說：「再見，威廉。」可以聽到低低的喀噠一聲[36]，遠處發電機房間裡的開關被推動。然後，根據《紐約時報》記載：凱姆勒的身體先是挺直，然後可怕地拉緊。他變得「如一尊銅像般僵硬，右手除了食指全攥得緊緊的，指甲深深摳進第一個關節的肉裡，血順著流到電椅扶手上。」凱姆勒的臉開始變成死灰色時，監獄醫生從座椅上向前微微移動，看了一眼說：「他死了。」讓監督長發訊號關閉發電機。時間花了十七秒，那時是早上六點四十三分。聚集的證人全深深鬆了一口氣，可怕的行刑終於結束。德斯頓把電極從凱姆勒頭頂移開時，證人都趕緊移開視線。兩位醫生探著身子檢查凱姆勒，另一些醫生圍成一圈，按壓凱姆勒的身體判定狀況。索斯威克博士檢查完畢後露出粗鄙的笑容。他向一小群已悄然退到死刑室角落的證人解釋：「看哪，這是十年工作和研究的成果。從今以後，我們將活在更高水準的文明裡。」[37]

但是凱姆勒受傷的小指依然在滲出鮮血，他的心臟也還在跳動。一位醫生突然恐慌地叫嚷：「天啊！他還活著！」周圍的法醫全嚇得跳起來。另一人馬上下令：「趕快通電流！」又有人上氣不接下氣地說：「看，他還在呼吸。」索斯威克博士和其他人聽到呼喊快步走回來時，看見凱姆勒的身體仍是彎曲的，但他的胸口一起一伏，似乎在拚命呼吸，面罩上的孔內滲出白沫。「看在上帝份上，殺死他，結束這一切吧！」一個證人尖聲叫起來。協會記者昏倒在地板上，幾個人把他抬到長凳上為他搧風。德斯頓的臉變得慘白，他笨拙地接通頭皮頂上的電極。當電流再一次流通，凱姆勒的身體又一次變僵直。「一種恐怖氣味開始在屋裡瀰漫。」可以明顯看見凱姆勒的頭髮和皮膚都燒焦了，一團藍色火焰在他背後跳舞。他的衣服起火，一個醫生迅速上前撲滅。《紐約時報》報導：「惡臭難以忍受。」電流在幾分鐘後停止。凱姆勒手上、胳膊、脖子上全是紫斑，醫生再一次宣布他死亡。噁心得快要吐的證人們給德斯頓簽了死亡判定書，然後靜靜地走到大理石的通道裡，一言不發地顫抖著，幾個人開始覺得不舒服。有個伊利郡的治安官竟然痛哭流涕。

三小時後，醫師們終於定下神來解剖屍體，他們發現凱姆勒死後僵直的屍體已永遠成為坐式。驗屍時可以看到，只要是通了電極或是與皮帶扣接觸的地方，都留下了燒焦的紫色痕跡。凱姆勒像是一塊被「烘烤」過熟的肉。解剖結束，許多器官被移植出來，凱姆勒被烤過的屍體於夜晚在監獄墓園下葬，並且用大量生石灰消滅痕跡。索斯威克請求原諒，由於這是第一次，電刑進行得不盡如人意。此外他很得意。「我告訴你們，這件事很重大，電刑注定要成為全世界的法定死刑手段。」[38]第二天，紐約報紙連篇累牘地刊登了世界上首次官方電刑的恐怖細節。《紐約時報》的頭條指責電刑比絞刑更殘酷，凱姆勒的死亡情景極其可怕。《紐約每日論壇報》的副標題是「失誤和無知使得電刑證人備受煎熬」，其中引用了愛迪生的話：「我大概瀏覽了一下凱姆勒死刑的報導，讀起來讓人不舒服。」[39]他抱怨法醫沒有將電極聯結正確——電極應該與掌心相連接——整個「搞砸了」。科克蘭說：「對我來說，這像是一種可怕的勝利。反對我的專家們知道這樣令人震驚的事情不應該發生，可還是發生了……在凱姆勒之後，相信其他州都不會採納電刑。」[40]

至於喬治．西屋，他則說：「我不喜歡談這件事，這件事很野蠻。用斧子行刑甚至會更好些。我的預言被證實了，公眾將譴責這件事情而不是譴責我們。我認為，這種殺人方式是我們最好的辯護。」[41]大約四十年後，尼古拉．特斯拉仍然憎恨電椅，稱它為「極其荒謬不可行的器具，使那個可憐人沒能以仁慈的方式迅速了結生命，反而被電活活烤死……在這種情況下的人已經徹底喪失了意識，只剩下刺痛的感覺。那一分鐘的極度痛苦，相當於他一生中的所有痛苦。」[42]眾多懷疑者認為，是西屋設法策劃了這次拙劣的電刑。電流大戰中最好鬥的哈洛德·布朗卻沒有參與這場事後紛爭，從此在公眾前面銷聲匿跡。

喬治・西屋的肖像，1906年

第9章

惶惶不可終日：一八九一年

一八九〇年十一月五日，乾冷的曼哈頓黎明有蔚藍的天，又是個美妙的秋季週六，空中閃耀著迷人的光，到處充滿生命希望但帶了點秋季的憂傷。金融界巨頭們坐在他們座落在第五大道與麥迪遜大道宅第的的餐桌前，所有國家商業與經濟活動盡在他們掌握之中。穩定的移民人潮從城堡花園湧進，又散布至全國各地，推動美國人口增長。根據最近的資料統計，美國總人口已達到六千三百萬。政治家們開始吹噓美國現在是「十億美元」國家。事實上它更富有，這要歸功於像愛迪生與西屋這樣努力不懈的金融家與汲汲營營的野心家。內戰之後，美國國有資產總值達到六百五十億美元，高於英國、德國和蘇聯貴族及有產階級的累計總資產。一八九〇年時的美國有將近四百億美元投資於土地和建築，九十億美元用於建設四通八達的鐵路運輸網，四十億美元用來生產與採礦。

但是紐約的金融家在那年十一月某天早上翻開報紙，卻感到揪心的恐懼。幾個星期來，紐約證券交易所傳言一家倫敦大投資公司瀕臨破產，並帶來更多奇談怪論，末日不祥之兆攪亂了原本不穩定的氣氛。此刻傳言被證實了。《紐約世界報》頭版用醒目字體印出：**令人沮喪的傳言成真，來自倫敦的報告令華爾街不安，據傳巴林兄弟銀行（The Baring Brothers）最近遇到了麻煩**。事情正如《世界報》所言，「當倫敦發抖，全世界都感覺到顫動，到了紐約就是地震。」英國投資者對美國的銀本位政策一直抱持警覺，反而熱衷債券，急切地想從遙遠的南美國家賺取財富，但是一場革命使他們的投資變得一文不值。

在那美好的秋季早晨，銀行家聚集在華爾街高雅的辦公室裡，令人擔心的傳言變成了可怕的事實。一如《紐約時報》周日版的頭條新聞報導，週六早上傳來的悲慘消息令人不知所措：巴林兄弟銀行，「世界最大的銀行，已存在與經營了一個多世紀，甚至更長……（它的）簽字無論在何時何地都意味著絕對可靠的信譽保證」，現在卻搖搖欲墜，瀕臨破產。「這種公開聲明駭人聽聞，是華爾街從來沒有想像過的。」一位《紐約時報》的經濟專欄編輯詳盡闡述了這個噩夢：「如果英國銀行的償付能力被質疑，它就會崩潰。」後續發展對挽救巴林兄弟銀行與它的重組，還有緩解整個美國經濟體系的緊張都十分重要。

但是巴林兄弟銀行倒閉所產生的陰影不會迅即消除。鍍金時代的美國銀行就像面子工程：一座拜金主義的隱祕聖堂，表面雄偉威嚴，結實堅固，但是在這呆頭呆腦又奢華的建築物後面，隱藏著不堪一擊的財政體系，經不起一點點微弱的經濟風波。而巴林的大變動，對依賴外國投資的美國金融界是個極大的警示。儘管報紙擺出笑臉，但每個生意人都心知肚明巴林垮臺是要付出代價的。幾家小銀行沒有逃過此劫，每個人「惶惶不可終日」[1]。在銀行立法之前的放任主義時代，在聯邦銀行和個人存款保險的嚴格規則建立前的幾十年，沒有政府機構或相應制度來支持銀行，所以可以理解，金融界稍有風吹草動，儲戶們就圍住銀行提取當時能到手的現金。這種恐慌不可避免地引起一連串混亂。甚至在儲戶排隊之前，有些銀行就開始停止借貸，知道只有一大堆美鈔才能穩定住他們的客戶。因此，經濟災難橫掃每一個受影響的銀行，恐懼植入了美國金融的靈魂之中。

喬治．西屋才剛到麻塞諸塞州的新宅解決一些房地產問題，匹茲堡辦公室就發給他巴林災難的緊急電報。僅僅十天前，西屋為了妻子瑪格麗特的健康，搬進了他們在伯克郡的「小木屋」別墅。那裡有寬闊的草地、古老的樹木和終年常綠的景色。西屋夫婦與他們的小兒子，以及很多親戚和客人，可以坐在全新寬敞的鄉村風格門廊裡，眺望變化不斷的波克夏爾連綿山脈。兩年前，瓦特．厄普特格拉（Walter Uptegraff）當了他們的管家，並擔任全職祕書、家庭會計，成為西屋的心腹。已經八十一歲高齡的老西屋夫人也搬來與兒子一家同住，家裡的賓客通常一待就是好幾個月。正式晚餐是伯克郡的每日慣例，和以前在匹茲堡一樣。

「當客人離去，家人開始休息，」厄普特格拉回憶道，這時候西屋「會去書房忙他的發明工作直到清晨一兩點。在這段安靜的時間裡，他總是喜歡有人陪伴他（指我自己），他會毫無顧慮地敞開心扉；解釋他的努力目標，用繪圖說明他正在做的事；鼓勵聽者提出建議。他只需要四五個小時的睡眠，每天一清早就下樓來吃早餐，吃完又充滿了活力，展開一天的工作。」[2] 一八九〇那一整個秋天，西屋盡情享受了鄉村生活，並為公司穩定增長的業績感到自豪，特別是他最新且最鍾愛的——發展迅速的電力公司，正在實現他神聖的夢想。

一個月前，《電力工程師》雜誌寫道，「從全國各地的報告中看出，今年將是電力工業最

西屋在伯克郡的鄉村莊園。西屋家的人喜歡邀請親友同住。

輝煌的年景……西屋公司正夜以繼日地全速工作。」[3]儘管愛迪生還在反對交流電，但在一八九〇年九月，就在威廉．凱姆勒電刑後不久，西屋的中央發電站（運作白熾燈泡）就創下極好的銷售業績。十月，馬里蘭州巴爾的摩市訂購了六千座燈的交流電系統，紐約州的艾爾邁拉增加了一千五百座燈，同樣還有內布拉斯加州的首都林肯。這些只是眾多訂單中的其中三份。西屋也擴展了弧光燈與街道電車事業，這些部門的生意依然興隆。自從一八八六年初建立了第五家西屋工業公司起，在短短四年內，西屋電氣的總年銷售額從原來的十五萬美元猛增至四百萬。

電報傳來巴林破產的消息，使他覺得這些滿意的成果突然變得沒意義。西屋立即收拾行裝，和厄普特格拉一起坐上一輛輕便馬車去火車站，乘上他的私人列車回到匹茲堡。所有大電力公司的財務都受到震盪，因為它們在那很難搞到資金的年代屬於發展迅速、耗資巨大的行業。一八九〇年前，紐約證券交易所像全國其他交易所一樣，上市股票只有鐵路股，要籌集足夠的長期資金很讓人頭痛。許多地方電力公司和一些城市的首期付款都是部分現金支付，同時給愛迪生或西屋當地新照明公司的股份。前一年三月，愛迪生公司總裁亨利·維拉德就向德雷塞爾與摩根抱怨愛迪生公司發展這麼快，營運資本卻「嚴重短缺。不是一百萬，而是急切需要好幾百萬才能滿足幾個部門的需求」[4]。西屋面臨同樣的問題，而且沒有人比他對負債的難處瞭解得更清楚，因為他的火車剛剛經過賓夕法尼亞遭受罷工與暴力的煤礦，以及還沒從去年水災中復甦的窮鄉僻壤。

第二天一早，西屋走進位於匹茲堡賓州大道的九層樓西屋大廈。他身穿高領三件式西裝，手裡提著永不離身的傘，面容一貫地嚴肅。此刻他急需起碼五十萬現金支付給他的直接債權人。公司現在的流動資金有兩百五十萬，短期負債是三百萬，在巴林破產之前本該不動聲色地補上差額。愛迪生不一樣，他從一開始就抱住華爾街金融大亨摩根的大腿（雖然他們通常粗心大意與吝嗇小氣），西屋卻是從私人管道，透過朋友和現有股東融資。傳記家亨利·普魯特（Henry Prout）解釋，「他極有人緣和魅力，總是能從有錢人那裡成功獲得大筆投資」[5]。西屋大部分的股東是匹茲堡的頂尖市民，西屋創建的公司一家又一家，投資者也隨之富裕起來。

在一八九〇年可怕的十一月，經濟形勢迅速惡化，連西屋也面臨資金問題。他和董事會呼籲股東，電力公司資金股值加倍，並以百分之二十的優惠賣股份，籌集最急需的五十萬資金。但恐慌還在，因為匹茲堡正成為美國最大的鋼鐵製造基地，再加上「總體金融狀況蕭條，得到的回饋遠不及預期」[6]。一隊西屋電氣最早期的雇員代表團出現，主動提出願意全日工作但只拿一半工資，直到危機過去為止。他們的老闆深受感動，但是謝絕了他們的請求。下一步，西屋召集了匹茲堡的主要銀行家，那些「從這座城市所建企業的生意中受益」[7]的人，舉行非正式會議。

和往日一樣，西屋堅強有力又和藹可親地站在他們面前，信心十足地對這些潛在救援者講評他其餘七家公司的良好狀況，最有關聯的是，現正面臨危機的電力公司的前景展望。他說，他的八家公司價值兩千三百萬美元，收入一千六百五十萬美元，其中有四百二十萬美元利潤，超過一百萬的契約債券，超過六百萬的應收款項，手頭的非生產性材料大約值兩百五十萬美元。

諷刺的是，西屋電氣當時正處在最好的年景。他堅信，「儘管現在有暫時的困擾，我們的事業注定興旺」。西屋已經開始為全世界提供光明與能源，每天都收到全國各地許多城市的訂單，不光是電燈，也有電動街車。一旦西屋電氣開始使用交流感應馬達，銷售能力將會更驚人，還能拓展世界市場，西屋以後會在古巴哈瓦那安裝七百五十個電燈，或是能在中國廣州打開市場也說不定。

現在西屋海象般的鬍子豎起來，他認為，誰真正透過他的八家公司致富，就應該在他需要幫助的時刻相信他。他對公司的穩定成長與電力公司的未來持肯定態度，宣稱自己準備拿出他最心愛的隱居地豪宅以及幾筆鄰近的郊區土地，擔保他急需的五十萬。與會的銀行家竊竊私語了一陣，同意委任委員會來查閱帳目。

十二月十日，西屋電氣公開聲明，由於「集資困難……銀根緊縮」，董事會將用增加與賣掉優先股來籌集需要的五十萬美元。其後的兩周內，三十位匹茲堡商人與十七位銀行家（許多都是幾周前出現過的友好人士），每人捐贈兩千到三萬五千元不等，以期湊出五十萬美元，西屋電氣的原始股值是五十美元，現已驟跌至每股十三美元。耶誕節前一天，《電力工程師》報導了鼓舞人心的消息，「成交之前解決了一些細節問題。這將使電力公司——如果管理得當，絕對是盈利企業——站住了腳，而且看來今天的股市反映了情況改善」[8]。

「管理得當」這一詞反映了事件的不祥之兆。知道西屋被逼到絕路之後，有位銀行家發現有機會可以攫取此一高價值的工業財產。他對同事說：「西屋先生花費了這麼多錢做實驗，而且他對服務和購買專利都出手大方，這太冒險了。如果讓他放手處理從我們這裡籌集到的五十萬美元，我們起碼應該知道，他將用這筆錢去做什麼。」[9]當這些銀行家要求管理權時，西屋親切和藹地解釋這是做不到的。他向來都是自主經營公司，他的公司繁榮興旺——但目前是為了急需支付電力債權人——他不希望被人猜疑或告訴他應該怎麼做。雙方僵持不下，直到西屋說他必須得到答案：一是他們提供貸款，沒有任何附加條件；二是他們不給予資助。銀行家們面面相覷，但最後還是堅持要指定一位總經理。

「他們知道這對他來說意味什麼，他們屏住呼吸靜觀結果。」法蘭西斯．盧普記述道，

「而他們大吃一驚，西屋沒有任何動搖。他站起來，笑了笑說，『好吧，感謝上帝，我知道什麼是最壞的打算！』」這時的西屋像往常一樣沉著冷靜，而那些手伸得過長的銀行家開始顫抖。西屋說了幾個笑話，和那些銀行家道完再見，然後離開了房間。他們這才真正領教到西屋的勇氣。他的老朋友與傳記撰寫人亨利．普魯特說，西屋會願意向人虛心請教，「一旦他下了決心，即使地震也改變不了他的主意。我們看見他像塊岩石坐在那裡，安靜、溫和，儘管董事會所有成員都反對他，他也不為所動。他是接受意見還是固執己見，取決於你是什麼觀點」[10]。西屋判定的膽小行為通常是錯的，而他的判斷通常正確。他為什麼不相信自己的直覺？

那個週五晚上，一場暴風雪席捲東海岸，喬治．西屋再一次搭上他的私人列車格蘭艾爾號，車上設備完善，有臥室、餐廳、廚房和辦公室。皚皚白雪覆蓋大地時，他坐著列車前往紐約，美國金融系統脆弱的心臟。第二天清晨，列車駛過紐澤西州賓夕法尼亞火車渡輪碼頭時，暴風雪停了，哈德遜河上漂著大片浮冰，城市看上去一片歡樂景象，到處是假日喧鬧的聲音。美麗的冬景卻使趕車人懊惱，因為運貨的馬車車夫和馬車隊走到他們的道上——積雪街道上唯一可以行駛的地方。只有幾條大街和側街可通行，甚至連街旁商店的人都在鏟雪。住宅區的氣氛歡快多了，漂亮的馬在那裡拉著五顏六色的雪橇，鈴噹響亮地向前滑動，住宅區大街和中心公園路上都是人。一個花花公子似的人有三匹高大的栗色馬，他拉著他的精美馬車，每匹馬都裝飾得很漂亮，正向前奔跑。但是不管紐約人是否高興，西屋只知道自己肩負的艱鉅任務：在紐約尋找資金。這是他第一次來到美國的金融中心華爾街，以後還有無數次。這裡有許多美國大富豪，西屋都沒見過，但是他們肯定知道他。同行的還有他年輕有為的紐約律師保羅．克拉維斯（Paul D. Cravath）。西屋深愛他極有發展前途的電力公司，這間公司的存亡命運與他傾心竭力要實現的電力夢想，全看此一舉的成敗。

先回到匹茲堡。白雪被無數煙囪的煙灰染成可憐的灰色時，銀行家們仍得意揚揚地想著西屋會回來與他們談判，只是時間早晚問題。不到一月中旬，西屋從曼哈頓發電報回來告知進展「一片光明」。這些匹茲堡銀行家和企業家開始用不可兌取現金的保險支票退回那五十二萬美元，也不看好西屋經過努力取得的樂觀進展。《紐約時報》報導，西屋總部所在地的「銀行家和股東們現在贊成為西屋電氣指定一個收款人」。同時第一批債權人提出了訴訟，一家小銀行追討兩千美元，另一個是當地的鋼鐵公司追討八百美元。見利忘義的人輪番登場。

在曼哈頓，西屋找到一位名叫奧古斯特．貝爾蒙特（August Belmont）的救星，據說是華爾街最有聲譽的投資公司創始人之子。奧古斯特．貝爾蒙特公司實力強大，是傳奇洛西爾銀行（Rothschild Bank）在美國的分部。貝爾蒙特是有影響力的民主黨人，著名的騎手。一八九一年一月《電子世界》刊載了一篇來自西屋電氣的聲明，描述公司的新救援計畫（沒有提及紐約的銀行家），需要出售一批優先股，現有的股東交回百分之四十的舊股，並接受價值低些的新股，盡力用新優先股支付盡可能多的債權人。聲明中還列出恢復財政狀況而採取的步驟，包括「撤銷任何專利權中受質疑的價值和帳面價值」。喬治．西屋「正全力使股金到位，這一招看起來希望很大」。

下面的故事只是從側面反映了西屋恢復計畫中的癥結：特斯拉的交流發電機專利權交

易。喬治・西屋對待發明家是出名的過於溫和，他總忘不了自己早期賣氣閘的經歷。一般感覺是他太大方。紐約銀行家們認為，西屋擁護尚未能運作的特斯拉交流發動機，是引起公司災難的主要因素。工業巨頭指的是西屋給了特斯拉兩萬美元現金，五萬美元期票。他還計畫用更大的投資來開發特斯拉的感應馬達和系統的其他部分，同時付給這位塞爾維亞發明家一筆很高的諮詢費。所有付出都沒有見到回報。西屋的高級工程師不喜歡特斯拉和他的系統。特斯拉在工作時，他們到處為他設障礙，阻止他把系統轉速設計為他認為必要的六十轉頻率。這個工業雖然處於初級階段，但是電力機械已經有了固定的轉速頻率，六十轉並非常見。特斯拉的問題在於他的系統不太合常規，用不順手，開發費用較高，這些都阻礙了機器改良。當然，最重要的原因是西屋在特斯拉身上花了太多錢，他的系統距離商業效益卻還非常遠。西屋同時還付了很高的法律費用保護特斯拉的專利，不受其他發明家與工程師侵權。西屋的確在特斯拉身上所費不貲，而現在他的公司因缺錢而陷入困境。

一八八九年秋天，特斯拉失望地離開了匹茲堡。在曼哈頓短暫待了不到一年，他就乘船去了法國，參觀巴黎博覽會的電力展。離開這迷人的光明之城後，他繼續向東到奧匈帝國與他的姊姊和姊夫團聚，還看望了快去世的母親。特斯拉是個成功的移民，由於有了交流電專利，他躋身於鍍金時代的富人階層。這次回歐洲的海上旅行與五年前身無分文搭船過海相比實有天壤之別。巴黎的人們都在談論艾菲爾鐵塔和美國天才愛迪生，他的多語言留聲機令所有光臨愛迪生巨大展台的參觀者眼花繚亂。愛迪生與特斯拉一樣，當時也在巴黎，而且心情極好，每次出現在公共場合都會受到熱烈歡迎，並且在歡呼聲中津津樂道自己躋身美國百萬富翁之列的成功故事。

那年夏天，愛迪生允許愛迪生電力公司的總裁亨利．維拉德（曾是一流的內戰記者，太平洋聯合公司創立者，又是德國銀行的美國代表，還是愛迪生長期的投資者）重組了愛迪生電力及其他生產各種不同類型產品的機構，合併為愛迪生通用電氣（Edison General Electric），註冊資本一千兩百萬美元。德雷塞爾與摩根的投資者已經得到相當可觀的回報：當年一百萬美元的原始投資，現在的愛迪生通用電氣股已漲到兩百七十萬。愛迪生用一百七十五萬美元的股票和現金創建新的生產部門。愛迪生在給維拉德的信中感激地寫道，「我被金錢壓力折磨了二十二年，當我賣掉之後，最關注的就是能收回多少現金，這樣才能擺脫財務壓力，也才能使我在科學領域裡不斷前進。」[11]愛迪生通用電氣的總裁詹森激勵愛迪生說：「我們應該迅速建立最大的愛迪生組織，擁有足夠的資金，和西屋說再見。」[12]到了一八八九年，愛迪生通用電氣已成為美國最大的公司，擁有三千名員工在三個主要工廠裡工作，每年收入七百萬美元，有近七十萬美元的利潤。在重組中，維拉德賣掉了近四百萬美元的新愛迪生通用股票，主要買家是他的有德國背景的北美公司和摩根集團。所以，愛迪生完全有理由輕鬆愉快地訪問巴黎。

特斯拉在自己的歐洲行中會見許多著名電學家。他在一八八九年晚秋回到紐約，心裡憧憬著新的電力專案和計畫。他在南第五大道（現在是西百老匯）三十三至三十五號的四樓上建立了一個使用方便和設備齊全的實驗室。愛迪生回到鄉下，他雄偉的西奧蘭治實驗室裡，而愛迪生通用電氣公司辦公室搬到離華爾街更近的百老街十六號，而第五大道六十五號被精心改裝為時尚的展示廳，用閃耀的吊燈與類似照明設備展現電燈的奇蹟。

特斯拉返回曼哈頓時一整副歐洲人的模樣，瘦高挺拔，處於人生顛峰，穿著最精細手工製的巴黎款式，還包括手杖、鞋罩和軟皮皮鞋，可以毫不在意地扔掉只用了一星期的手套和絲手絹。許多遇見他的人都被他蔚藍色的眼睛、寬大的手及特別長的大拇指吸引。在匹茲堡時，特斯拉養成住在高級飯店的習慣。在搜尋了曼哈頓的飯店資訊後，他選擇入住華道夫飯店，紐約最古老的高級飯店，地處百老匯的維西大街，去他的實驗室非常方便。他開始在美國最昂貴的德莫尼科飯店吃晚餐，這家餐廳供應頂級的法國菜與葡萄酒已有六十年歷史。特斯拉非常喜歡位於第五大道二十六街的德莫尼科飯店，那裡安靜幽雅，面對優美的麥迪遜廣場花園，遠離曼哈頓的喧嘩，有成片的榆樹林、沙礫小路、雕塑和噴泉。

特斯拉從1890年代起入住華道夫飯店，紐約最奢華、交際活動最多的精品飯店。

身為德莫尼科的長期

單身顧客，受過良好培訓的服務生都知道，這位禮貌謙和的發明家喜歡把十八張原色餐巾紙疊放在桌上。用餐之前，特斯拉總是很仔細地用餐巾紙擦拭每一支沉重的銀餐具、瓷器和它們的水晶柄。特斯拉的細菌恐懼症是因為一位同事讓他在顯微鏡下觀看了未煮開的水裡的生物後產生的。特斯拉後來自己解釋：「只需看看那些多毛又醜的可怕生物，比你能見到的東西還醜，看它們慢慢分裂，擴散到水中——你就再也不會喝一滴沒煮過或消毒過的水了。」[13]因此特斯拉總是對這些在顯微鏡下見過最噁心生物充滿戒心。

特斯拉現有的富裕奢華生活並沒有影響他對電力的癡迷與專注。儘管他在整個一八九〇年內為自己精心訂做了時髦服裝，每日在德莫尼科享受美食，但是每週始終在實驗室工作七天，通宵工作，僅回到華道夫飯店休息短短五個小時（據說實際用來睡覺只有二至三小時）。白天在實驗室裡，特斯拉可以聽到隆隆的高架鐵路聲音，不平的路基帶出火花和碎石粒，下面的骯髒街道布滿垃圾桶和成堆廢物，引起卡車司機的叫罵，還有繁忙的馬車來往於碼頭。特斯拉有一兩個助手，有時和同事艾菲德·布朗一起工作。可惜他的老友兼同事西奇戈提年紀輕輕就去世了。儘管在西屋公司的經歷很不愉快，特斯拉始終與該公司保持誠摯的聯繫，並希望他的交流電系統和感應馬達問題最終能獲得解決。一旦西屋公司的工程師有問題，他願意提供任何可能的協助。他也經常在去實驗室取工具的路上順便拜訪任職過的公司，盡力為他們介紹一些客戶。最令他氣餒的是，他於年底聽到他的發電機改良工作全面停止的消息。

特斯拉其實可以在一八九一年初時意識到，而且整個電力界也明白，西屋電氣已陷入財政困境。因此西屋突然出現在他的實驗室的時候，他一點也不吃驚。當時他正在做著高頻率的實驗。那個月，巴林銀行倒閉引發西屋公司的危機。特斯拉設法用周圍的靜電波來點亮他自己發明的螢光燈，這些奇特的燈沒有燈絲，只有對強充電的氣體有感應，而且不用與電線連接。當西屋穿著他常穿的正式西服走進特斯拉的實驗室時，立刻談起他的任務來。一向率直親和的西屋向特斯拉詳細解釋了危機形勢，並要求特斯拉中止彼此間的合約，放棄權利金。特斯拉後來對他的第一個傳記撰寫者講述這段人生危機時，回憶了他與西屋的一段對話：

匹茲堡巨頭說：「你的選擇會決定西屋公司的命運。」

「假如我拒絕放棄我的合約，你會怎麼辦？」

「如果情況如此，你只能和銀行家打交道了，我不再具有任何權力。」西屋回答。

「如果我放棄了我的合約，你保住了你的公司並控制了形勢，你是否會繼續原來的計畫，把我的多相系統推向世界？」

「我堅信你的多相系統是電力領域最偉大的發明。」西屋解釋，「我也真心想把它帶給全世界，這也是導致目前麻煩的原因，但無論發生什麼事，我都要繼續下去，按照我原來的計畫，讓全國都使用交流電。」

「西屋先生，」特斯拉挺起他六英尺二身材，對這位匹茲堡巨人微笑，他眼裡的偉人，「你一直是我的朋友，當別人不相信我時，你信任我；當別人沒膽量……你勇敢地向前走，付錢給我；當你的工程師目光短淺，看不到未來，只有你我共知，是你支持了我；你和我像朋友一樣站在一起。我的多相系統能給文明社會帶來好處，對我來說，這比金錢重要得多。西屋先生，你拯救你的公司，就可以繼續改進我的發明。這是你的合約，也是我的合約——我將撕毀，你永遠不會有權利金的問題了。這樣行嗎？」[14] 這位浪漫的理想主義者，心懷夢想的傑出夢想家，為了讓西屋從這場危機倖存，慷慨犧牲了自己巨大的經濟利益。

特斯拉是西屋財政危機的主要原因？可能不是。眾所周知，西屋對各類型發明家都很大方。但他也買下許多腐蝕資本，沒有帶進營收的企業。他一直熱衷於各方面訴訟，特別是專利侵權方面，他與愛迪生之間長期的白熾燈泡戰爭就耗費了巨額法律費用。特斯拉肯定是原因，但只是眾多應節省開支的一項原因。此外，特斯拉正值事業起飛期，他覺得自己要對西屋有度量，好讓西屋保住他的電力帝國。這位塞爾維亞發明家才剛開始研究高頻電，正在逐步揭開其吸引人的祕密。特斯拉與他熱情忠實的崇拜者，包括編輯康默伏·馬丁與威廉·安東尼教授，都堅信他的交流系統與馬達將來會大放光芒，像許多偉大與賺錢的發明初登舞臺時一樣：電還是個幼童，特斯拉決意要做它的開拓者，向全世界揭開宇宙內部隱形能量的祕密。

特斯拉在越來越多邊緣電力領域處於領先地位——那還無人知曉的高頻率交流電——馬丁催促他將發明公之於世，然後再舉辦一次講座。電學界關於特斯拉研究的傳言四起：難以置信的無線電燈在特斯拉的實驗室裡徹夜通明，這位古怪的年輕發明家讓數萬伏特電流通過他的身體，站在那裡安然無恙地微笑，任憑劈啪響的電火花將他的身體吞沒，就像某個被銀藍色光輝環繞的塞爾維亞中世紀聖人。這讓人回想起很早以前懸吊帶電男孩的實驗。馬丁一直是電力領域裡非常重要且有影響力的人物，由於和出版商起爭執，他於一八九〇年初離開《電力世界》，加入《電力工程師》，很快就讓該期刊成為該領域權威。馬丁留著把手形的鬍子，總是彬彬有禮，風度翩翩，不斷勸說猶豫不決的特斯拉放下徹夜工作走出實驗室，向世界分享他獨特珍貴的發明。終於，特斯拉同意在一八九一年五月二十日在美國電氣工程師協會的晚會上發表演說，當初就是這個有聲望的論壇讓他在同行中脫穎而出。

會議還是在麥迪遜大道上哥倫比亞大學的電學工作坊舉行。特斯拉站在講臺上，儀器放在他前面的木桌上。許多國內當時重要的電學家都趕過來，好奇地想知道特斯拉最近做了什麼，又有什麼新奇的東西？整個會場氣氛熱絡。馬丁的編輯同事約瑟．魏茨勒（Joseph Wetzler）也在急切人群中，他這麼寫給《哈珀週刊》（*Harper's Weekly*）的讀者，「特斯拉先生讓聽眾保持了長達三小時的高度專注力，並讓人對他無比欽佩。」[15]特斯拉向全神貫注的聽眾解釋，他花了很多時間探明，從廣義上如何釋放「在宇宙中自然存在」的無限能量。他在市中心的實驗室裡已「建立了可以在一分鐘內轉換兩百萬次電流的交流電機器」，並且用這機器研究一系列問題。但在哥倫比亞大學的講座，他限自己只談一個主題，「生產一種實用和有效的光源」。特斯拉已經發明了一系列能輸送大量靜電波的機器，可以產生各種怪異夜光般的電光，組成最精美的旋轉彩色焰火，發出的光輝散布在機器上，像一種超自然的電暈。

特斯拉用他有些緊張但準確的英語展示了多種靜電機器，並解釋由此製造出來的特殊的光。特斯拉也在探索一種新燈泡，它有著完全不同以往的運作原理。他解釋道，「不可否

特斯拉展示無線電燈

特斯拉與無線燈泡

認，現今的（照明）方法雖然很先進，但很浪費。必須發明出新方法來，製造出更先進的機器。」然後他展示了只有一圈燈絲的電燈泡，讓聽眾大吃一驚。他在燈發亮的時候讓燈絲**旋轉**。他精采絕倫以致於被觀眾掌聲打斷的表演、最驚人的奇蹟，就是長期盛傳的**無線燈泡**，它不用與任何電線或機器聯結，但是可以和其他白熾燈一樣明亮。修長瘦高、臉色蒼白的特斯拉身穿燕尾服，手裡舉著閃閃發光的燈泡，大有自由女神的風采。他解釋道，他的整個實驗室都用這種神奇的原始螢光燈。「我在與天花板有些距離的絕緣線圈上吊一塊鐵板，將一端連接到感應線圈的一個終端，另一端正確地連接到地上。一個真空管或用手拿在板子中間，或放在任何位置比較遠的地方；燈泡始終是亮的。」湯瑪斯・愛迪生最自豪的就是他的白熾燈泡，而且，確實如他所承諾照亮了世界。現在尼古拉・特斯拉公開宣稱他已超越前輩，愛迪生的技術已過時，應該被取代。

窗外春末入夜已深，特斯拉把知識淵博的電學家整整迷惑了三個小時，用機器和燈泡展示他全部的新研究成果。他在結束講座時說：「在眾多觀察中，我只選了我認為能讓大家感興趣的東西。電學領域廣袤且完全未開拓，每一步都能探明到新真理，發現新奇的事實。這裡討論的結果要花多長時間能夠實際應用，全取決於未來。談到電燈生產，有些成果令人鼓舞，使我有信心斷言，繼續下去就能找到可行的解決方法……研究的可能性很廣闊，即使是最保守的人也會對未來抱持樂觀。」

特斯拉知道許多人給他冠以「幻想家」的稱號，因為他堅信，能源終有一天會輕易從宇宙中取得。但是他指出，「我們疾行於無垠太空，周圍一切都在旋轉，都在運動，到處是能源。我們一定會發現取得能源的捷徑。那時，利用從這些傳導體得到的光，取得的能，毫不費力取得的各種形式能量，永遠不會枯竭的能，人類社會就會大步前進。冥思苦想這些偉大可能性能打開我們的思路，使我們充滿希望，內心欣喜若狂。」[16]

特斯拉謙虛地鞠躬致謝，然後興奮地站在那裡。聽眾全站起來，熱烈為這場精采演說鼓掌。《電力世界》聲稱這是「一次有幸參加過最精采且最令人難忘的講座」[17]。魏茨勒以無限崇拜與景仰的語氣在《哈珀週刊》寫道，在他工作生涯的第二場講座中，尼古拉．特斯拉「讓自己脫穎而出，與愛迪生、布拉什、伊萊休．湯姆森、亞歷山大．格雷漢姆．貝爾一同立於世界偉人之列」。那麼，特斯拉慷慨放棄了他的交流發電機的權利金，如他與他的崇拜者所信，開始走上從整個宇宙為人類尋找無窮能源的道路，這還有什麼好奇怪的？從現在起十年後，交流電也可能會像直流電一樣過時。

*

五月至六月之交，西屋繼續在尋找資金。在西奧蘭治的愛迪生可能正為西屋的財務危機竊喜，因為他自己沒有遭遇到相同困境。一八八九年，愛迪生從歐洲凱旋歸來之後幾個月，他寫信給愛迪生電氣公司的總裁亨利．維拉德，說前一年夏天的公司重組（他為此成了百萬富翁）不是一個很好的協定。他寫道，以前自己的「每年收入是二十五萬美元，有足夠的錢支付我的實驗室。這個年薪數目在重組以後減至八萬五千美元，根本不夠養活實驗室……我處在現在的地位，花一半的時間為照明生意付出……卻讓我感到極大的失望。」[18]

維拉德努力合併了愛迪生與他的對手公司時，就曾聽到愛迪生有類似怨言。這位發明家曾生氣地駁斥了合併（也應保證分享專利共有權）能解決任何問題的看法，曾這麼宣稱，「擁有最好而且最便宜機器的公司才能賺錢，無論它有沒有專利。事實是，維拉德先生，所有電力機械現在的價格都很高。如此高價格破壞了生意。」和湯姆森與休士頓公司合併純屬一場敗筆。愛迪生憤憤不平地指責此公司的人員「明目張膽地盜用和侵犯我們的專利」[19]。愛迪生與西屋之間的電流大戰使匹茲堡工業巨頭和他的公司不再可能成為合併對象，而且愛迪生堅信，一旦他與任何他憎恨的對頭聯手，他的創造力將會枯竭。「如果你要聯盟，那我就不可能再是發明家，我的貢獻將一文不值，我的發明靈感只出現在強力刺激下。沒有競爭就沒有發明。」[20]

維拉德主管的德國出資的北美銀行也是愛迪生通用電氣的資金來源，在巴林突然垮臺的浪潮中也倒閉了。此外，愛迪生只持有他公司百分之十的股份。也正是這時候，西屋在竭力尋求華爾街的資金，維拉德又一次和查爾斯．科芬私下密談。科芬以前是做鞋業生意的，憑藉自身的商業智慧把湯姆森與休士頓打造成一家著名的電力公司。維拉德始終有合併兩家公司的想法，一方面可以結束不斷耗資和昂貴的專利戰（在不同法庭有六十起昂貴的法律訴訟），另一方面可以取得湯姆森與休士頓發展成熟的交流電燈系統（愛迪生的銷售部曾有一時吵吵嚷嚷要採用交流電）的使用權。此時白熾燈泡的專利還在法院上訴，但是愛迪生的贏面很大。湯姆森與休士頓非常需要那至關緊要的權利，而且，當然了，愛迪生公司有明顯的規模優勢。

可是，沒有摩根的祝福做不成事，他已在過去幾十年間成為華爾街甚至美國最有勢力的人物。當摩根坐在辦公室裡抽著巨大的哈瓦那雪茄，忙碌而有效率地將花費巨大但有競爭力的鐵路轉成「信託物」時，他刺激了那些厭惡傲慢財閥的人。但是在一八九一年二月，摩根不贊同科芬等波士頓金融家的提議，沒有打算讓愛迪生與湯姆森與休士頓合併。摩根在給他們回信中寫道，「我在愛迪生系統上花的時間與資金已超過值得投資的限度。如果非那樣不可，你要控制湯姆森與休士頓，我們來看哪家成果最佳。我個人不認為這兩家可以合併，肯定不是在一年前或更早些時間所談的基礎上。」[21]維拉德繼續與科芬保持聯繫，但認為一時之間沒有合併希望。

科芬利用無數機會懇求西屋考慮與他的兩家公司合併。才華橫溢的金融記者克拉倫斯·巴隆（Clarence W. Barron）曾偶然經過西屋的工廠，見到這位巨頭正在氣頭上，一提到科芬，立刻引出他率直的諷刺，「科芬先生頭腦發脹。他談到讓（他的）……公司比標準石油公司大……科芬可以在十分鐘內變十次臉。我已經觀察他許久，我想你可能知道，他能把人帶進他的房間，又在他們面前鎖上門，以便不被打擾。

「在一次會面中，我記得在紐約，他問我是否願意和其他電力公司合併，但我不是首領。我斷然告訴他，我絕不會加入不是由我領導的電力合併企業……也絕不會加入他當領導的企業。他告訴我，他如何降低他的股票值，導致湯姆森與休士頓失去一次股票增值的機會……

「我對科芬說，『你告訴我你欺騙了湯姆森與休士頓，為什麼我還要信任你？』

「另一次……我們在紐約一家酒店裡，科芬提議，我忘了當時的細節，總之就是我們應該組織一次合併。無論該公司成功還是失敗，我們都可以賺錢。我對科芬說……我沒有習慣搶劫我的股東。他沒有話說了。」[22]巴倫聽到的，只是西屋對他這位成功對手的蔑視。

一八九一年上半年，西屋在紐約待了幾星期以努力挽救他的公司。西屋通常厭惡報界吹捧這一套，此刻卻與《紐約時報》合作，允許他們發表阿諛奉承的文章，讚美他是「有創造力的奇才……有魄力以及正在擴大生意範圍」，他的能力「是即席的，能夠說出公司每個人的情況，具體到某些專案在資產負債表上數字。他工作勤奮，經常在辦公室裡工作到深夜。」[23]然而，從一月到二月，西屋電氣始終沒有好消息：「波士頓人在集中股票以控制公司。」[24]永遠樂觀的西屋和科芬的湯姆森與休士頓公司達成共用一些專利的協議來破除謠言。但即使是喬治．西屋也無法否認，出售優先股的最後期限不得不推延到一八九一年三月一日，後來再次推延至三月二十日。當西屋傾全力去集資難以取得的投資時，他卻發現他與董事會突然被他其中一家公司，聯合開關與號誌公司，剝奪了權利。這些工業走狗一有可乘之機，就去攫取能到手的橫財。這些敗類最終被擊退，西屋又掌了權。但是這暴露出他的弱點。

五月四日，股東年會在匹茲堡莊嚴的西屋大樓舉行。五十位焦急的投資者聚集於此，要聽聽西屋說些什麼。西屋看起來和往常一樣矍鑠健壯，一點也不像為了拯救公司東奔西走四個月的人。會議開始前，每位股東都得到了一份通知，一項傳聞獲得證實：紐約的奧古斯特．貝爾蒙特公司、波士頓的希金森公司與布雷頓．艾伍士（Brayton Ives）、西方國家銀行的總裁將組成企業財團，提議重組西屋電氣與它的相關利益。但是，當西屋宣布會議開始時，他禮貌並清楚地告訴大家，談判還沒結束，所以董事會提議會議暫停，兩個星期後繼續。

貝爾蒙特的計畫直截了當：繼續經營電氣，擁有資金一千萬。七百萬股值的股東被要求犧牲百分之四十的股份，交付紐約商業信託公司。另外三百萬美元的股票發行但沒有賣出，將與被放棄的股票值合在一起，創造六百萬美元的共同資金。其中四百萬美元將變換成百分之七的股份，其中三百萬美元將直接償還債款，餘額留做擴張。另外的五十萬美元留做儲備基金。餘款用來購買西屋控制的兩家公司：美國電力與聯合電力。西屋已經因為白熾燈泡專利（在當時專利權戰中的決定性武器）取得這兩家公司的大部分控制權。他們將成為更大、資金更雄厚的西屋電氣與製造公司的股東。現在取決於這些股東，他們能否放棄足夠的股份來拯救公司？兩星期後，推遲的年會沒有如期舉行，這是一個不樂觀的預兆。

*

在動盪不安的一八九一年夏天，恰好在西屋奮力維持他對電力公司的控制權的時候，整個電學界都在關注一個迥然不同（但同樣非常重要的）事情。那就是七年來的白熾燈泡戰已發展到決定性階段。早在一八八九年，當愛迪生在匹茲堡的巡迴法庭勝訴時，不少電力公司與他們的律師就希望能推翻布雷德利法官明辨是非的判決，也就是認定愛迪生獨立創造了一個實用的電燈泡，它新穎、壽命長、高電阻的燈絲安裝在抽出空氣的玻璃罩裡。西屋和美國電力公司立刻對此判決提出上訴，決心盡力拖延訴訟。因為事情很清楚，一旦愛迪生通用電氣最終贏了電燈泡案子，該公司將壟斷所有的燈泡供貨，以保護它獨有的生產許可。整個電學界長期以來一直警告，愛迪生公司會對侵權公司要求驚人的賠償金，「初裝每盞燈二十五美元，每換新一次兩塊五，還不計這樣的決定會讓你的設備失效」[25]。

事實是，愛迪生的燈泡專利在一八九四年就要到期，對眾多電力商人來說不是什麼高興的事，沒有愛迪生燈泡，他們的生意就會倒閉。所以當紐約南區的聯邦法官威廉．華萊士於一八九一年七月十四日認可一項先前決定時，他緩解了電學界底層的恐慌。當然，西屋會上訴，但華萊士法官以「駁回上訴」著稱，所以不會有成功希望，只會耗時間。同樣的，愛迪生律師們預言的勝利也令人不安。隔日的《紐約時報》報導，「他們說，迄今為止，全國有一半的電燈是由其他公司生產出來的」。愛迪生的律師團隊預期每年將會有兩百萬新權利金流入公司金庫。復仇之日即將到來。

一切都對愛迪生有利，他為這期待已久的法律判決得意至極，因為它駁斥了那些認為他的電燈泡僅是調整他人發明的說法。更重要的是，愛迪生希望這個稱心的決定可以永遠阻止維拉德與竊取專利對手合併的廢話。愛迪生的經理與律師梅傑．舍伯恩．伊頓所做的陳述，對耳聾的愛迪生來說是動聽的音樂：愛迪生公司合法的燈泡壟斷權再一次獲得確認。伊頓說：「合併的希望將比以前更微渺，因為那樣公司什麼都得不到，只會有損失。」[26]

而且誰又不喜孜孜地看著華萊士法官指責愛迪生的宿敵莫頓．史密斯教授，說他在做專家鑒定時膽敢「貶低愛迪生的成就」？事實上，愛迪生自已也厭煩專利的話題了。到目前為止，他的公司已經提出數百次法律訴訟，收效甚微（除了讓律師發財致富外）。煩躁的發明家舉出無數荒謬的索賠和反對他的決定來，如「外國專利失敗是因為那個國家的專利局發現，埃及人在西元前兩千年就已經在使用幾乎相同的東西了——東西不完全一樣，但足夠打敗我的專利。」

華萊士法官剛發表出自己的意見，《電力工程師》就登出了一篇號外，用全版印出他的決定。一萬份雜誌立即被搶購一空。編輯馬丁顯然希望那些受驚的電學家鎮定下來，在隨後為愛迪生的電燈寫社論時，他用平和的筆調寫道，「如果談到對愛迪生通用電氣公司的態度，我們只能希望並相信該公司實現現代化，這是證明能力最好的方式。」馬丁也正確地指出，除了法律審判未知，不斷在變化的技術將主導未來。馬丁是特斯拉最積極的支持者，他提出這位傑出的塞爾維亞人的「工作才勾畫出我們的未來。特斯拉先生曾給我們帶來一個不用整流器的發電機；如果現在他給我們一個沒有燈絲的燈，那又有什麼奇怪的？」[27]

儘管電學家們也接受了愛迪生的勝利，但是直率的西屋又一次證實，所有反對他的人認為以下之事是不可能的想法是錯的：他拯救了自己缺少現金的電力公司，透過合併使其更強大，而且自己始終掌握大權。一八九一年七月十五日的匹茲堡，股東終於同意放棄他們的部分股份來還清公司的債款。一個更有權力的董事會組成了，包括銀行家查爾斯．法蘭西斯．亞當斯和奧古斯特．貝爾蒙特。《電力工程師》在發表愛迪生專利勝利評論的同一期上，也祝賀了西屋個人的重大勝利，尤其可貴的是，他剛剛才在燈泡專利權之戰中失利。「唯一可能的原因是，」期刊上提到，「所有涉及事件的人……對前景都很滿意。我們傾向把西屋公司看成這領域裡最有實力和最強大的公司，他們會有生意可做，比在通貨膨脹和盲目擴張時更有效益。」西屋的律師保羅．克拉維斯在數年後仍然驚嘆於這次成功重組。他說道，西屋「發現與銀行家合作很困難。他煩惱的是，他認可的事，銀行家們根本不認可，根本不信任他……起碼在兩次巨大財政危機中，銀行家們因無望而放棄時，西屋先生用自己的堅定信念、堅持不懈的毅力和巨大的權力來影響那些人，因為他們可以在金融風暴中呼風喚雨，找來大筆資金，讓西屋的公司重整旗鼓。而批評他的人，還有他的大部分朋友都認為他必將全軍覆沒。」[28]西屋又一次度過了危機。

燈泡專利的勝利並不如愛迪生通用電氣公司的預期。最後判決仍舊拖延著，華爾街的投資大老闆看到愛迪生的股值從一百二十美元降到九十美元時，又一次焦躁不安起來。到了一八九一年十二月中旬，《紐約時報》報導亨利・維拉德在愛迪生通用電氣總裁的位置上待不了幾天了。「他善於言談且頗有魅力，」該報如此說明，「可是皮爾龐特・摩根絕對不容易受迷惑。」[29]於是謠言四起。生性開朗的阿爾費德・泰特（Alfred O. Tate）從一八八三年五月起擔任愛迪生的私人助理到現在，他經常聽到許多謠言，卻從來沒有在意。但是在一八九二年二月五日那天，泰特坐在愛迪生大廈的辦公室裡，他的一位老友，專門跑華爾街新聞的記者赫伯特・辛克萊（Herbert Sinclair）走進來。泰特把接下來發生的事寫進他的回憶錄：

「『阿爾夫，』他一邊說一邊坐下，『你知道愛迪生通用和湯姆森與休士頓要合併嗎？』

「『赫柏，』我回答道，『這消息不新鮮，早就沒人再提了。你是從哪裡挖出來的？』

「『你聽我說，』他答道，『我知道我在說什麼。科芬和維拉德此刻正在摩根的辦公室裡，我們全都在等結果。我們被告知三點以後可以透露消息。』」

泰特跳起來，說他必須立即離開，好趕上去西奧蘭治的渡輪，「我必須立刻去見愛迪生。他一點也不知情。」

那是個寒風刺骨的冬天，泰特快步穿過衣著華麗的華爾街人群，繞過擁擠的馬車和裝滿貨物的卡車，經過賣牡蠣的小攤和咖啡棚，直奔霍伯肯碼頭。碼頭上停滿了船，桅杆上飄著各式旗子。天氣那麼寒冷，冰帆在寬廣的結冰河道上滑行。泰特在他的回憶錄裡說道，「我經常後悔出其不意地告訴愛迪生一些消息，但是我不敢肯定，如果用比較緩和或不是那麼魯莽的方式告訴他，是否可以減少對他的打擊。我從來沒見過他變臉的顏色。他的臉通常是蒼白的，一種明淨健康的白，但是在聽完我的消息之後，他的臉色變得比他的領口還白。

「『快叫英薩爾。』他離開之前說了這句話，留我站在他的書房裡。英薩爾（財務主管）被叫來了。他們之間談了什麼，我就不知道了。除了一次高層的聚會，愛迪生再也沒有提過這個話題。」[30]

再回到哈德遜河的另一邊，摩根在他滿室煙霧的辦公室裡，決定支持愛迪生通用和湯姆森與休士頓合併，主要是為了吸引人的商業原因：盈虧線。在一八九一年，愛迪生通用電氣銷售額是一千一百萬美元，利潤額一百四十萬美元，也就是有百分之十一的利潤。湯姆森與休士頓銷售額一千萬美元，利潤額兩百七十萬美元，利潤百分之二十六。科芬對投資商吹噓，合併會「全線挫敗他們（愛迪生）的銳氣。」[31]兩家公司的生意都很興隆，但是愛迪生通用又一次累積了四百萬美元的當地電力股票，無法兌換成現金。與其形成鮮明的對比是，為湯姆森與休士頓工作的波士頓銀行家謹慎地開發市場，並順利賣出了這些證券，所以他們可以償還這筆資金。裡面當然也有愛迪生燈泡專利的誘惑。

無論如何，科芬開始考慮，既然湯姆森與休士頓業務開展得這麼好，為什麼要把公司賣給愛迪生？在摩根合夥人暨范德比爾特家族成員托姆布雷的波士頓宅第裡有一次會談，一位湯姆森與休士頓的總經理說了以下吃驚的話，「我們認為愛迪生公司的管理方式不佳。」[32]在曼哈頓的摩根知情之後，他命令道，「好，讓他們來這裡找我談。」[33]長著一臉大鬍子的柯芬一副精打細算的樣子，按照要求去見摩根。科芬先做過了商業調查，他拿出兩家公司的資金平衡表，給摩根留下了深刻印象，因為他產出高於愛迪生兩倍的利潤。摩根認為，找一個更好的管理者——湯姆森與休士頓的人——買下愛迪生通用公司的全部股份會更有意義。

科芬猶豫了一下，然後提出合併的建議，但是公司要交給他負責。合併後的總資金達到五千萬美元，在一八九二年時是全美第二大規模的工業公司合併。愛迪生的股票可以按一比一比例兌換，湯姆森與休士頓的按三比五比例，因為比例慷慨，讓小型與不知名的公司接管了領域裡的知名公司。和湯姆森與休士頓的一千八百萬美元相比較，愛迪生的股東在新公司裡只占了一千五百萬美元的份額。剩下的一千七百萬留作庫存基金以為將來之用。愛迪生陣營得到的錢不多。最讓人傷心的是，新公司的名稱「通用電氣」拋棄了兩家原來公司名字，愛迪生，電力之父光輝的名字也被丟棄。在十幾年前，摩根的家曾是紐約第一家有電燈照明的住宅，而且由愛迪生安裝的，現在他將愛迪生從新公司中除名，竟然都沒給這位偉大的發明家打個電話或發電報。愛迪生的傳記作者馬修・約瑟森記述，「對摩根而言，只要結果是能組成大信託公司，而他是銀行主，用誰都無所謂。」[34]在當時人們口中，愛迪生已被摩根滅口。

《紐約每日論壇報》兩星期後報導說，「愛迪生對事情的轉變非常惱火，他已提議全部退出……對於公司管理不善並且犧牲到他的利益，他感到憤憤不平。」[35]這些當然完全是事實，但是愛迪生恨別人把他看成傻瓜，所以事件發生的當天，他立刻擺出一副慣有的趾高氣揚模樣。他不希望全世界和他的敵人知道他的公司在自己手裡被賣掉，而銀行家卻沒有對他說任何一句話。面對眾多記者，愛迪生表現出最好的紳士風度，解釋他已著手在做更大更好的事。「我不能在電力照明上浪費時間，因為它們已過時了。我在十年前就不再操心這件事，我有很多新東西可以做。電燈對我來說太古老了，我只希望我持有的股份盡可能得到最多分紅。我不是純粹的生意人，不會去為這些事浪費寶貴時間。我想我曾是第一個主張合併的人。」[36]他堅持認為，將占領四分之三電力市場的新公司既不是信託，也不是壟斷企業。

頗具影響力的《電力工程師》編輯馬丁曾短期在門羅公園為愛迪生工作過，他寫了一篇編輯評論，題名為〈愛迪生先生犯的錯〉。他深思了導致愛迪生通用電氣垮掉的原因。「人們毫無疑問可以把問題歸咎於「愛迪生雖然有能力組織與管理，但是他的利益不連續、經常變化」。但是這還不是深層的原因，他提出，「愛迪生對交流電的態度和他的堅決阻撓呢？他可以無視其價值，但是隨著這個系統出現，其他人立刻發現它的可能性……自從六年前這個系統提供了遠距離服務，從實用價值上就已經把直流電趕出了中央發電站的生意。愛迪生先生從一開始就打定主意毫不妥協地反對，而且利用他自己的名人效應，利用所有可能機會詆毀對方。但是潮流是不會改變方向的。」在這第一次，也是最猛烈的新型現代科技競爭中，卓越的技術也因而普及。愛迪生頑固地反對交流電，馬丁認為愛迪生的代價就是他的公司，他也相信愛迪生的偉人形象會受到影響。「他在全世界的聲譽太高，改變生意或方式都會引發危機。」[37]

一八九二年秋天，愛迪生的白熾燈經過七年戰爭之後贏得最後勝利，但是他並不特別高興。這只給受了傷、已退至紐澤西的巨擘一點安慰。愛迪生的祕書泰特在專利權宣判的幾個月後去看望他，希望得到電池專案的一些技術性資訊。他發現愛迪生獨自站在他巨大的兩層樓圖書館裡。雕塑家奧瑞利歐．博丁格（Aurelio Bordigo）做的精靈站在書桌上，高高舉著一盞燈。愛迪生在一八八九年巴黎博覽會期間那段快樂日子裡購買了這尊名為「電學奇才」的雕像。當年輕的泰特向電學大師提出技術問題時，愛迪生激動地回答：「泰特，如果你要想了解電的問題，就去電流室找肯內利。他知道的比我多。事實上，我發覺自己從來都不懂電。我現在要去做一些完全不同、更大更新的事，人們將永遠忘掉我的名字，忘掉我和電之間的任何關係。」

泰特目瞪口呆地看著痛苦的愛迪生，「我意識到愛迪生的心已經死去，他心裡不會被任何他剛提到的更大更有意義的事占有。他的自尊受到傷害。他的性格中沒有絲毫虛榮，但是有根深蒂固、永存不朽的自尊。現在他的名譽被踐踏，被自己多年精心研究和努力不懈創造的偉大工業踐踏成粉碎。」[38]

同樣的命運是不是也在不遠的將來等待著喬治．西屋？他走過所有逆境，成功保住了需要的貸款與新電力公司的儲備基金。然而一八九二年二月十七日的《電力工程師》報導說，「看起來事情正如許多人預料，正如傳言所說，新的（通用電氣）公司將吞併西屋公司，這馬上會成為事實。共有一千六百六十萬美元的股份，其中六百萬是優先股，除去承兌愛迪生和湯姆森與休士頓股票後，餘下的做為庫存資金，很多人想用恰當的比例在方便的時候接收西屋公司；但是這個計畫尚未公布。」在方便的時候。連西屋這般強硬的人讀到這個形容也會顫抖。他還沒有讓特斯拉的交流電系統付諸運作，沒有人認為他會做到。在通用電氣內掌握了四分之三的國家電力生意的人，無疑也會希望得到交流電系統專利權。而摩根，通用電氣的後台老闆，最看重大壟斷集團，看不上所有其他工業公司。

榮譽議庭夜景，1893年芝加哥哥倫布紀念博覽會

第10章 電學家的理想之城：世界博覽會

一八九二年五月中旬，喬治．西屋坐在他的私人列車格蘭艾爾號上，穿過春意盎然、野花盛開的印第安那大草原。前方是龐大的大都會芝加哥，一個欣欣向榮的城市，火車行李員羡慕地稱之為「美國的老闆城」。賓州火車的車頭緊急拉響汽笛，因為它正快速駛進「一個工業競技場，它比匹茲堡還大，天空比匹茲堡更黑，一片無邊無際的工廠、鐵路編組車場、屠宰場、穀倉，還有鐵工廠、煤渣堆和像小山一樣的煤堆。煙灰覆蓋的纜車和長列貨車停在交叉路口等待火車駛過，到處都覆蓋著黑灰色煙霧。」[1]火車速度慢下來，傳說中的芝加哥摩天大樓群漸漸映入眼簾，現代化的建築聖堂顯示這座城市的活力與想像力。這個變化迅速的商業新世界有幾十條鐵路線縱橫交錯，造就了兩百多個百萬富翁。現在，這座城市的野心是舉辦下一屆的世界博覽會，而喬治．西屋希望拿到它最大的電力合約。

西屋從一八九二年春天起就成了芝加哥報界的寵兒，他們擁戴他為白色電力衛士，勇敢地在最後一刻從遙遠的匹茲堡趕來，與湯姆森與休士頓公司的無賴們和愛迪生的「電力信託」競爭。那些傲慢的東海岸商業鉅子為即將在芝加哥舉辦的世界博覽會的照明工程，提出一個又一個的詐欺性競標價格。新通用電氣公司的查爾斯・科芬錯估了眼光敏銳的芝加哥夢想家，這個城市的商業菁英不顧一切地把他們雖不成熟但很迷人的大都市放進國際地圖，英國記者喬治・沃靈頓・史蒂文斯（George Warrington Steevens）稱「芝加哥，皇后與流浪漢的城市，受世人讚美和藏垢納污的世界！不是我有一百根舌頭，而是每個人都操著不同音調，說著不同語言，我實在對這喧鬧城市做不出公正評斷。」[2]現在這個城市的偉人正以閃電般的速度籌建壯觀的世博會——哥倫布博覽會，預計在一八九三年五月一日開幕（比總統選舉晚一年），來慶祝發現美洲大陸四百周年紀念日。博覽會將展示奇蹟般的芝加哥，以及美國、德國、巴西、埃及和薩摩亞群島等很多國家的工業和文化。

芝加哥博覽會的經理沒有被鄉巴佬和無賴科芬矇騙。科芬見西屋沒有參與招標，於是漫天要價。三月中旬，通用電氣公司給展會送去競標報價，共六千盞燈，每盞白熾燈報價三十八塊五美元。可是在前一年十月，世博會只付了三分之一的價格（每盞燈單價十一美元）給芝加哥愛迪生公司（在成為摩根的「心腹企業」之前），為了給建築工地夜間照明。博覽會委員會不願被騙，立刻回絕了科芬，決定選擇更低的每盞燈二十美元的報價，負責供應的幾家小公司並不屬於新的「電力合併」。當地報紙幸災樂禍地下標：**砍價二分之一，搶劫博覽會未成；電力合併威信盡失**，以及**博覽會經理智勝托拉斯**。但是科芬連眼睛都不眨一下，下一次為發電機報的價格更過分：每馬力十五點七八美元，又一次激怒了博覽會經理，他立刻決定繞過科芬，和一家當地小型公司以每馬力兩塊五美元的價格簽訂合約。

到了四月初，委員會準備簽訂博覽會最重要的電力合約：九萬兩千個展場室外照明，為期六個月。所有照明公司都沒有信心，除了西屋以外。於是在四月二日，博覽會經理打開那個招標大鐵箱，裡面只有兩份標書：通用電氣報價每盞燈十八塊五，共計一百七十二萬美元；小公司南方機械金屬工廠報價每盞燈六塊八，總計六十二萬五千六百美元。南方公司的業主是個不知名的芝加哥商人，名叫查爾斯．洛克斯特（Charles F. Lockstead）。西屋的傳記作家洛普記敘道：「大企業都嚇呆了，這匹黑馬是誰？有什麼人可以為他的責任承擔後果？誰又來給他生產需要的設備裝置呢？」很快就有了消息，「洛克斯特先生找到了西屋，希望他有興趣參與，西屋電氣與製造公司將通知展委會，該公司將承擔責任完成洛克斯特的投標。」[3]展委會看到能節省近乎一百萬美元，當然歡迎西屋加入。

於是，下一場偉大的電流大戰用迂迴的方式爆發了。從最開始起，西屋就著眼於全國並放眼全世界，所有動力都將來自經濟廉價的交流電。愛迪生除了導致自己的公司解體，把心愛的電力公司輸給伶牙俐齒的鞋商查爾斯．科芬之外，他惡意中傷排斥交流電的企圖全部落空。在過去一年多來，西屋花費太多精力保護自己的公司，以致於忽略了博覽會的投標。現在金融風暴過去，他的金庫裡裝滿了波士頓和紐約的資金，又有一個令人感興趣的商業提議送到門前：和激動的洛克斯特聯手合作，為那據說將是美國史上最壯觀的博覽會提供九萬兩千盞照明燈。這筆生意不是為了賺快錢，而是為了用這前所未有的難得機會，向全世界展示電力的無比輝煌和能量，特別是交流電。但是競爭對手不再是愛迪生，而是科芬和通用電氣。

在匹茲堡加里森大道骯髒的工廠裡，製圖員麥克萊倫（E. S. McClelland）說：「西屋先生的通知讓我們吃了一驚，他要去伊利諾州的芝加哥拿一份一八九三年在該城市舉行的哥倫布博覽會的電力合約。沒有人在意他此行的風險，也沒有人認為他會完成使命。」[4]但是西屋嚴正看待此事。之後老闆回到他的市中心大廈，召公關人員恩斯特・海因希斯到他的辦公室。西屋像往常一樣坐在他寬大的辦公桌邊。六把精美帶墊的椅子圍放在桌旁，地上鋪了一張珍貴的波斯地毯。在屋子的一角有個書架，放滿了專利局公報和各種工程雜誌會刊。一個純木的掛鐘在壁爐上方報時，西屋抬頭看了一眼海因希斯，以前匹茲堡《紀事電訊報》（*Chronicle Telegraph*）的工業記者，問道：「你和芝加哥報界的人熟嗎？」海因希斯回答沒有，但是西屋告訴他必須去一趟芝加哥，與當地新聞界建立聯繫，為自己報導。

海因希斯認真考慮之後，打電話給匹茲堡聯合通訊社的老朋友科洛奈爾・康奈利（Colonel W. C. Connelly）。他的朋友正好要去芝加哥，他們倆一起搭火車去了這座中西部的中心城市。海因希斯寫道，「接下來三天我們都在一起。朋友帶我去一家又一家報社，把我介紹給合適的人並參加會議……此時西屋先生自己也抵達了芝加哥的飯店，我一分鐘都沒有浪費，立刻安排報界記者去見他。他的偉人風度、和藹可親的面容、高雅坦然的氣質和誠摯率直的個性，完全征服了整個新聞界。」[5]於是芝加哥的記者對那蠻橫霸道的「電力信託」深惡痛絕，轉而擁戴西屋，頌揚他為城市最優秀的衛士與勝利者。

*

在西屋準備用低價標下世界博覽會生意的時候，通用電氣也重返競標名單，厚著臉皮把原先的報價大刀闊斧一砍，從一盞燈十八塊五美元降到六美元。科芬總是派他授權的代理人出面，而那代理人鬱鬱寡歡的舉止，只讓已懷有敵意的芝加哥新聞界更惱火。這場電力競賽打了無數回合，持續了幾星期，伴隨許多大吵大嚷和對不公平競爭的抱怨。展委會主席哈洛・希金博特漢（Harlow Higinbotham）既為自己的誠實，又為自己會討價還價做買賣自豪。他決定在五月初進行一次全新、也是最後一輪的投標。《芝加哥時報》為此欣喜若狂，宣稱**競標價將低於托拉斯：西屋先生保證將引起電力界轟動**[6]。於是就在五月中旬，在一段持續的好天氣期間，西屋又一次來到煙霧瀰漫、喧鬧騷亂的芝加哥。威嚴高大的西屋穿著他一貫的黑色三件式套裝，拿著永不離手的雨傘，山羊鬍和末端下垂的小鬍鬚直立著，走下了他的私人列車，步入嘈雜芝加哥車站的拱形鋼玻璃屋頂。那裡電弧燈閃耀，亮晶晶的火車頭噴著滾滾的蒸汽，搬運工人推著旅行箱，賣報的孩子叫賣城市的二十七種報紙。西屋和他的老朋友及辯護人查爾斯・泰瑞（Charles Terry）擠出車站來到街上。他們接到通知來芝加哥討論新的投標，為展會提供場外照明用的九萬兩千盞燈。通用電氣也將到場競價，但是芝加哥媒體都在嘲笑他們的愚蠢和反覆無常。

博覽會經理費了千辛萬苦籌辦這個世界博覽會，在簽訂重要昂貴的電力合約之際，已有七千人在荒蕪的傑克遜公園博覽會場地工作了一年，場地位在芝加哥城南七英里密西根湖旁一片光禿禿的沼澤地上。經過冬天的刺骨寒風和夏日的炎熱灰沙，偉大的勞動者和騾子組成的軍隊讓這塊六百英畝沼澤地搖身變成童話故事場景：優雅的威尼斯運河與瀉湖，景象令人難以置信。耗資一千五百萬美元，出自知名風景設計師費德列克・洛・奧姆斯特（Frederick Law Olmsted）的手筆。在那平靜美麗的水路中心，一座新古典主義的白色城市沿著長方形大水池建起，一個出色、巨大、充滿夢想的榮譽議庭式宮殿群，每個宮殿都將成為展示現代奇蹟的最好展場。遊客乘坐密西根湖渡輪經過時無不驚歎，這些從沙石中拔地而起的超現實夢幻宮殿看起來像切開一半的古老奶色大理石，散發出神話般的高貴。

這些有著愛奧尼亞立柱、細長的拱門、莊嚴的圓頂大廈，塔狀、六角型和尖頂建築的古老建築群只是夢想和幻覺，「大理石」外表只是「纖維灰漿」而已。這巴黎綠色石膏和大麻纖維的巧妙結合物結實地覆蓋在建築的龐大鋼鐵結構上，外表裝飾工藝都達到高超的建築水準。芝加哥居民為這宏偉景觀震撼，每天都有很多人不辭艱難趕至，無論是踩著冬天寒冷的泥濘，還是冒著夏日酷熱的灰塵，只為了一睹這些拔地而起的古老宮殿建築群風采。精明的展委會經理立刻打開旅遊生意，開始收取門票。

如果只有一個芝加哥人應該從這怪異縹緲的古老夢幻建築中索取回報的話，這個人恐怕非丹尼爾・伯哈（Daniel H. Burnham）莫屬。他是該市傑出的建築師和設計師。伯哈當時四十四歲，是個帥氣、朝氣蓬勃的人，與他的合作夥伴約翰・韋伯恩・魯特（John Wellbom Root）一道設計和建築了幾座芝加哥讓人驚艷的摩天大樓。伯哈是博覽會的工作經理，他就像一台張牙舞爪、有著鋼鐵意志的發電機，推動別人都認為做不成的事。一八九一年二月，伯哈在傑克遜公園荒地上為自己蓋了一間簡樸的小木屋當作指揮所，裡面有個寬大的石頭壁爐，小屋裡儲藏許多紅酒和陳年馬德拉白酒，做為抵抗橫掃湖面狂風暴雨的鎮靜劑。他在建築現場被人稱為「總指揮」，每週都花很長時間待在那裡。

大部分工程師和工人都住在簡陋的棚屋裡。整個建築工地由帶刺鐵絲網牆圍起，防止勞工組織的人入內，門口有守衛。氣候變化異常，不論嚴寒或酷暑，伯哈都給大家和他自己加壓到極限：每週工作七天。一個觀察家說道，「那經理和他的人員就像戰場上的士兵一樣，從來不分白天黑夜。」[7]前一年十月起又增加一班人在寒冷的冬天上夜班，因為愛迪生的電廠現在可以供電給電弧燈照明。愛迪生電力公司有五十台馬達為重型屋樑和構架用的起重機加速運轉，也供讓「纖維灰漿」看起來酷似珍珠白大理石用的電噴槍使用。

*

五月十六日星期一，西屋和泰瑞來到拉薩拉大街，世界博覽會在盧克麗大廈的辦公室，那裡聚集了二十多人。有些人已經緊張地抽起雪茄。伯哈與其他主管地面建築的委員會成員落座在長桌旁，桌上放著封好的投標鐵箱。通用電氣的第二副總裁尤金．格里芬（Eugene Griffin）也坐著，身邊伴著兩個公司的地區經理。待西屋和泰瑞也坐下後，所有人都期待著開箱。雪茄伴著低聲細語，最後的電力之戰就要開場。和上次一樣，箱裡只有兩份投標。第一個大聲宣讀的是通用電氣。他們新的直流電報價是五十七萬七千四百八十五美元，新的交流電報價為四十八萬零六百九十四美元。每個坐在盧克麗大廈辦公室裡的人都很清楚，通用電氣的新報價只有他們當初報價一百七十二萬的三分之一，十分厚顏無恥。人們開始竊竊私語，互相張望。之後是西屋的競標，人們安靜下來，只聽得到街上傳來的喧鬧。西屋的報價混合了直流電與交流電，共四十九萬九千五百五十九美元。通用電氣的人看起來坐立不安，情緒有些低落。西屋打敗了通用電氣。西屋為九萬兩千盞燈的總報價為三十九萬九千美元，比信託的最低報價少了八萬。有權做決定的展會工地建設總指揮伯哈立刻表示將合約給西屋，但是委員會其他成員猶豫不決。一份後來的回憶錄聲稱，他們有些人是「通用的股東」，一直堅信科芬會得標[8]。委員會退入一間上鎖的辦公室裡。幾個小時過去，周圍大樓的燈光已熄滅，筋疲力盡的委員會成員同意休會，第二天繼續。當他們全部離開之後，西屋對《海間日報》（*Daily Interocean*）記者說：「我的競價工作沒有花很多錢，但我會花很多錢做廣告，這是我的打算。」[9]

星期二早上依然春光明媚，爭執不下的雙方重新坐在一起。通用電氣的格里芬繃著臉堅稱西屋不可能履行合約，因為（根據《芝加哥論壇報》的報導）「他的專利……還在訴訟中。通用電氣已經對西屋要安裝的燈提出法律訴訟」。西屋聽後和氣地笑了笑，回答他「對自己的安裝能力沒有任何疑問」。另一個委員惱怒地向《海間日報》抱怨，「愛迪生公司多年來總是自鳴得意，在全國到處通告，不遺餘力嘲弄西屋系統。一天早上醒來，公司突然出現一個競爭者。現在又說，如果合約給了西屋，他們要魚死網破……剎那間的想法顯現出虛張聲勢的本質。」[10]

儘管西屋很樂觀，但是愛迪生燈泡專利權的爭論仍是個嚴重問題。那場關鍵法律戰進入了最後訴訟階段，所有電學家，甚至包括西屋在內，全都期待通用電氣贏得這場官司。但是誰也不知道，通用是否將被法院判定只能把燈泡賣給他們自己的客戶。伯哈同意推遲幾天決定，他們應先諮詢博覽會的法律顧問。

在這場芝加哥電流大戰中，西屋的動力不光來自他長期的電力夢，也來自他對通用總裁科芬的厭惡，他們彼此都懷有敵意。先在世界博覽會合約上否定了科芬和通用電氣，又在競價中取勝，可以想像西屋將會多高興。總言之，如果科芬不是那樣貪婪與敲竹槓，這份大合約按理早在四月初就屬於通用電氣的了。

五月二十二日，委員會再一次發電報邀請西屋，於是他又搭著他的格蘭艾爾號，旅行了十二小時，穿越俄亥俄和印第安那奔往芝加哥。許多朋友都勸他不要接這項龐大危險的工作，一旦失誤將成為眾矢之的。永遠樂觀和懷有永恆電力夢的西屋依然如期趕到。律師們站在西屋一方，但是此刻，委員會提議將合約一分為二。西屋爭辯，他是「最低的競標者」。《芝加哥論壇報》也報導，「西屋有一流的設備，應該得到整份合約。」他不是個只做一半事的人。懷有惡意的格里芬再一次提及燈泡專利的爭論，委員會問西屋，是否可以提供一百萬美元的契約金做為合約保證金。西屋溫和地回答，當然可以。

委員會又一次退回去討論。幾小時過去。外面天已黑，街上也變得靜悄悄。屋裡被雪茄燻得煙霧繚繞，盧克麗大廈亮起了燈。委員會終於在晚上七點半達成協議，進行投票。結果很快且毫無異議，他們把這個輝煌的爭奪物給了西屋和西屋電氣與製造公司。敗局已定，格里芬氣急敗壞，他威脅如果燈泡專利裁決有利於他們，西屋就會「在他們的掌握與控制之下。因為他不能自己製造燈泡，只能從他們那裡購買。我們不會阻礙博覽會，但我們不會讓他的合約繼續。」[11]

西屋沒有幸災樂禍，只是拿起他的黑雨傘準備離開，並留下了下面的話給記者，「我將安裝十台或十二台發電機為一萬兩千個燈供電，而且我將提供整潔完美的第一流電力系統。我有大約十萬個燈在工廠，完成或是部分完成，因此我不會有安裝材料問題。要求我在十月一日前安裝五千至一萬個燈，這太容易了。在博覽會開幕前裝備整個展場完全沒有問題。」[12]一個太容易的任務，西屋用他輕鬆的語調說。《電力工程師》懷疑西屋是否能渡過這重重難關。畢竟他首先要湊齊一百萬美元契約金中的五十萬。「西屋先生可能並不在乎如此多契約金，他可不是半途而廢的人。」[13]

西屋從芝加哥返回的那天早上，這個「老人」，他的同事這麼叫他，直接去了公司的機器工作坊，叫總製圖師麥克萊倫到前面的辦公室。這位已為他工作十二年的職員，胳膊下夾著筆記本和筆趕來。當初麥克萊倫聽到老闆搭私人火車去芝加哥爭取電力大合約時就驚訝不已，現在第一次知道，他的老闆贏得了這份大合約，更讓所有人大吃一驚。他也瞭解到這次規模宏大的博覽會合約需要些什麼：

西屋：「我需要一個引擎。」

回答：「是的，先生。」

「一千兩百馬力。」

「是的，先生。」有一絲驚惶。

「每分鐘兩百轉。」（這個規格的引擎通常七十五轉。）

「是的，先生。」有一些驚恐。

「每平方英寸一百五十磅鍋爐壓力，非濃縮。」
「是的，先生。」
「飛濺式潤滑。」
「是的，先生。」
「必須放得進這個和那個尺寸。」
「是的，先生。」
「我在兩點鐘回來，看你有了些什麼。」

麥克萊倫記述：「西屋說完就走了，留下茫然的我。對於他的要求，很難形容有多驚愕。我們只製造兩百五十馬力引擎……現在要一個一千馬力，每分鐘轉速兩百，對我來說根本不可能。但這就是他給的任務。西屋先生需要這樣的引擎。」事實上，他需要的不是一台，而是很多台。製圖部門的主管對西屋要求的回答是「不可能的要求，他根本得不到」。可是部門裡所有的人都知道，他們必須在那天下午做出這類引擎的設計圖，於是他們全都埋頭開始工作。下午兩點，西屋打電話告訴他們，他第二天早上才會過去。麥克萊倫與另一名同事在辦公室忙到深夜兩點，努力設計出西屋希望看到的東西。第二天拂曉時，他們全聚集在辦公室裡觀看設計圖，把設計圖轉向一側，好看得更清楚。「把這塊板向這一端置放，看起來有點怪，可是給了我們解決問題的答案……如果是直立式引擎就會有足夠空間。當答案在腦子裡閃過，主要引擎設計圖就像充了電，變得活靈活現。」不久，西屋就大踏步走進來，「帶著他慣有的警覺與期待」。看過設計圖後，他認可了，並且問道，「多久才能得到四台這樣的機器？」於是他們立即著手製造「新式且未經實驗的機器和全新設計的蒸汽機」[14]。

在芝加哥投標時，西屋當面嘲笑了格里芬，因為這位通用電氣的副總裁在競標現場預言，西屋將不會有九萬兩千個燈泡去點亮那神話般的白色城市。這個可能性非常可能成真。真實情況如傳記作家亨利．普魯特所說：「事態嚴峻，但不危險。西屋公司根據合約必須承擔義務，點亮芝加哥的世界博覽會。他已經給許多工廠安裝了電燈，這些工廠的電燈必須更新。公司不能再販賣白熾燈材料，除非能安裝無專利侵權的燈泡。對這種燈的需求乃急切且刻不容緩。」[15]

西屋和通用電氣的人都清楚，他需要無專利侵權的燈泡。但是通用不知道，他已經在解決這一關鍵問題上邁出扎實的一步。西屋回到他煙霧瀰漫的匹茲堡工廠，為他的專利——一種老鋸木人「塞子」燈，親自出馬工作了好幾個月，努力尋找突破點，讓他可以大批生產，滿足巨量需求。西屋的燈泡與愛迪生的不同，他的燈泡有兩部分，共用一個低電阻燈絲，安在一個鋼化玻璃的「塞子」上，像一個瓶塞正好放進充了氮氣的玻璃球，然後密封起來。那個塞子可以移動，燒壞的燈絲可以更換。隨著世界博覽會日益逼近和通用電氣明顯的敵意，西屋建立了一個玻璃廠，這個廠屬於阿勒格尼西屋氣閘公司。西屋每天去那裡教操作員使用磨床機器，加工出與燈泡密合的塞子。他的世博會專案經理凱勒十分欽佩對西屋，「他有克服任何困難的決心和熱情。他咯咯笑起來像個孩子。他解釋磨床的工作原理，我看見大家……受到他感染，把這件事視為一場賭博，要去打敗手中握滿王牌的對手，而大家津津樂道地學著。他對工人有一股吸引力……能意識到這點很令人高興，儘管形勢看起來不明朗，

『老闆』將要安裝不用納貢的燈。他確實掃除了我的憂慮。」[16]

*

在愛迪生的燈泡專利於一八九二年十月四日在聯邦法院得到支持之際，西屋冷靜地向《紐約時報》聲稱，儘管他，案件的原告，覺得法院判決明顯錯誤，但是對他來說影響不大。「既然已經預見了結果，我們就不會受到影響。我們的生意已經按照現況計畫與安排。法庭認可的專利其實馬上就要過期，況且，這一兩年間電力業發展飛躍，這個決定的效力也會變化。」[17]

緊接著下一期的《電力工程師》就刊登了西屋的第一個「塞子」燈泡廣告，編輯在雜誌上加了備註，說明因為這種新型燈泡幾乎全由機器製造，成本比愛迪生的燈泡低許多。這是件好事，雖然「塞子」燈泡的耐力沒有愛迪生的燈泡長，但正好可以填補愛迪生專利到期前的空白。西屋的電燈工廠仍然繼續生產愛迪生式的燈泡，愛迪生的案子已上訴到美國最高法院。

通用電氣不願意靜等勝利來臨，在十一月中旬時又開始糾纏，要求聯邦法院禁止西屋生產愛迪生式燈泡。西屋看出公眾意識已經逐漸對新壟斷集團感到厭煩，一些團體組織如雨後春筍般形成後，就開始使力反擊。在呈給法院的文件上，他指責通用電氣是「一個最腐敗的托拉斯」，用盡惡毒伎倆，拚命要把像他這樣的誠實商人擠垮。他敦促通用電氣應該研究一下已經問世兩年的休曼反壟斷法案（Sherman Anti-Trust Act）[18]。西屋要求法院強制通用電氣出售燈泡給競爭者。但法官拒絕為雙方做任何事。一個月後的十二月十五日，美國最高法院判決支持長期訴訟的愛迪生專利方。長達七年的白熾燈泡專利戰結束了。通用電氣的怒氣肯定會因為法律強加的限制而緩和下來，整個電力界更是鬆了一口氣。然而那些生產侵權燈泡的廠家因此被迫停業。

但是企業之間的戰爭還沒有結束。西屋及妻兒在一八九二年耶誕節時去了曼哈頓。十二月二十三日下午，西屋和他的朋友及法律顧問泰瑞談完一樁生意，剛坐上開往住宅區的高架鐵路火車，就遇上長期擔任愛迪生電力公司首席律師的格羅維諾・勞里（Grosvenor Lowrey）。儘管打了長久的法律訴訟，他們始終還是朋友。於是兩個匹茲堡人和愛迪生的律師同坐在一節搖搖晃晃的車廂裡。在談話中，勞里愉快地提到他的一位副手費德列克・菲什（Frederick Fish）去了匹茲堡。西屋的耳朵立刻豎起來，漫不經心地問起原因。勞里似乎也發現他多嘴了。抵達下一站時，西屋對勞里說他們該下車了。火車的門剛關上，駛出月臺，西屋就問泰瑞：「你說菲什在此時去匹茲堡做什麼？」

他們走出車站，走入人群與馬車隊時，西屋說：「我覺得除了給咱們找麻煩，實在想不出有什麼原因讓菲什到匹茲堡來。我們必須盡快行動，無論如何要阻止他。」

西屋在匹茲堡的律師發來電報，電報上說，第二天，也就是平安夜那天早上，他們必須去聯邦法院出庭。第二天一早，通用電氣的菲什先生果然衣冠楚楚地站在那裡。他看著西屋知名的律師手裡準備了許多文件。現在最高法院的最後判決已經下來，通用電氣又在暗中搗亂。但是這回他們希望得到強制令，不是對舊燈泡，而是針對新的西屋「塞子」燈泡，宣稱這個新燈泡同樣侵犯了他們堅如磐石的專利權。通用知道，如果他們能關閉西屋的「塞子」燈泡工廠，哪怕只有幾星期，也可能破壞西屋的整個世界博覽會合約。由於西屋的律師在場，法官艾奇森不傾向嚴厲裁定。元旦後，法官迅速斷定「塞子」燈泡「沒有侵犯愛迪生燈泡的專利權」。西屋的傳記作者洛普寫道，「雖然略微疲乏的戰事再起，然而這出乎意料的判決反倒為西屋掃平了路，他可以繼續生產他的燈泡，完成芝加哥的偉大任務。」[19]

西屋的工程師開始根據草圖建造一個迄今為止美國最大的交流中央發電站，能供電給十六萬盞燈和許多馬達。到目前為止，最大的交流電站也只能供電給一萬盞燈，還沒有把馬達包括在內。但是電力公司終於取得真正突破，準備在博覽會上展示整個特斯拉交流電系統，包括交流馬達。這位古怪的發明家正穩步進入高頻電的未知領域。穿著時髦的特斯拉從曼哈頓的實驗室趕到阿勒格尼的工廠，擔任西屋工程師的顧問。西屋想要展示即將問世的特斯拉感應馬達，希望發展雙相交流電。西屋工程師班傑明．拉姆（Benjamin Lamme）做了許多引擎方面的工作，他回憶道，「根據西屋的建議，為芝加哥電廠服務的機器，每台都有兩個單相交流發電機，並排放置，它們的電樞繞組交錯成九十度角。」[20]兩個這樣的機器產生出特斯拉的雙相電流。這樣一對組合可以點亮三萬隻「塞子」燈泡。保險起見，西屋製作了許多台。如果一台停止工作，而博覽會人員沒注意到，另一台機器就會自動切入工作。它們將由一個大功率、有兩千馬力的阿里斯查爾默斯引擎，和許多一千馬力的引擎帶動，燒的都是標準油而不是煤。這樣白色城市就不會被煙霧籠罩。

一八九三年一月下旬，《電力工程師》報導許多電學家去了匹茲堡，參觀那十二台快完工的塔形發電機，每台重達七十五噸，僅僅旋轉的電樞就達二十一噸。「用這十二台一千馬力引擎，可以發動展覽會上任何機械，而且可能是展會中的最大展品。」[21]任憑西屋如何輕鬆這說是「太容易的任務」，這些龐大機器還是在開幕前幾星期才運到。它們被安裝在內部鋼鐵結構的機械館，位於南側中部，榮譽議庭的其中一座。安裝完畢是四月底，而開幕式是五月一日。

開幕的前一天下午是星期日，個性嚴肅的英國牧師赫伯特・斯特德（F. Herbert Stead）鼓起勇氣去參觀還沒開幕的展覽場，然後彙報給權威的《觀察評論》（*Review of Reviews*）雜誌。因為外面風雨交加，他乘有軌電車出發，在傑克遜公園不得不打雨傘擋風遮雨，他的高靴也陷進冰冷的泥水裡。斯特德說：「我發現世博會雜亂……門裡面的路還不如外面的……到處都是展委會亂放的東西……戴頭盔的腦袋、赤裸的胳膊、古代武士的脛甲腿……大群工人同樣給人不堪重任之感。」

但是第一印象很快便一掃而空。就像芝加哥不協調的活力與骯髒醜陋讓觀光客大吃一驚，白色城市也一樣，但是與芝加哥的印象截然不同。斯特德站在宏偉行政大樓金色圓頂的平臺上，忘掉自己的衣服冰涼濕透，視線穿過流線的雨柱和薄霧，目不轉睛地望著下面的景色。他看到大水池周圍的榮譽議庭，平靜水面被瓢潑大雨畫成各種圖案，遠處有蜿蜒的水道，以及正在工作的隊伍。嚴肅的斯特德跟許多人一樣深深受感動，突然詩興大發：「這是一首建在神話仙境裡的詩……這是一場美麗無比的夢，夢裡充滿阿爾卑斯山巔白雪般古典美的回憶……這是一種進入理想世界的幻覺。」[22]雨停了，縷縷白雲環繞雪花石的宮殿和閃閃發光的湖水，形成一幅安靜的天上人間畫卷。

說來也奇怪，開幕那天，鉛灰色的雲層消散，到正午之時，明媚陽光穿過雲層普照大地。斯特德牧師和許多從擁擠不堪的電車、火車和密西根湖渡輪下來的人群一起來到榮譽議庭，與那些坐立不安、大汗淋漓的記者們一起坐在主持人講臺下面的長凳上。這裡很快成為黑色禮帽、淑女帽與頭飾的海洋，偶爾出現博覽會警察的淺藍色制服。金頂行政大樓平臺上有七十五個印第安人全身畫著出征的顏色和頭飾，觀看著這征服他們土地的紀念慶典。隨著克里夫蘭總統出現，歡呼聲一浪高過一浪。克里夫蘭總統的體重足足有三百磅，身後跟隨著高級隨從抵達高台。斯特德贊許克里夫蘭總統的「普通老百姓的簡單晨裝，沒有彩帶和徽章」，還讚許他的演講，「全場觀眾都能清楚聽到他一個人講話。他本人有博大的感召力，強烈吸引著周圍人的注意，他運籌帷幄地指揮著，他的聲音永存」[23]。然後響起了高亢的「哈雷路亞」合唱，克里夫蘭總統巨大的手指堅定按下一個金子和象牙混製的電源開關。

在一千英尺外寬闊的機械展廳，一群西屋工程師聚集在木頭地板上，屏住呼吸，看著兩千馬力的阿里斯查爾默斯蒸汽機隨著總統手指按下開關後慢慢啟動。這台偉大的機器給西屋的發電機提供動力，讓它們向展場輸送電流。工程師聽到人群發出喜悅的歡呼聲，知道一切運轉正常：三座在榮譽議庭的巨大噴泉向天空噴射出幾百英尺高的羽毛狀水柱。一面巨大的星條旗徐徐展開，一陣清風吹過，迎風飄揚的各國國旗與各式彩旗像一片彩虹。水花飛濺，人群沸騰，禮炮齊鳴，船笛高唱，悅耳的霧鐘伴著一片歡騰，穿過熱浪在湖上蕩漾。

芝加哥世界博覽會正式開幕了！參觀者（美國人與外國人各一半）兩千七百萬人，每人要付五十分才能入場體驗奇觀。除此之外，人們看到更多電的奇觀。一如喬治・西屋的期望，這次展覽會展示了前所未有的新一代電能，它創造的奇蹟能令人震驚又賞心悅目。

在一八九三年世界博覽會的第一個星期裡，每天寒冷又有暴雨，天氣令人掃興。儘管伯哈盡了最大努力，六百英畝的場地還是很大部分沒有完工。雖然唱反調的人幸災樂禍於不利的開始和預期的失誤，可是後來天公作美，氣候變暖，展品迅速到位。燥熱的春風飄進密西根湖，沿著巨大瀉湖和蜿蜒水道栽種的茂密樹木、灌木叢、花草正萌芽。人們相繼來到，光看第一眼便目瞪口呆。博覽會裡任何東西都是最巨大、最精采、最刺激和最壯麗。充滿活力的大道樂園供馬車通行，也較清靜，那裡聳立著由西屋建造的兩百五十英尺摩天輪，伯哈曾希望這個工程奇蹟能讓一八八九年巴黎世博會的艾菲爾鐵塔相形見絀。整體上來說兩者大不相同，而摩天輪也同樣迷人。晚上，大摩天輪的光在夜空中閃耀，緩緩（以電為動力）轉動著，外圈上用三千顆燈泡形成美麗光環。至少有超過一百萬的遊客掏出錢買門票，就為搭上三十六個發光小客艙的其中一個，在空中轉兩周，眺望附近煙霧瀰漫且多采多姿的博覽會場地。當他們在空中慢悠悠旋轉時，乘客可以俯瞰下面異國情調的土耳其村、喜氣洋洋的德國啤酒花園、開羅街道及駱駝、伊斯蘭教清真寺和埃及金字塔。

把這一切編織起來的全是電。在一本導覽手冊中，總電力工程師自鳴得意地說：「哥倫布博覽會是我們這一代駕馭電的勝利……所有展廳裡的所有展品都是由電帶動。展會內的鐵路線、瀉湖上的遊艇、幾千英尺高的滑動鐵路、大摩天輪、利比玻璃公司在大道公園上的機械，全是靠電力輸出能源來運轉……每個脈動都受到難以捉摸且生氣勃勃的電流影響。」[24]

這裡還有電的廚房！還活在鄉村，從未領略過電的魅力的普通男女在芝加哥傑克遜公園，在這經過精心設計的短暫天堂裡，第一次感受到現代日常生活裡的電能，一個無形但強有力的現象，其作用驚人、討人喜歡、有益。「世界博覽會可以成為地球上最接近電學家理想之城之地。」《觀察評論》如此宣稱[25]。作家哈姆林．加蘭（Hamlin Garland）在給父親的信中寫道，「如果需要的話，就賣掉煮飯的爐子。你必須來看看這個博覽會。」[26]整個展覽會用電量是芝加哥城的三倍。但是這個白色之城不像美國其他大城市那樣，到處懸掛著網狀電線。伯哈挖了數英里長的電線「地下通道」，足夠人在裡面行走，中間留了一千五百六十個人工檢查口。所有電線全部整齊安全地排列，容易檢查，不可能電擊（或電死）任何無辜的人。僅僅四年前，巴黎世界博覽會用了一千一百五十個電弧燈和一萬個白熾燈；芝加哥在建築內與場外用的電燈數量是巴黎的十倍。巴黎總共輸送了三千馬力的電，芝加哥則是兩萬九千馬力。

白色之城的夜間照明光芒四射，見過的人都很難忘，讚許這是世界博覽會中有過最絢麗多姿的景觀。在五月八日星期一晚上，當黃昏降臨，斯特德牧師又一次置身在榮譽議庭的人群中。湖邊天色已暗，空氣中出現了一絲涼意。突然間，金頂行政大樓被電燈照亮，引起人們一聲長長的驚嘆。接著，連綿的古老列柱廊式建築在黃昏暮光中浮現在遠處大水池上。建築群的簷口和山形牆被數以萬計光線柔和的西屋「塞子」燈泡照亮，幾百尊雕塑顯得格外突出亮麗。面對神奇電奏起的華麗樂曲，人們瘋狂地鼓起掌來。然後，所有白色宮殿都被電燈照亮，快速閃現的燈光包圍起大水池的深水潭，整片水面微光閃爍。數百盞人行道沿路的電弧燈也亮了，散發出清晰的藍白色電暈。人們又開始歡呼叫好。幽靈似的威尼斯貢多拉和長長的電動船看起來就像神話艦隊。接著，四個巨大探照燈從最高的屋頂上晃動，在夜空搜索，並且不斷變換顏色，先是白，又是紅，接下來是綠，再來是藍。參觀的人從來沒見過如此精采精藝的電光，情不自禁地發出「噢」與「啊」的驚呼。

驟然間，燈光全暗下來，白色城市像是變成隱隱約約的幻覺。人們悄聲低語，清冷春風靜靜掠過湖面。一股激水聲衝破黑暗發出咆哮，「電噴泉噴出發光水柱。這樣的噴泉有兩個，各在麥克莫尼斯噴泉的兩側，它們噴出的水柱千變萬化，彼此交替配合，形成不同的顏色與圖案。」[27]噴湧水柱不斷變換著形狀和色彩。最後到了晚上九點半，燈光熄滅，看得眼花繚亂的人們心滿意足地踏上回家路，對把黑暗變成光明的神奇力量無比欽佩。

*

儘管之前的頭版狂熱報導了白色城市第一天夜晚的奇觀，但是五月九日《芝加哥論壇報》上當地最大的新聞並不是期待博覽會成功，而是當地國家化工銀行突然關閉，這是一八九三年大恐慌快速擴大的第一道漣漪。在慶祝芝加哥世界博覽會開幕式的四十八小時後，迅速發展但外強中乾的國家經濟開始緩慢地瓦解。其實在那年春天，歐洲資金抽逃已經日漸造成不安。然後就是費城和雷丁鐵路停止運行，緊接著是膨脹的國立繩業公司，引發了五月五日華爾街稱為「工業黑色星期五」的恐慌。三天後，芝加哥國家化工銀行副總裁無奈地說：「是的，那些傳言是真的。我們今天發現現金不足，最好的辦法就是關閉。」他宣稱儲戶沒有任何損失。一八九三年恐慌越來越不祥。《觀察評論》指出，「自一八七三年以來還沒有過這樣的危急時刻。銀行停業和老字號商業與金融企業破產的報導擠滿了報紙。好像是因為企業太多，它們根本沒必要存在似的……如果人們認為什麼事都沒錯，那麼絕大多數問題會立刻消失。」該雜誌敦促總統克里夫蘭將原定九月召開的國會會議提前到八月[28]。

在魅力無窮的白色城市的第一個月，遊客清楚意識到，是電帶來閃耀的燈光，讓引擎運轉，讓最有趣的奇想成真：一條沿著蒸汽渡輪碼頭的長長「活動人行道」，讓遊客可以隨意上下。靠交流電才能如此輕易傳輸這般大功率，這也是本次芝加哥博覽會的獨特之處。在哥倫布世博會上，哈洛德．布朗口中的「劊子手電流」徹底擺脫了那恐怖的綽號，變成了「難以捉摸和生氣勃勃的電流」。喬治．西屋也如他所做的保證，把所有的交流電巨獸都安裝在機械廳南側，那裡有數百台飛快旋轉的巨型機器，滿是震耳欲聾的轟鳴，還有難聞的煙氣和機油味。西屋展區的巨大引擎由更大的發動機帶動，這些發電機透過特斯拉的機器，經由地下纜線輸送兩千伏特的交流電。一但到了戶外公園，這些高壓電經由「變壓器進入室外的防火防水坑道，第二條線連接到建築物裡的玻璃瓦管道。最大的變壓器可供兩百盞燈照明，而且多數的大小相同」[29]。

西屋的原始合約簽訂了九萬兩千個白熾燈，但是誰也不清楚到底需要多少數量，包括馬達。所以他從一開始就安裝有超量電容、靈活機動的加強型交流電系統，輸送額外電力不是什麼大問題。到博覽會全部開幕且開始運行後，西屋電氣安裝了近乎三倍於合約數量的燈：二十五萬隻「塞子」燈泡。但是每晚只點亮十八萬隻，留下七萬隻做替換用（西屋的職員在展期間的工作就是爬到高處換掉壞燈泡）。很多馬達也如此運作。這個最大的交流中央發電站的中樞就在機械展廳裡，有個顯而易見的西屋配電盤，這個控制板將一萬五千馬力的電能輸送到展會各處。配電盤的材料是大理石（非易燃物），大約有一百英尺長，十英尺高，分為三部分。要走螺旋鐵梯和走道才能來到配電盤前，上面許多插頭、控制杆和管理四十條電路的電線。裡面如果一個壞了，另一個會自動並立刻取而代之。

西屋的傳記作者洛普說：「最讓參觀者驚歎的是，如此精密的機械裝置只由一個人操作，他不斷透過電話和通報者接收來自地面各處的訊息，而且對所有要求的回答就是僅僅動一下開關。」[30]那個年輕人的動作始終冷靜且輕鬆自如，似乎這一切非常簡單。在這裡，在世界博覽會，喬治·西屋和尼古拉·特斯拉讓美國公眾享用他們那廉價電能的偉大夢想，勾畫出光輝燦爛的電力世界草圖，那時，電是便宜且萬能的，永遠在變化——變化方式太大以致於無法想像——人們如何駕馭物質世界，如何度過每個夜晚，如何工作與休閒，全都在這裡呈現。在這裡，上百萬的人親眼看到電動馬達如何讓人們及他們的牲畜擺脫長期以來的沉重體力勞動，電燈如何照亮了他們的房屋。

當電力大廈終於在六月一日那個雨天晚上開放時，又有二十家國家銀行破產，報紙上連篇累牘的全是商業失敗的故事，均由於「銀根緊缺」所致。白色城市在艱苦時刻即將來臨時，成為迷人的避難所。對那些在夜裡冒著濛濛細雨趕去參觀電力大廈的人來說，他們的心被美麗精緻的蜃景以及優美的新文藝復興式白色宮殿照亮。身穿殖民期禮服大衣與過膝馬褲，手中拿著風箏的富蘭克林巨型雕像歡迎著所有來賓。走進三英畝紀念展覽館的人立刻發覺他們的眼睛應接不暇，面前是電力精品的輝煌展示：三千盞白熾燈和電弧燈的組合。當人們的眼睛適應了這耀眼燈光後，他們可以看到灰色的夜光柔和地滲透過高高的拱形屋頂，許多旗幟和三色裝飾布懸掛在二樓平臺上。當然不會錯過通用電氣公司的最顯眼的巨大標誌。一眼就可以看見前方和中間有一個哥倫布塔形圓柱，頂上有一個漂亮的希臘亭子，亭子頂蓋著一塊遮布。走近塔底可以看見底柱中央有個可愛的柱廊廟宇，掛著幾百個漂亮、有高度藝術價值的愛迪生電燈裝置。

通用電氣的查爾斯．科芬認為湯瑪斯．愛迪生這個商務夥伴實際上沒什麼用，但是他清楚地知道，大眾仍然把新通用電氣與這位偉大發明家以及他聞名世界的名字聯繫在一起。所以他全力為愛迪生宣傳：愛迪生最新且最驚異的發明——活動電影放映機，也就是電影的前身，並放映了一段英國首相威廉．格萊斯頓（William Gladstone）在下議院發表談話的影像。對觀眾而言，放映機螢幕上的他就像真人一樣，彷彿正透過窗戶看著他。一個雅致的圓形舞台展示了兩千五百種不同類型的愛迪生白熾燈泡。許多展品都帶有懷舊風格，紀念愛迪生電燈照明的歷史性突破，由此建立所有愛迪生發明的卓越地位。可惜愛迪生的劃時代直流中央發電站幾乎成為了過時科技。未來屬於交流電中央發電站，也是這位奇才永遠不會支持的。但由於科芬現在主管通用公司，所以通用展示了自行研製的各種類型交流電裝置。

有人猜想西屋（他通常避免參加這種慶典）也會高興看到巨穴式的電力大廈在潮濕的六月夜晚開幕的場面。當側廊裡擠滿觀眾，而時鐘在晚上八點十五分敲響時，樂隊奏起悠揚的《騎兵進行曲》。所有眼光都好奇地轉向通用電氣圓柱用布蓋住的塔頂。那織布緩慢且隆重地揭開。呼喊、笑聲，與突然爆發的鼓掌喝彩震耳欲聾，直衝屋頂天窗。在那堅固圓柱上面放著一個八英尺高、半噸重的愛迪生白熾燈泡，嵌在上面的五千個小稜鏡發出美麗奢華的微光。這是在紀念通用電氣取得長達七年之久的電燈泡之戰的勝利，勝利者刻意製造的超級燈泡乃是在宣稱，這出眾的電燈泡為他們獨有（為了配合這個慶賀主題，通用展示了整整七千頁、七大冊的「燈絲案例」證明，任何律師見了皆大喜）。不管巨大的愛迪生燈泡多麼漂亮與合法，西屋更欣賞這種命運的諷刺：整個展場看不見幾個愛迪生的燈泡，到處都是他的「塞子」燈照亮了夜。

愛迪生燈泡的圓柱開始活動起來，它還可以跳舞！觀眾們屏住呼吸，看著那八英尺高的圓柱有節奏地跳動。《芝加哥每日論壇報》記載，「電跳來跳去，準確地伴著音樂節奏。首先是紫色的細長火花直上直下，隨著下一個音樂節拍，出現了深紅色的火焰波，然後幾何數字在其中穿插，從上到下環繞著圓柱。一片清晰耀眼的白色。」[31]一個人充滿敬意地喊道：「愛迪生！」其他人也跟著呼應，於是，整個大廈都迴響著快樂的歡呼聲，「愛—迪—生，愛—迪—生，愛—迪—生。」演出完畢後，人群回到走廊和涼亭漫步。主層樓上展示的是重要發明家，如愛迪生、特斯拉、伊利夏．格雷。樓上展示的是各種小電器，很多曖昧的東西——有助於性生活的充電腰帶、健身器具、電梳子等。

有了這些讓人眼花繚亂的東西在手，自然很少人能真正懂得，這些展品是電力革命逐漸展開的關鍵。當然，這也正是尼古拉．特斯拉在電力大廈北端的西屋展台上展出交流電系統的目的。只有那些真正的內行才能理解這立在長木架上並不顯眼的工作模型意義非凡。在世博會發的許多公開宣傳裡幾乎沒有提到它，但是，這裡展出的才是快速改變世界的科技。它包括「一個發電站，一個大約三十英尺長的高壓傳送電路，和一個接受傳送站。發電站包括一個五百馬力的雙相交流發電機，一個五馬力的直流勵磁機，一個大理石控制板和必要的升壓變壓器。按慣例，發電機和勵磁機的能源應該是水力，但這兩個發電機和輪子都被特斯拉的五百馬力雙相機取代。他的多相電流馬達有一個旋轉場，勵磁機用的是同樣原理的五馬力馬達，兩個機器的動力都來自機械廳裡巨大的雙相交流機輸送的電流」[32]。這些機械的匯集對行內鑑賞家具有特殊意義。這裡的電能體現了多方面用途：一個獨立源頭可以遠距離送電，可以點亮白熾燈或電弧燈，運轉有軌電車和工廠的馬達。

只有極少數專業電學家才能理解特斯拉展示的這個小小交流系統工作模型的真正重要性，而絕大多數的參觀者全聚集在西屋展台，屏住呼吸觀看讓大眾開心的展品。那裡展示著哥倫布的旋轉蛋（一個駝鳥蛋大的銅雞蛋），就像六年前曾把佩克先生迷住了一樣，這顆銅蛋隨著由多相電流驅動的旋轉場飛快轉動。這個世博會也展示了許多銅「行星」，全在快速旋轉直至速度減慢，但肯定還在圍繞著小的帶電區域的外圈旋轉。成群結隊的觀眾出神地注視著，這銅球像被一股不知來自何處的力量推動，永不停止地轉動。更讓人驚奇和不可思議的是，特斯拉奇特的（或者該說玄妙的）小黑屋，一個幽閉恐怖的地方。入口上方的西屋公司標誌散發出燦爛奪目的光彩，旁邊有許多劈啪作響的微型燈，隨後一聲打雷般的隆隆聲在吵鬧的大廳迴響。進入小屋裡，頭頂上會看見「吊著兩塊用錫箔包住的硬橡膠片，它們相距大約十五英尺，是用來做為從變壓器引出的電線的終端。當電流接通後，真空的燈泡和

上
西屋與特斯拉的多相系統展覽於1893年芝加哥世界博覽會的電力大廈。通用電器在展會中占盡優勢，卻是西屋贏得了這一大筆照明合約。

下
1893年芝加哥世界博覽會上特斯拉的多相系統展品，展示交流電如何運作。展品包括哥倫布的旋轉蛋。僅有少數人瞭解這項展示的劃時代重要性。

管子（擺放在屋子四周）沒有與任何電線連接……將會發光……兩年前特斯拉先生在倫敦展示過……帶來很多奇蹟與驚喜。」[33] 玻璃管組成知名電學家的名字，發出讓人難以忘懷的紅光。當高頻電流閃著火花經過時，美麗細長的白色電花在鋁面的屋子裡飛舞跳躍，像是天堂的魔術，天上小小的閃電終於被人類抓住並加以馴服。

*

在炎熱的八月二十五日星期五那天晚上，近千名電力工程師與科學家蜂擁擠進農業大廈的集會廳，他們只對一個人感興趣：尼古拉．特斯拉。《芝加哥論壇報》報導：「他們之中絕大多數人來到這裡，就是期待看到特斯拉將二十五萬伏特電流通過他的身體，這一絕技曾讓巴黎瘋狂。」那些沒有座位的人吵吵嚷嚷地聚在入口，急切地想出十美元讓別人賣出自己手中的入場券。當然，懂得電的人現在已明白，致死的關鍵不取決於多少伏特，而是安培。傳言說，特斯拉再次以月薪五千美金聘為西屋的顧問。

在城裡參加電學會議的電學家們冒著酷暑等待特斯拉。他們看見上面一個平台上有一些鋼制的小圓筒焊在鋼支架上，全有絕緣的木底座。右邊一個木桌上堆放著奇怪的機械工具。即使是最傑出的人也承認，不知道這些東西的用途。當人群坐定，白髮的伊利夏．格雷在掌聲中陪著特斯拉走進來，他說：「我給你們帶來這位物理奇才！」

雖然工作太長時間的特斯拉看起來消瘦且疲憊不堪，他的下顎凹陷，眼窩深黑，但是他還是開玩笑地說，有很多電學家都要演講，但是「當節目單經過篩選後，只剩下我一個健康的人」。於是他為大家演講，講題是「機械與電力的振盪器」。這個枯燥題目包含許多驚人之處。特斯拉穿著一件華麗的灰褐色燕尾服，細心觀察的人看到，他的鞋子很特殊，後跟看起來像個瓶塞。他展示說，振盪器可以產生非常「精確的頻率，可以用來傳送資訊或電子能。如果振盪器脈動時與燈的頻率同步，他也可以證明它們能發光。從機械原理來看，他能做到透過鐵板或管子產生脈動，用來檢查諧波和駐波」[34]。他還設計了小型蒸汽發電機，可以放進禮帽裡。特斯拉將物體旋轉，發出巨大的火花，點亮各種類型與形狀的原始螢光燈，最後，他點亮自己，直到他被一連串令人眼花繚亂的燈光吞沒。電流光熄滅後，特斯拉安然無恙——活生生駁斥了愛迪生對他鍾愛交流電的毀謗——他的褐色外衣仍然放射著「微弱的閃光和裂成碎片的光暈」[35]。看呆的觀眾開始猛烈鼓起掌來。特斯拉來了！他勝利了！

*

儘管芝加哥世界博覽會裡有如此卓越的時刻，但是在外面那刺眼冷靜燈光的真實世界裡，一八九三年的恐慌已發展成幾十年來最嚴重的經濟災難。展覽會肯定感覺到資金緊缺，所以經理們加倍感謝西屋，是他預付的五十萬美元救了他們。他們保證會先於其他債權人，第一個還款給他。洛普寫到，「恐慌來到最艱苦的階段，銀行拒絕支付現金支票，因為他們沒有現金，展覽會財務……給西屋電氣與製造公司大量美元，零點五美元和二十五分硬幣立刻被轉去匹茲堡，支付給工廠的工人，在當時，貨幣擁有百分之五的溢價」[36]。讓每個人都非常驚奇和高興的是，西屋電氣實際上從展覽會的合約中賺取了小小的一萬九千美元利潤，而交流電的公眾效益，一如西屋所預期，無法估算出來。

上百萬個博覽會參觀者如潮水湧進芝加哥城，掩蓋了那年從夏天到早秋發生的恐慌中最嚴重的打擊。但是到了十一月，芝加哥記者瑞伊・斯坦納・貝克（Ray Stannard Baker）寫道，「多麼奇怪的景象！多麼跌宕起伏的人生！經歷了宏偉奇妙的世博會……上個月還是高度的輝煌、驕傲、得意揚揚，下一個月則是極度不幸、痛苦、饑寒交迫。」在展會的最後一天，深受擁戴、已任職四任的芝加哥市長卡特・亨利・哈里森（Carter Henry Harrison）來到他家鄉的展廳，問候一個因為找不到工作而苦惱的年輕人，卻在光天化日下遭到致命槍擊。緊接著是恐慌悲劇導致失業人口不斷增長，裡面有許多參與建設和管理世博會的人。芝加哥的歷史學家唐納・米勒（Donald Miller）寫道，「千百人在街上遊蕩，有些夜晚，他們連十分錢一晚、只有尿濕墊子的廉價旅館都住不起。」[37] 一天晚上，記者貝克路過市政廳時，他無限感慨地看到這樣一幕：在那冰冷石頭地上睡滿了人，他們將報紙墊在身體下，用潮濕破舊的鞋當枕頭。到那年年底，鍍金時代的美國共有五百家銀行、一百五十家鐵路公司和一萬六千家企業宣告破產。芝加哥的人曾有過最好的時光，但現在和整個美國的現狀一樣，每個人都面臨了最嚴峻的時刻。

尼加拉瀑布觀景台，1890年

第11章

多麼碧綠的瀑布啊！尼加拉的動力

直到十九世紀末，尼加拉大瀑布一直是世界上最著名的自然風景名勝，那些文雅旅遊者想去的地方。遊客們無不驚嘆那一百六十英尺的大瀑布急流直下的壯觀景象，只覺得大地隨之顫動，只聽到震耳的濤聲，只看見當空飛舞的彩虹。早先的旅遊者無不為這裡的美景震撼，對美麗的瀑布讚不絕口。查爾斯．狄更斯於一八四二年四月雨季中的一天清晨，搭乘火車從水牛城來到這裡。從位於加拿大的角度望去，狄更斯「詫異得一句話都說不出來，實在沒有想到竟然如此浩瀚無邊……天哪！多麼碧綠的瀑布啊！……現在我覺得離造物主是那麼近……平和的心情，寧靜，深情地追憶死去的人，期待幸福的永生……尼加拉的美麗立刻銘記在我心上」[1]。他在那裡住了十天，凝視著大湖裡晶瑩碧綠的水波沖下瀑布，一路流向安大略湖，一個人靜靜沉浸在水世界的大自然無垠空間中：輕顫的大地、輕飄的薄霧、跳舞的彩虹。

十五年後，美國風景藝術家弗雷德里克．丘奇（Frederic Church）畫了一幅瀑布風景畫，描繪的角度彷彿是冒險登上加拿大那邊瀑布最高點所取。在陽光燦爛的晴空下，丘奇畫出那湍急的巨大綠色瀑布奔騰而下，吼叫著沖向深壑的峽谷。它將真實和雄偉氣勢結合在一起，使評論家和大眾都為之著迷。當丘奇的畫《尼加拉》一八五七年五月在紐約市展出時，兩星期內有十萬人耐心地排隊，就為了一睹這幅畫的風采。

丘奇生動的油畫在內戰之前就讓早期的觀眾著迷，畫中有種茫茫中透出神聖的感覺，可是這種感覺在尼加拉那幅畫中已不復存在。鐵路使得旅遊變得十分方便，於是旅館、博物館、馬廄、冰庫、澡堂、洗衣店、迎合旅遊者需要的古玩店相繼出現，不斷擴大的營利主義侵襲大瀑布兩岸：花俏俗氣的茶坊、古玩店，不舒適的旅店、酒館和觀景塔。那些只為賺錢的尼加拉出租馬車的趕車人拚命地討價還價，迅速破壞了朝聖者們的愉快心情。當年狄更斯僅僅為了身在尼加拉，為了實實在在體會那神聖氣氛，而這時的人只為了實用的虛榮。最引人注目的要算那些被稱為「走鋼索的演員」了。在一八五九年夏天，身穿粉色褲子的偉大的布隆丹吸引了兩萬五千名觀眾。不是為了轟隆作響的沸騰大瀑布，而是為了看布隆丹走繩索橫越在底下咆哮的瀑布。每走一次，他都添加一些讓人揪心的絕技：把他的經紀人背在背上；在一百英尺深淵上用一個小爐子若無其事地煎蛋，不只煎一個，而是兩個！最後是一張桌子，上面放著香檳和蛋糕，他一面漫不經心地喝酒、吃蛋糕，一面在繩索上維持平衡。

第二年夏天，當遊客成群湧到北方來避暑，並享受宜人的尼加拉時，布隆丹的繩索表演受到法里尼先生的挑戰。法里尼可以頭朝下對著峽谷裡咆哮的水流，用腳趾鉤掛在繩索上，看著下面滿載乘客的遊船正穿過寬闊的峽谷；或是拿一個洗衣盆，降下來取水，然後認真地洗起手帕來！最後布隆丹做了連法里尼都不敢做的表演：在高高的峽谷上方，他側身在繩索上移動，踩在高蹺上保持平衡。有人懷疑是威爾斯王子到場激勵了他。當布隆丹回到岸邊，優美地跳下來時，尊貴的王子緊張地喘著氣說：「謝天謝地，終於結束了！」[2]隨後替身雜技演員和大膽的人全跟著效仿，大瀑布成了舞臺背景。就這樣，尼加拉的名氣遭到破壞，遊客們希望能重溫對那偉大之水的敬畏。

然後就是那些實際的商人，在開始時對大瀑布讚不絕口，實際上他們正發愁這些可築壩攔水的水力資源將被浪費，不應只讓這些水從一百六十英尺的峭壁奔流直下。一份一八五七年的早期計畫書嘆道，「不可估量的動能不斷被浪費，又從來沒有縮減——一股永不枯竭的動能——只被人欣賞、驚歎，但迄今沒有被控制」[3]。一位當地的企業家曾讓尼加拉大瀑布的水引至運河，到了一八八二年，身為水力發電客戶的他已擁有七家小企業，包括紙漿和麵粉廠，以及一個奧奈達鍍銀工廠。這個新生工業促成了一八八五年建立尼加拉自然保護區，紐約州政府為保護尼加拉大瀑布，規定在周圍四百英畝州屬（四分之三被水淹沒）土地上禁止所有人為種植。

*

新尼加拉自然保護區的苛刻限制激勵了伊利運河工程師湯瑪斯・埃弗謝德（Thomas Evershed），他在一八八六年冬天大膽提出治理尼加拉大瀑布的方法：建立一個運河水力發電系統，進水口將在瀑布上方一英里視線看不見的地方。尼加拉河水將在那裡被吸起，排到又長又寬的運河裡，之後在工廠和儲水池被分開注入兩百個水力發電機。河水讓每個發電機轉動，然後將水流輸送到一百英尺以下的一個二點五英里長的輸水道，水道建在尼加拉旅遊城深深的地下。所有水流都將通過瀑布下面的輸水道回到河裡。到那年六月，十幾個有影響力的人物曾保證認購二十萬美元的尼加拉水力隧道、動力和下水道公司的股份，必要時以抵押國家契約擔保。九月初，尼加拉大瀑布周圍的村莊同意輸水道從街道底下通過。在之後的幾年裡，埃弗謝德等人從來沒有籌集到他們的股本金，試了許多不同投資者，但是都沒能說服任何人實際贊助他們的宏偉計畫。

但是尼加拉人沒有放棄。他們找到紐約律師威廉・蘭金（William Rankine），在曼哈頓法律圈成名前，他在當地研讀法律。一八八九年七月五日，英俊斯文的蘭金傳來消息，他為尼加拉自然保護區帶來兩位有高度影響力的紐約投資者。第一個人是愛德華・威克斯（Edward A. Wickes），一個胖呼呼的范德比爾特的代表。第二個不是別人，正是法蘭西斯・林德・史特森（Francis Lynde Stetson），當時美國最有權威的一位律師。他是紐約法律和政治世家的後代，也是紐約州長克里夫蘭的政治親信，而克里夫蘭以旋風之姿衝上了總統職位。擔任一屆總統之後，這位「大人物」成為史特森的一位法律夥伴。由於史特森成功維護了范德比爾特的鐵路利益，於是摩根從一八八七年起聘用他的公司為永久顧問。史特森因此成為炙手可熱的人物。

一八八九年九月，隨著夏季過去，在考慮資助的史特森和威克斯一次次要求推延與讓步，於是勇敢的蘭金親自去找摩根。尼加拉專案需要一筆鉅額資金注入。自從愛迪生第一次為摩根的華爾街辦公室安裝白熾燈，時間已過了十幾年。也就是從那時候起，摩根開始聚富發財。辦公室裡的他仍然和過去一樣凶，出了名的怒目注視讓來客留意他紅紅的酒糟鼻子，鼻子會隨著發火脹得更厲害。但是摩根喜歡在唯美的氛圍中工作，特別喜歡雇用年輕力壯、長相漂亮又能玩命工作的年輕人。蘭金來到摩根的辦公室，盡力（但徒勞地）勸說華爾街金主參與這個「掙扎的動力企業」。蘭金不會被困難阻撓。第二天，他又出現在摩根的辦公室裡，竭力爭取他成為合作夥伴。「摩根先生，在邀請您之前，您看起來對我們的案子感興趣。有什麼方面可以改進，好使您更滿意？」

摩根說：「你們的方案還行，只是缺乏執行的人。」

蘭金回答：「您可有推薦的人選？」

「當然有，是亞當斯。如果你能得到他，我就加入。」[4]

所以愛德華·迪恩·亞當斯（Edward Dean Adams）來到了尼加拉。

*

亞當斯是個低調的紐約投資銀行家，以讓失去元氣的鐵路公司復甦與重整旗鼓著稱。自然，摩根的金融長處在此，他認定亞當斯是最難得的資產。亞當斯個子不高，看起來像長著兩隻凸眼的聰明大青蛙，下巴疲軟，嘴巴被黑色茂密的鬍子蓋住，下顎留著奇怪的一小撮鬍子。他的相貌實在不能恭維，但他出身波士頓的名門望族。他在諾維奇學院（Norwich College）接受科學與軍事教育，之後就讀於麻省理工學院。一八七八年成為紐約溫斯洛與拉尼爾公司唯一的合作夥伴，是個名聲好、效率高的行政官和律師，知道要做什麼和怎麼做的人。在那年底，美國棉花油集團的股東感激不盡地贈與他一個純金花瓶，因為他解救了公司倒閉的危機。

亞當斯從一八八四年起就是愛迪生公司的主要股東，而且他確實對蘭金提議的尼加拉水力專案感興趣。他和其他人一樣，對新科技電力是否具有重要性存疑。亞當斯與妻兒住在離摩根不遠的麥迪遜大道四五五號，他迅速去諮詢美國最權威的機械工程師，費城的寇曼·塞勒斯（Coleman Sellers）。在一八八九年九月底，亞當斯致信給塞勒斯寫到，既然他知道電力「以全速」向前發展，他不確定它是否可以保障「大筆投資」，所以「殷切等待您的回覆」[5]。隨信一併附上了埃弗謝德的計畫書。塞勒斯於十月五日回信說，基於這個巨大工程要給上百個歷史悠久的水車提供能源，從財政角度來看是可行的，他請亞當斯再諮詢各方面工程專家。就電力而言，塞勒斯遺憾地說，由於缺乏遠距離送電的經驗和知識，「在兩三英里內大量送電經濟便宜，遠距離小量送電還在研究中」。但絕不像尼加拉工程所設想，將十萬馬力的電從尼加拉瀑布（人口五千）送到水牛城（人口二十五萬六千）這麼遠的距離——二十六英里[6]。如果計畫可行，水牛城繁榮興旺的工業無疑會成為尼加拉水力發電的客戶。

到了十二月，這位六十二歲，有一大把雪白鬍子但精力充沛的塞勒斯先生親自到尼加拉大瀑布考察，以便與尼加拉方面共同研究開發問題。他特別強調注意瀑布附近的岩石品質，這將是在城裡地下挖隧道的第一要點。一八八九年十二月十七日，他給亞當斯一份十七頁的報告書，裡面包括了確切的資料和各種削減費用的建議，肯定這個案子的可行性。他在報告的結尾說，「這是目前為止對我來說最有趣的工程問題」[7]。塞勒斯的熱情說服了亞當斯，又帶動了其他紐約金融家。一個一百零三人組成的財團問世，「一個最強大的紐約融資聯合體成立了」[8]，共投資兩百六十三萬美元組成瀑布建設公司。這個實力雄厚的公司將使最雄偉的尼加拉湍急水流轉變成巨大有益的電力。因為尼加拉當地人的投資甚少，於是除了當地政要外，全部權力都賦予瀑布建設公司。

亞當斯出任瀑布建設公司的總裁，開始做組織系統的工作。首先需要研究方案來解決核心問題：「如何最大限度利用尼加拉的動力？」亞當斯雇用了生性活潑、頭腦冷靜的塞勒斯當總工程師，還聘請一些德高望重的科學家和工程師做專業諮詢。亞當斯和塞勒斯兩人於一九八〇年初乘船去了歐洲，尋求歐洲已有的經驗，因為水力發電在瑞士、法國、義大利的阿爾卑斯山區已經很常見。一八九〇年五月，這兩個美國人橫跨英吉利海峽，去了許多偏遠和多山的地區考察水力發電和動力輸送。一回到英國，亞當斯立刻去說服有威望的威廉·湯姆森爵士擔任國際尼加拉委員會委員長。這個臉部稜角分明、有亂蓬蓬大鬍子的蘇格蘭數學家與物理學家，幾十年前因為成功鋪設海底電纜而獲頒爵士頭銜，並且因為擔任巴西的潛水艇電纜工程師積聚了大筆財富。整個尼加拉委員會成員儼然是歐洲的工程師名人錄，成立的目的是邀請世界各地的工程師暢所欲言，協助治理尼加拉，並充分利用它的自然能源。最好的方法是頒發獎金，這是匯集科學菁英的睿智與知識的最佳方法。

聰明的亞當斯和溫和多才的總工程師塞勒斯在倫敦多佛街優雅的布朗飯店開了一次會議。西屋的年輕工程師路易斯·史迪威（Lewis B. Stillwell）那年六月就是在那裡第一次幸運見到他們，陪同他的還有雷金納·貝爾菲爾德，他曾在大巴靈頓擔任史坦利的助手，現任西屋英國公司的總電氣技師，他們二人正在歐洲做電力學調查。就在這次電力沙龍上，他們燃起渴望，要加入尼加拉的競賽。史迪威在一八九〇年秋天返回匹茲堡努力說服他的老闆，喬治·西屋衝著他大喊：「這些人為了保障十萬美元的資訊提供獎金，最高獎金卻不過三千美元。如果他們準備做生意，我們就讓他們看看什麼是做生意。」[9]委員會一共收到十四份提議書並分發了各種獎金，但始終沒有一個明確的決議。塞勒斯努力掩飾當時的形勢讓失去信心的亞當斯放心，他說，會議已「給全世界一個計畫，它的權威性不能用金錢來衡量……而且在管理理念上絕對勝出，是由睿智有遠見的企業家，不是一些抄襲者和跟屁蟲。」[10]

正當亞當斯和塞勒斯以及他們的國際尼加拉委員會擇選歐洲菁英的方案時，瀑布建設公司卻大膽向前推進了他們的計畫，開始挖掘那條偉大的隧道。一八九〇年十月四日的秋季早晨，瀑布祕書長蘭金穿著做工精緻的黑色禮服、高領襯衣，鬍鬚修剪整齊，回到尼加拉大瀑布，參加在紐約中心鐵路調車場舉行的剪綵儀式。當第一鍬土挖出時，溫暖的秋風與周圍教堂的鐘聲、磨坊發出的尖叫混合成一首曲子。偉大的尼加拉工程破土開工了。

*

那個十月早上標記著無歇止工作的開始，共有一千三百名工人在隧道工地上爆炸、敲擊、挖掘，夜以繼日地工作，騾子們拚命拉著成車的岩石和碎石礫。亞當斯和塞勒斯大膽取消了原計畫。原計畫是依賴沿著運河一線排列開的兩百三十八個水車，提供近乎十二萬馬力的能量。一八九一年七月，他們兩人重新制定了一個全新計畫，去掉了河邊沿著運河入口處的兩個巨大水力發電站。水流仍然從瀑布上方抽取，再通過城市地下隧道返回，但現在只有一英里長，只有埃弗謝德計畫中的三分之一。亞當斯和塞勒斯乃受到瑞士出生的英國人查爾斯．布朗（Charles E. L. Brown）的影響做出這個決定。布朗當時為瑞士歐瑞康公司工作，但馬上就要離職成立自己的布朗與包維利公司。一八九一年二月九日，布朗在法蘭克福舉辦了一場題為「高壓電流」的講座，講述他如何用三萬伏特輸送一百馬力的電流至幾英里外的成功經驗。有著圓圓突出前額並戴著無框眼鏡的布朗非常自信地宣稱：「透過高壓，如三萬伏特，輸送電流是可行的，透過電力方式分電至遠距離則是事實。」[11]

在之後不久，那年十二月中旬，亞當斯和塞勒斯熱烈歡迎當時電力界的六家公司參與招標，包括布朗與包維利公司在內的三家瑞士公司，和三家美國公司——西屋公司、愛迪生通用電氣和湯姆森與休士頓公司。瀑布公司現在計畫在兩個中央發電站安裝十台五千馬力的渦輪機，每個水力發電的渦輪機再帶動一個電力發電機。兩個尼加拉電站將發出令人震驚的十萬馬力，相當於整個美國的中央發電站的電量總和，而且從來沒有運作過如此大規模的電量。最開始只需要建立一個電站，安裝三台渦輪機和三台發電機。當電力需求超過一萬五千馬力時，再加裝更多渦輪機和發電機。

在瀑布公司新的計畫下，尼加拉碧綠的水將先改道至發電站，變窄進入八英尺寬的引水管道（巨型管道），筆直沖下一百四十英尺，急速繞過一個手肘般的彎道，然後再咆哮流進二十九噸重的巨大雙輪渦輪機裡——全世界最大的渦輪機。這些不停轉動的渦輪機安裝在中央發電站最底層的地下室，將帶動連接的垂直鋼軸，讓主層的發電機快速旋轉。渦輪機被帶動後，尼加拉的水就開始返回河流，時間只需要三分鐘，以每小時二十英里的速度沖進六千八百英尺長的斜隧道。這項新計畫非常簡單。

在尼加拉大瀑布城市下面一百多英尺的地方，有一千三百名工人與機械忙碌地工作，日日夜夜在那陰濕狹小的空間裡挖掘。隧道本身很寬闊且了不起，二十一英尺高，十八英尺寬，曲線的屋頂。但是在某些地方可以明顯看見水從沒完工的隧道切口噴出來。於是開始了為期八個月的補牆工作。塞勒斯命令用結實的管道和橡木支撐隧道，隧道牆壁必須加上一層襯裡，聘請有經驗的磚瓦工人為隧道施工，採用四層燒得很結實的水牛城磚和波特蘭水泥。一八九二年十二月二十日，六千八百英尺長的隧道竣工，運走的岩石有六十萬噸，總共使用了一億六千萬塊磚，還有二十八名工人殉職。一旦巨大的發電機開始運作，一切將永遠淹沒在水中。最後兩百英尺彎曲的磚牆使用了鐵質材料。這個巨大輸水隧道是世界之最。

亞當斯、蘭金和紐約金融家按照他們井井有條的方法全盤考慮問題。為了保證水力發電有足夠客戶，他們已悄悄買下了河邊兩平方英里的土地和內陸一塊一千五百畝的L型地，計畫在上面建幾十座工廠使用他們無煙的水力發電。而且為了給未來雇用的工人安家置業，紐約的股東已經計畫建造一座模範工人城，完全使用在當時還視為奢侈的電。亞當斯甚至為它起好名字：厄科阿塔（Echoata），意思近似於切羅基語的「避難」。

冬去春來，當隧道的水在尼加拉大瀑布的村莊下不斷奔流之際，亞當斯和塞勒斯繼續

1893年照片上是尼加拉動力公司輸水道工程的工人，這條隧道位於城市下方。西屋的交流發電機在大瀑布上方一英里處收集河水，河水之後會經由隧道從瀑布下方排放。

思考著電力工藝水準。一有略微進展，大瀑布那邊就會派專家回來報告。值此之際，交流電與直流電的戰爭仍舊年復一年地繼續。沒有一方（除了對手）能像亞當斯、塞勒斯以及他們的專家那樣對這場痛苦的電流大戰更感興趣。除了他們，還有誰能夠投入數百萬美元去開拓電力的未來，特別是電力輸送的未來呢？花費無情地上升，最初的兩千六百萬美元資金不斷地追加。大瀑布工程團隊內部也一直在針對交流電與直流電爭論。威廉·湯姆森爵士仍然是交流電的強烈反對者。因此到了一八九一年的一月，大部分專家出席國際尼加拉委員會會議時，塞勒斯形容他們「強烈反對用交流電傳輸」[12]。然而他們知道，儘管有這些爭論與譴責，交流電正在市場上贏得勝利。《電力世界》一八九一年二月刊的統計結果顯示：愛迪生的中央發電站（當然都是直流電）只有兩百零二座；由西屋和湯姆森與休士頓建立的交流電中央發電站幾乎達到一千座[13]。塞勒斯公開表露自己對交流電的偏愛。事實上，他於一八九一年七月在富蘭克林學院演講時就曾說過，「發明的進展如此迅猛，以至於我們都不知道該選擇哪條路」[14]。

一八九二年四月，由於未能勸說布朗加入尼加拉大瀑布的計畫，亞當斯和塞勒斯聘用了一位有點傲慢的蘇格蘭電氣工程師喬治．福布斯（George Forbes），他參加過最早的國際尼加拉委員會競賽，明智地建議使用交流電。福布斯教授的第一個行動就是撤銷了愛迪生通用電氣和湯姆森與休士頓公司為尼加拉工程提交的兩項直流電設計。他在一個月後的工作報告中寫道，「我並不認為這些設計有足夠的優點能說服我接受，而我們在這方面已有希望得到更完美的方案。」[15]

當然，反對交流電的意見中，聲勢最大的焦點是還沒有一個實用的交流馬達。早在六年前就在大巴靈頓建起第一個交流電系統的史坦利於一八九二年二月信誓旦旦地提醒他人，「一個商業化的交流馬達……這對實事求是的工程師來說很陌生」[16]。或者正如亞當斯的評價，在這個關頭，「特斯拉馬達仍然只是一則預言，還不是可以展示的實體」[17]。那麼大瀑布如何實現它的動力電廠方案？這個最大的絆腳石將要移開。非常平靜且在出人意料之際，特斯拉的單相交流馬達終於成為商業實體，顯現出自己的獨特之處。

特斯拉交流馬達的驗證過程十分曲折：在崎嶇的科羅拉多州聖胡安山的特柳賴德，金王礦的所有者面臨財務危機，若不能找到廉價的能源就得倒閉。他們打聽到特斯拉和他的交流電系統，於是在一八九一年四月詢問西屋公司，距離他們那裡峽谷下方三英里有一處三百二十英尺高的瀑布是否可以水力發電。如果水力發電機真能將電力傳輸到一萬兩千英尺高的山上，驅動一個粉碎礦石廠在林木線上的馬達，這座礦場就能存活下來。附近的木材快要耗盡，而進口的煤又太貴。那年夏初，西屋賣給金王礦一個單相交流發電機（這個詞在當時指的是交流發電機），到了六月，機器被安置在臨近瀑布和新渦輪機的木柵房裡。這間柵房發出三千伏特的電，經由價值七百美元的銅線穿越三英里的懸崖絕壁，進入貧瘠的山區。電抵達礦場後會由單相的特斯拉馬達逐步降壓至一百馬力。問題是，它的運行可靠嗎？結果整個夏天、秋天和冬天，甚至整個一八九二年，這個簡單的動力系統和結實的馬達運作穩定，經歷過高山上常有的雷擊、颶風、暴風雪和雪崩依然安然無恙。特斯拉的交流電系統大獲全勝，通過了它第一次真正的運行考驗。

一八九二年六月，西屋的年輕工程師查爾斯．斯科特（他第一次來匹茲堡時擔任過特斯拉的助手）在《電力工程師》上得意揚揚地宣布，整個特斯拉系統，包括長期以來未解決的感應馬達，第一次在商業領域成功應用。「通過實際計算，在九個月運行期間，累計停機的時間不超過四十八小時……工廠規模立即擴大證明了這項成功。一個五十馬力的馬達安裝在距離金王礦幾英里的一個工廠裡……這領域的工作很快從實驗室研究進入實際電力工程階段。」[18]特斯拉的馬達終於能讓他設計的發電機運轉。在這篇文章中，斯科特也描述了兩年來一個位於威拉米特河上四十英尺高瀑布是如何驅動一台大型的特斯拉多相交流發電機，並將電傳送到十三英里外俄勒岡州波特蘭的一個電力照明中心。特斯拉的多相交流系統終於在最小規模下實現它早已許下的承諾。最重要的是，雖然只是單相，但現在終於有一個可以運作的特斯拉交流感應馬達。交流電最大的障礙終於排除。

*

當瀑布建設公司在尼加拉大瀑布穩步推進它的計畫時，曼哈頓的紐約人卻沉迷於城市裡聳人聽聞的醜聞案。一切始於一個月前，有濃密髯鬍的查爾斯．波克赫斯特牧師（Reverend Charles Parkhurst）站在麥迪遜廣場長老會教堂的講台前，譴責紐約市政府和警察局支持「公務與行政犯罪，擾亂了整個城市的生活，使紐約成為道德敗壞與罪惡滋生的溫床」。當一位地方檢察官要他在大陪審團前提供指控警察犯罪的證據時，波克赫斯特不得不承認他沒有什麼證據。這位老實的好人在公眾面前丟盡了臉，但他沒有放棄，決定要去搜集必要證據。他雇用了私人偵探查爾斯．加德納（Charles Gardner），他答應帶波克赫斯特與另外兩個人去曼哈頓最黑暗的下層社會探索。

這四人喬裝成「無賴」，在第三大道搭乘高架鐵路，從第十八街前往富蘭克林廣場，展開他們在曼哈頓下層社會的體驗之行。他們先到「唐人街的一間威士忌酒吧、一間鴉片館，接著是義大利區的下等啤酒屋，還有其他恐怖的地方……在一家牛排店，五個女孩表演著脫衣舞……之後是在西三街的蘇格蘭俱樂部……他們發現那裡被隔板分成許多小隔間，裡面都坐著一個化了妝的男孩」[19]。被嚇壞的波克赫斯特與兩名同伴參觀了各式各樣的啤酒舞廳、廉價酒吧、骯髒妓院，親眼見證讓這龐大混亂地下社會昌盛不衰的非法賭博、廉價酒，以及組織商業化、迎合各種要求的性服務。加德納也順便自己搜集了證據。一個月後的一八九二年三月十三日星期日，當波克赫斯特登上講臺，他已手握確鑿證據，證明市政機關「腐爛到難以形容」。他有證據證明有兩百五十四間酒吧和三十家妓院在前一個星期天生意興隆。接下來幾個月裡，大陪審團宣布了幾項平息事態的起訴書，但是立刻改變是不可能的。都市的窮人（也有相當一部分的富人）需要尋歡作樂與酗酒，去淫穢下流的舞廳發洩，或者做廉價快捷的性交易，因為他們的生活貧困無依。政府示出還有大量有組織的犯罪。少數憤怒的市民只是在找麻煩。

波克赫斯特攪動曼哈頓地下世界的黑暗毫無成效之際，喬治．西屋通知亞當斯，他要參加尼加拉工程的競標。然後西屋就將注意力轉移到他與通用電氣之間的戰役，爭取芝加哥世界博覽會的合約，那迄今「最大宗的電力專案」。在波克赫斯特取得微小卻令人灰心的成績時，西屋用手中的低價合約在五月的競標中勝出。於是西屋集中精力，於一八九二年整個下半年全力建立世博會系統。他知道如果這個系統成功了，就可以繼續爭取尼加拉合約。既然芝加哥世界博覽會的大部分電力用於照明，年輕的斯科特建議他們把經過考驗的單相交流電用於數萬計的「塞子」燈。但是西屋說：「不，他們告訴我雙相才是合適的系統，而我要知道是否真的可行。」[20]於是西屋的工程師努力創建商業上可行的雙相系統，因為他們最終承認了特斯拉在一八八八年堅持的主張：如果頻率太高，交流感應馬達將不能發揮功用。那時斯科特評論道，「商業電路是頻率為一百三十三轉的單相電。為適合特斯拉的馬達做改動會白費功夫，這個小馬達堅持做它要的。低頻多相發電機在一千個中央發電站排斥了它們的前身，這就是特斯拉馬達的潛能」[21]。如果沒有新的交流發電機，西屋的客戶也不會選擇新的馬達。

西屋電氣現在以每秒六十轉頻率的交流電用於照明，每秒三十轉頻率用於馬達為標準頻率。特斯拉又一次加入了西屋的隊伍。在一八九二年九月下旬，他緊急向匹茲堡訂購了各種設備，「為了改進我的馬達」，他意識到「時間非常寶貴」[22]。他要求貨物運送到位於第五大道南部的四樓實驗室裡。同年十二月，西屋已向瀑布建設公司提交尼加拉專案的雙相交流設計。此後不久，通用電氣也加入，它的設計有很多相似之處，但用的是三相交流電。

在尼加拉現場，龐大的瀑布工程建設正轟轟烈烈進行。一八九二年十二月時，輸水隧道完工了。到了一八九三年一月，福布斯教授在《電力工程師》發表文章，寫到巨大的進水河道「大約在高於美國大瀑布一英里半之地……已經挖了五百英尺寬，一千五百英尺長，十二英尺深。沿著這條河道的邊緣輪槽有一百六十英尺深，在它底部將安裝渦輪機。水流順著橫向管道（或引水道）流進可以關上閥門的水渠」[23]。一月時，尼加拉大瀑布的重要事件還有自一八五五年起近三十年來「最宏大壯觀的」冰橋。據《紐約時報》報導，「過去一周持續零度以下低溫，使河面聚滿了冰，並以排山倒海之勢傾然而下。這些冰隨著時間越積越多，堵塞成一座『橋』……漫天大雪和瀑布的霧雲堆積在上面，一落下來便凍成冰，形成天然的水泥」[24]。

1903年拍攝的尼加拉冰橋。瀑布與底下的河水結凍成奇異美麗的極地風光。

那年一月，河面的冰每天順著瀑布撞擊而下，直至下面的峽谷，形成極地的風光奇景，巨大的移動冰層、平坦的冰原在冬天陽光照耀下華麗得炫目，高聳的白色冰山美不勝收。數百名遊客身穿黑色大衣或斗篷，女人戴著時尚的皮帽和皮手套，潮湧般地來到冰橋隆起的寬脊上，細小的身影在笑在叫，凝視瀑布凍成幾百根巨大陡峭冰柱，那美麗如詩的畫面。福布斯教授驚歎道，「峭壁隱藏在六十英尺長的冰柱後。河裡每一塊岩石都是一百五十英尺高圓形冰花的核心」[25]。在冬天寒冷的日子裡，河邊所有的樹和灌木都蓋著一層晶瑩冰霜，讓遊客覺得身臨仙境。但是河裡的冰有浪漫與嚴肅的兩面，置身於發電廠機械之外，在冬天裡見證一場野蠻鬥爭。

當尼加拉冰橋和那令人眼花繚亂的移動奇景刺激著冬季遊客之際，瀑布公司顧問團訪問了匹茲堡的西屋電氣工廠。從一八九三年一月九日到時散日，塞勒斯和霍普金斯大學的物理教授亨利．羅蘭（Henry Rowland），另一位大瀑布的顧問，對西屋的交流發電機與變壓器做各式各樣的測試，以評估它們是否適合這項巨大的電力工程。他們觀看了新旋轉變頻器如何將交流電轉換成直流電（對街道電車很重要），測量了安全系統和開關閥門，仔細觀看了電頻如何影響燈的亮度，並全面檢測了馬達系統。塞勒斯離開時對他所看到的一切非常滿意，他在報告中這樣寫道，「我們周密嚴謹地檢查這間工廠，檢查了全部機器與設備，那裡有完善的工藝流程和正確的工程設計……他們的工藝品質無可非議」[26]。在羅蘭教授的報告裡，他提出結論，西屋「有實際運用交流電系統最出色的經驗，他們看起來掌握著所有最重要的專利」[27]。

下一個月，他們兩人造訪了在麻塞諸塞州林恩的通用電氣工廠，塞勒斯注意到那裡的情形和西屋工廠有許多相似，但絕不相同，指的是通用的機器與西屋的設備做比較。他記述道，「從機械性能上來看，這裡還需大幅度改進」。此外，他質疑通用提出的三相交流，他說：「從更簡單和更多應用性來考量，我更傾向於雙相交流。」得知福布斯教授傾向支持瑞士布朗與包維利公司的設計，塞勒斯在費城辦公室完成一份二十五頁報告，其中強調，「如果美國製造的機器可以產生同樣電力效益的話，那麼我堅決反對購買任何外國製造的設備，儘管這樣做最初的費用可能稍高」[28]。除了愛國情結外，塞勒斯身為工程師，不相信一家外國公司可以及時安裝並維護設備。

*

交流專利問題越來越迫近就一點也不讓人驚訝了。塞勒斯率直地告訴亞當斯，「直到法院判決，西屋才能保證持有能達到我們目的的最重要設備。我不知道我們國家有什麼可以阻止特斯拉專利的擁有者進軍市場……我現在的看法是，沒有任何外國公司可以擔保大瀑布建設公司由於專利權訴訟而產生的全部損失」[29]。還在一個月前，亞當斯就在他那莊嚴的米爾斯大廈四樓辦公室裡與特斯拉私下接觸，與他探討各種電力問題，通常是圍繞著呈交給他的技術報告中的技術難點。在其他時間裡加緊研究，以更瞭解新交流電的技術，例如特斯拉的同步多相馬達。特斯拉明白西屋正在努力得到尼加拉工程的電力合約，在他給亞當斯的私人信件中，他一遍又一遍切中要害地提及他的交流專利的廣泛性。發明家的資訊很明確：如果任何一家其他公司聲稱能夠提供多相交流發電機，更重要的是能夠給工廠傳輸電力的話，他們肯定侵犯了西屋的專利。在二月的兩封信中，特斯拉寫道，「我還沒有德國的消息，但我絕不懷疑，除了從我的公司得到權利的赫利流斯公司以外，其他公司都必須停止生產相位馬達。赫利流斯公司正在用最有力的方式對侵犯專利權者起訴。也就是因為這原因，我們的對手被逼得採用單相系統，並迅速改變了主意」。

謙遜中肯在特斯拉這封充滿自信的信中毫不存在。一位金融家將影響特斯拉能否實現他最早且最珍貴的電力夢想，而這個人絕對具有關鍵。特斯拉後來記述道，當他還在中學的時候，「我被尼加拉大瀑布的描述迷住了，我仔細閱讀，並在腦海中畫出一個由瀑布轉動的大輪子。我告訴叔叔，我要去美國，去實現這個計畫」[30]。事實上，特斯拉的設想比渦輪機更新穎，現在合約的決策人正在權衡利弊，他不能失去為其優勢自吹自擂的機會。當亞當斯詢問湯姆森與休士頓專利是否可以與特斯拉的相比較時，他在三月十二日的信中聲明，這個專利「和我的旋轉磁場發明沒有任何關係，也和我在一八八八年基礎專利中具有絕對新穎特點的動力輸送系統沒有任何關係。所有在湯姆森專利中的要素已經早為人知並用過多次了」。亞當斯問他對於直流電系統的看法，特斯拉在三月二十三日的信中怒不可遏地寫道，「對你們的企業來說這太落後了，甚至可以用致命來形容，但是我不認為你們的工程師會有這種想法」[31]。

一八九三年五月六日，尼加拉電力公司明確指出多相交流電將是他們的選擇。在當時，這個表態非常大膽且有爭議。德高望重的威廉．湯姆森爵士，國際尼加拉委員會的主席，剛剛被維多利亞女王授予喀爾文勳爵的榮譽，於五月一日拍電報給亞當斯。他提出一個強有力的直流電計畫，催促道，「相信你會避免選擇交流電的極大錯誤」[32]。亞當斯在他兩冊《尼加拉電力公司史》中，記述了那重要決策是如何建立在對「電力工程師寄予的希望與信任上，他們可以製造出前所未有的巨大設備和新型、萬無一失的產品」[33]。總而言之，是什麼促使他們充滿信任，花掉上百萬的現金？因為「在特柳賴德成功輸送動力的傑出成就」，那個金礦搗礦廠已經開業兩年，很輕易地經由陡峭山上一個小型馬達營運。還有一個成功實例，不光是實驗結果：一八九一年的法蘭克福展覽會，動力傳送已達一百英里遠。

當然還有剛開幕的芝加哥世界博覽會的勝利，榮譽議庭的夜晚留下了永不熄滅的光芒。亞當斯寫道，「建造十二台多相交流發電機，每台一千馬力，將白色城市照亮是史上第一次，但是掩蓋了一個更重要展品的真正意義」[34]。他當然指的是特斯拉通用交流電系統的工作模型，以及交流發電機、變壓器、傳輸線、感應馬達、同步馬達，和西屋為鐵路馬達提供直流電而發明的旋轉變換器。西屋與特斯拉終於令尼加拉的工程師和銀行家折服，交流電是未來時代創造和輸送電流的理想動力，雖然他們之中的很多人仍然抱持懷疑，有些甚至徹底反對。於是在一八九三年的春天，隨著芝加哥世博會開幕，西屋與特斯拉幾乎獲得了電力的完勝，抓住偉大尼加拉夢想的念頭撩動著他們的心弦。

他們的主要競爭對手擁有雄厚的電力實力，當然是通用電氣這個惡狠狠的電力信託。有一陣子，西屋甚至強烈懷疑通用盜竊了他公司得之不易的機械與電力知識。即使所有提交的資料都是絕對保密，他還是發現通用的尼加拉計畫與他的極為相似，塞勒斯給亞當斯的報告中提到了這點（通用只是將設計改為三相）。在五月初，一位西屋工程師聽說西屋公司的許多藍圖和涉及價格、勞動成本及其他特殊資訊的檔案確實在通用的林恩工廠。喬治・西屋立刻申請搜查令，通用被抓個正著。西屋公司有個製圖員偷偷地以數千美元的價格將世博會和尼加拉藍圖賣給通用的兩個職員而被捕，其中一個是通用鐵路部門的主管。通用堅稱他們只是看看，以確定西屋是否侵犯了他們的專利。匹茲堡地區律師於五月九日高興地宣布發現了這個「陰謀」，意圖要讓大陪審團不光是起訴雙方的小嘍囉，而是起訴不可一世的查爾斯・科芬，通用電氣的總裁和最高執行長[35]。

科芬氣急敗壞，立刻寫了一封緩和信給他的金主，告訴范德比爾特的女婿通布利，「我不想打擾你……都是因為他們的一些藍圖被發現在我們手裡，可是我絕對不知情，對此從未認可……如果在尼加拉計畫上他們和我們有雷同處……那也是巧合。即使是那樣，也應該起訴尼加拉公司（沒有為每份提交檔案保密），而不應該聽信西屋公司的陳述……西屋的人慣常諷刺挖苦別人……（他們）由於在此事中的惡劣態度，顯然將會失去聲譽和生意。」[36]（當此案在秋天審理時，科芬已不再是被告，匹茲堡陪審團的意見也陷入了僵局。）

但是對西屋來說，密探事件引起的憤怒與接下來發生的背信棄義事件相比微不足道。五月十一日，亞當斯和瀑布建設公司投下一顆沒人預料到且無法容忍的震撼彈。亞當斯給四家競標公司寫了一份一頁的公函——美國的通用電氣、西屋公司、歐洲的布朗與包維利公司、歐瑞康機械工廠——平靜地告訴他們不再需要他們的服務。尼加拉發電合約，這個金光閃閃、令人垂涎的電力獎金，將不會授予他們其中任何一方。相反的，瀑布公司已經捷足先登，查閱了他們四家公司的所有電力設計細節，受益於這些公司最優秀和最先進的技術菁英的經驗，現在瀑布公司委任自己的電力顧問福布斯教授，設計一個發電機來適應五千馬力的水力渦輪機。

最讓人不可容忍的是，據亞當斯說，福布斯教授的設計「相當先進」，這意味著通用電氣、西屋公司、歐瑞康和布朗與包維利四家公司的工程師們在為尼加拉專案排除萬難，並與塞勒斯、羅蘭以及福布斯教授討論這些問題時，瀑布公司已經清楚知道福布斯教授著手於發電機的工作了。亞當斯居然大言不慚地通知被拒絕的美國競標者，「我們期待通知你們，同時通知其他公司，為我們近期要開工的建設提出建議。我們誠摯感謝你們對我們招標所做出的努力。」[37]世界上最知名的電學家西爾維納斯・湯普森（Silvanus Thompson）後來表示了同行的集體憤慨，譴責瀑布公司「無恥地竊取別人的智慧」。他認為這是「卑鄙的強盜計畫……這段令人羞恥的插曲將永遠損害企業的聲譽」[38]。

亞當斯真不愧是個商人，即使做了如此無恥之事，仍然寫信給特斯拉說明福布斯教授將設計的發電機既不是西屋的，也不是通用電氣的，還表示他自己對通用與西屋的密探案件感到氣憤。特斯拉，這位永遠的紳士，當天就回覆，通用電氣的密探「是在浪費時間，根本不值得我注意」。高雅的塞爾維亞發明家有著真誠的心靈，他在西二十七街格拉克飯店的舒適公寓裡寫道，「我可以肯定地告訴你，你的決定不會讓我有絲毫同情和誠摯祝福，即使你的卓越公司將取得應有的成功」。

在這些氣話之後，特斯拉開始認真起來。他提醒亞當斯「不能不想到即將面臨的困難」。最明顯的問題就是瀑布公司已經有了「評價頗高」的西屋公司計畫，該計畫是在「長期實踐中產生，不是來自任何工程論文的紙上談兵」。特斯拉暗示一個令人不愉快的事實，福布斯教授將很難設計出一個不侵犯別人專利的交流電系統。這足以讓亞當斯焦慮，於是他轉告在費城的塞勒斯。塞勒斯建議他讓特斯拉知道，這是瀑布公司的意圖，重新設計發電機以更好匹配渦輪機。然後轉回到「競爭者，期待他們利用優勢來幫助我們取得進展」[39]。於是這件事停息下來，留下充滿敵意的結局。

尼加拉動力公司的馬車

第12章 終於接上大瀑布了！

在多事的一八九三年夏季，福布斯教授都住在尼加拉，致力於設計大瀑布的發電機。「我住的房子在一塊美麗的土地上……在一段急流上游的平靜河岸旁。」他後來記述道，「我每晚都很早上床睡覺，早上五六點就起來，我永遠不會忘記那讓人非常愉快的夏天和整個美麗無比的環境。」有時，福布斯教授殷勤地陪同路過來訪或是從世界博覽會來的電學家，他們都希望有幸目睹大瀑布的奇觀和瀑布巨大電力案子的進展。一號電機房的水輪坑工程進度迅速，三台龐大的渦輪機也很快在內部就位。受到特殊款待的參觀者允許穿過已完工的一又四分之一英里長，從電機房到咆哮河流峽谷的輸水隧道。

福布斯教授身材高大，一頭金髮，是個目空一切的蘇格蘭人。他長著一個大鼻子和一臉絡腮鬍，經常批評他的大瀑布工程的同事。他對事物的態度，用美國人的標準總結就是：清高孤傲。他更喜歡住在大瀑布的加拿大那一邊，並且蔑視尼加拉周圍的城市，因為那裡「骯髒……太多廉價飯店、遊樂場、流動攝影師，以及印度博物館和其他所謂的古玩店」[1]。福布斯深深得意於他引人注目且令人垂涎的大瀑布電力工程顧問職位，這職位讓他處在當時全世界最野心勃勃、最高造價、最被密切關注的電力工程中心。整個夏天他都在肆意抱怨著尼加拉發電機的設計和技術方面的問題，由於「政治」原因都變得太困難，他描述為「欺騙、私下交易和營私舞弊」[2]。目中無人的福布斯迅速把原本是共同合作的集體成果劃為他自己的功勞。

*

當一八九三年八月的酷熱降臨東海岸，塞勒斯和亞當斯感到壓力，必須加快工程。大瀑布的投資者已經為這龐大企業融資了四百萬美元，一切都將取決於一個可以運作的交流發電機。尼加拉是純粹的私人投資案，讓人清楚意識到美國經濟體制正在逐漸走向災難性崩潰。在那個美好的夏天，每天都充斥著可怕消息，一個又一個地區銀行破產倒閉，大西部農民因缺乏資金而無法運輸他們收穫的糧食作物，鐵路線處於破產監管狀態，甚至連百萬富翁也不得不精打細算。一位相關人士這樣描述，「摩根在紐約時，蘭金先生每天早上都向他提交一份結算報表，清楚顯示出瀑布建設公司、尼加拉電力發電公司、尼加拉水力工程公司、尼加拉發展公司和尼加拉鐵路聯軌公司等各個公司精確的銀行結餘。當他在大瀑布時，同樣的結算報表會郵寄給他」[3]。那年七月下旬，摩根在給他一位朋友的信中寫道，「這裡一切還在籌畫階段，我們希望迅速有突破，因為這一切太令人沮喪和筋疲力盡。」[4]隨著金融市場搖搖欲墜和瀕臨絕境，美國國會於八月七日緊急召開會議，重返總統寶座的克里夫蘭緊急呼籲立法機關撤銷銀與金的等價。

幾天後的八月十日，現在是尼加拉電力發電公司的總裁和總工程師的塞勒斯寫信給通用電器和西屋公司，說明福布斯教授已經設計出可以運作的發電機和變壓器，所以瀑布公司又一次在尋找生產和安裝發電設備的公司。喬治．西屋還未從上次被打發的惱怒中平息下來，一周後他從匹茲堡給塞勒斯寫了一封生硬的回函，提醒這位似乎十分偏愛他公司的和藹工程師，「我們已經用了許多年時間發展電力輸送，花費無數資金研發各種計畫，我們堅信自己完全具備所有法律要求的商業先決條件……我們不認為貴公司可以要求我們將自己的所有資源聽任你們支配，而你們反過來再使我們處於不利地位。」[5] 然而西屋還是發了慈悲。畢竟這是偉大的尼加拉大瀑布電力，是他魂牽夢繞的電力夢，他一心要將交流電展現給世界的平台。他曾經熬過最艱難的處境，此刻，當每個工廠都注視著訂單將落入誰手的嚴峻時刻，他當然應該保證自己的人馬獲得機會。

於是在八月二十一日，西屋派出兩位高級工程師去尼加拉大瀑布視察福布斯教授的進展，其中一位是路易斯．史迪威。當他們下火車時，發現當地全是興高采烈的度假遊客盡情在遊樂場玩耍，不是奮力攀登大瀑布的風穴，就是乘坐飛旋的轉輪。可是他們倆的心情一點都激動不起來。他們做出判斷：那蘇格蘭人設計的發電機毛病太多，根本無法組裝。仔細審閱過設計藍圖後，他們告訴塞勒斯，「從機械角度來看，這個發電機的設計理念很好……但是從電的角度來看的話有太多缺陷，如果照圖組裝，它不會運轉。」[6] 歷史學家帕瑟總結了福布斯設計的發電機缺點：轉速過低，每秒十六又三分之二轉，這將會導致燈光明顯搖曳不定；更嚴重的是，如果一個專案的目的是提供工業用電，它將「因為頻率太低，使大部分多相動力設備無法令人滿意地運轉（尤其是要將交流電轉換成直流電，最重要的旋轉變流器）。西屋的工程師也尖銳批評了發電電壓（從沒聽說過的兩萬兩千伏特），絕緣問題根本無從解決」[7]。

傲慢的福布斯教授夏日旅居大瀑布期間似乎完全忘了交流電的要點，於是他們寫了一份否定的報告給西屋老闆。然後在九月十五日那天，兩個西屋的高級工程師，其中一位仍是史迪威，又來到尼加拉，那裡的旅客仍然在早秋的涼爽中嬉鬧。兩位工程師先會見了塞勒斯和其他大瀑布工程的專家，然後開始討論福布斯教授設計的發電機的不足。之後，他們一同去了福布斯教授的辦公室。塞勒斯後來記述道，「福布斯教授討論了幾個提出的問題，完全拒絕別人的建議，聲明他已經全面考量過設計，始終認為自己是正確的。」[8]

塞勒斯和亞當斯很清楚，沒有西屋公司的專利及技術特長，他們根本無法有進展（亞當斯瀏覽通用電氣的標書只為了平衡價格而已）。此刻西屋的高級工程師再次來尼加拉審查福布斯教授的發電機藍圖。息事寧人是亞當斯的長處，他當律師時就曾經讓氣憤的鐵路投資方和鐵路官方平息怒火，接受勸說並化敵為友，因此而令他揚名。於是他提議十月初雙方在一個高雅僻靜的地方共進晚餐，地點選在歷史悠久的協會聯盟俱樂部，曼哈頓最尊貴的男士俱樂部，它在內戰期間為支持北方而成立。那天晚上，百萬富翁和工程師們身穿晚禮服齊聚一堂，享盡多道美食佳餚，並與西屋一起審閱了大瀑布發電機設計提案合約中每個有爭議的細節。

雪茄和香檳送上飯桌來時，雙方已就所有款項達成協定，除了轉速以外。瀑布公司一方仍堅持福布斯極慢的每秒十六又三分之二轉的頻率，西屋一方則強調，如果轉速低於每秒三十轉，沒有發電機能保證做到。幾十年後，西屋的工程師班傑明・拉米寫道，「就轉速來說，這多多少少已是個僵局……出於運作角度考量，這有可能全盤失敗，所以不想製造這樣的機器。」[9]晚餐結束時，亞當斯把西屋的總工程師史迪威叫到一邊，問他是否能妥協到每秒二十五轉。史迪威最終答應了。一八九三年十月二十七日，芝加哥世界博覽會圓滿閉幕前三天時，西屋終於將渴望已久、去年早春曾失之交臂的合約拿到手。他和特斯拉終於有機會向全世界展示什麼是真正的電能了。

到了一八九三年年底，整個西屋陣營都在傾力於兩件事：改進尼加拉一號電站的發電機，以及發自內心討厭並懷疑福布斯教授。由於福布斯糟糕的發電機設計，他們開始質疑他的電學能力，視其為工作上的障礙，當然他們也不喜歡他的清高孤傲。永遠和藹可親的塞勒斯發現自己夾在中間很不舒服。所以在一八九三年十二月，西屋一如他往常的辦事風格，明確並肯定地宣布，他和他的人員將不願和即將從英國耶誕節度假後返回的福布斯教授合作下去。西屋聽過福布斯教授的講座後，視其為「發電機設計上的潛在敵人」，他沒有興趣為教授提供自己的技術。耶誕節剛過，塞勒斯就這個「棘手問題」給亞當斯寫了一封極度苦惱的私人便函，抱怨福布斯在「決定最重要措施的時刻」缺席。他希望亞當斯能夠清楚意識到，西屋「絕對不情願」和福布斯打交道[10]。

一八九四年二月六日，愛德華・威克斯在曼哈頓會見了西屋及他的兩個工程師，之後向亞當斯彙報，西屋這個匹茲堡巨頭不會向福布斯低頭。他承認產生了「很大的困難，我們必須選擇一條最好的路」[11]。結果從那時起，塞勒斯就拋開福布斯繼續工作。福布斯教授的發電機設計在不同的工程師研討會上展示時，都受到美國工程師們嚴厲攻擊，認為他的設計損害了大瀑布的形象。（查爾斯．布朗，瑞士布朗與包維利公司的總裁，則正式指控這個蘇格蘭人抄襲他於一八九二年年底向大瀑布工程提交的獨特傘形發電機設計。）[12]

福布斯教授在第二年為英國雜誌《黑森林》（*Blackwood's*）寫了一篇關於尼加拉工程的隱晦惡意文章，用來作為大瀑布工作的臨別贈言。可以想像他把自己描述成在這偉大工程背後的天才負責人，而美國人大多是無知的笨蛋。福布斯以復仇的筆調寫道，「我有時很難將總裁和副總裁控制在自己手裡……他們大多數人都認為自己瞭解那個專案……總體來說，一切都很可笑，如果沒有我，當整個工程發生危險時，一切就會成為悲劇。在這種關鍵時刻，我寫信給我的金主，告訴他們，如果不按照我說的去做，以後發生災難時，他們就要自己去面對董事會和股東。」[13]

西屋電氣與製造的工程師們整個一八九四年都致力於那龐大又精細的微調設計工作，並開始著手組建最初的兩個五千馬力發電機，比上屆世博會大五倍的全新機器，因為發電機通常達到一千馬力時，就已被視為巨獸了。第三台在前兩台工作正常後再開始組裝。在執行合約的報告中，西屋強調了所有機器上的新東西：「開關、指示儀、測量工具、工藝導線，還有其他附加裝置，都採用我們以往實踐中完全不同的設計工藝。於是問題出現了，特別是要應付的電能數量，迄今為止還沒有這麼多新設備的先例……幾乎每個裝置都和我們一貫的制

西屋公司為尼加拉瀑布最初做的一台發電機於1894年在匹茲堡製造。

式標準大相徑庭。」[14]原計畫的發電機尺寸不得不縮小，才能被放進鐵路平板貨車，安全運到尼加拉。

*

當全國經濟危機越演越烈，無數失業者聽信有工作的謠傳四處遷徙，寄望組成「工業大軍」，給政府施加壓力以增加就業機會。沒有工作，他們如何生存？但每個人發現到處都是失業的人。整個春天，全國有一萬七千名氣憤的煤礦工人罷工，抗議工資降低到接近瀝青礦的水準。當一些州的國民軍強行進入煤礦時，發生了流血衝突，最終罷工失敗。礦工憤怒地返回坑道，拿的仍舊是原來的低工資，芝加哥就開始動盪不安。生產所有鐵路臥鋪車廂的普爾曼公司解雇了一半的工人，並削減了四分之一的工資。但是該公司沒有削減定價過高的房屋租金，因為所有技工需要住在那裡。當三個加入工會的工人提出抗議時，喬治．普爾曼將他們解雇，讓所有工人停工並關閉整個工廠。之後兩個月裡，普爾曼拒絕任何仲裁。直到六月底，他的雇員工會美國鐵路工會組織讓所有會員宣誓，誰也不會再於任何裝有普爾曼臥鋪車廂的火車上工作，這樣才使公司接受仲裁。隨著形勢惡化，罷工像野火般遍地燃起。幾星期內，美國心臟地帶的鐵路系統在震顫中全部癱瘓。工廠因為缺少煤而漆黑一片。原本已十分困難的經濟，再次遭受到沉重打擊。

克里夫蘭總統憎惡任何帶有「社會主義」味道的東西，一直抵制針對全國需求和苦難的國家改革，毫不猶豫地調動國民軍鎮壓罷工。在七月五日那天，當士兵們往城裡開進，一年前還是世界博覽會東道主的芝加哥市立刻陷入騷亂與失控，到處充斥著暴力。因此，即使最開明的人也對罷工者沒有絲毫同情。休曼反壟斷法使工會領袖尤金．德布斯（Eugene Debs）和其他鬧事者被抓進監獄，動亂才慢慢平息。但這絕不意味著勝利。許多美國人開始意識到，國家為了自己的生存而陷入苦鬥，從而使貪婪富人和普通老百姓相爭。《北美觀察》強烈抗議這新的「富豪統治……他們的章魚爪已經伸至工業的任何角落；富豪控制著我們吃的麵包和糖的價格……也控制著我們照亮道路所用的油價，甚至我們死後埋葬用的棺材價格」[15]。這一年，情況十分嚴酷。

儘管國內勞工爭鬥和糟透的經濟還在持續，亞當斯依然穩步堅定地推動著尼加拉電力基礎建設，做好場地準備，等待電流最終流通。但是日期一延再延。大瀑布這一階段的工程不僅僅包括未完工的電機房和小型變壓器建築，還包括為大湖船隻卸貨用的船塢，和一大塊夷為平地後再用隧道瓦礫鋪設的改造地帶，一切都用公司七英里的鐵路相連貫。然後還有大瀑布的工人村，有六十七座帶整齊草坪的半獨立式別墅，由紐約著名建築師史丹佛·懷特（Stanford White）設計。亞當斯對懷特施加壓力，希望他在百忙之中抽時間設計大瀑布一號電機房：龐大簡單的「電力大教堂」，鑲嵌著與工人村建築一樣的方形石灰岩磚。電機房有兩百英尺長，六十四英尺寬，四十英尺高，屋頂用石板瓦和鋼，這個建築簡潔的外表令亞當斯很滿意。高大雅致的窗戶使電機房內充滿柔和的自然光。在深深的地下室，三台巨大渦輪機被固定到位，只等西屋的發電機和尼加拉的湍急河水到來。同世界博覽會一樣，開關板是一塊巨大的大理石板，安裝在一塊帶有欄杆的平台上。

*

在尼加拉取得勝利以及工業間諜案件，使得西屋與通用電氣之間原本就尖銳的矛盾更加惡化。包括歷史學家帕瑟在內的許多人都奇怪，為什麼通用背後勢力強大的摩根集團沒有對大瀑布施加影響，讓通用電氣贏得這份他們垂涎已久的發電機合約？（早先亞當斯曾放棄他所有的通用電氣股份，來避免可能的衝突。）帕瑟的結論是因為賭注太高，「那些財閥們聽取了他們的工程顧問的意見」[16]。通用電氣也確實贏得一個變壓器和變速器的合約。但是通用電氣難以應付陷入恐慌後的蕭條形勢，因此華爾街的後台財閥決定收購西屋公司。這樣一來，通用電氣將不光牢牢地控制大瀑布專案，也包括控制百分之九十的電力市場，從而建立摩根喜愛的工業秩序，接近或全部壟斷。但還存在最關鍵的問題：誰擁有至關重要的特斯拉專利？這個問題已經阻止通用電氣贏得大瀑布的發電機合約。據統計，西屋和通用電氣在三百個專利法律糾紛中打得難解難分，很多都是關於的交流電設計，而一個「合併」將會為雙方各節省一百萬美元的法律訴訟費用。所以市場和謠言都在蠢蠢欲動。

「通用電氣最希望將自己倉促拼成的框架，強加在西屋堅實的企業上。」湯瑪斯・勞森（Thomas Lawson）在他的傑出著作《瘋狂金融》（*Frenzied Finance*）中這樣寫道。他調查了華爾街的強盜資本家是如何透過摻水的股票而操縱和壟斷市場，爾後輕而易舉地成為百萬富翁。「突然間，金融上空出現烏雲。股市日漸恐慌……華爾街都在談論通用電氣併購西屋的可能……這是個訊號。所有股票地下室都爬行著那些蠕動黏滑且令人生厭的造謠蛇，看似好像無爹無娘，實際上是它們的父母懷著魔鬼企圖生下它們……謠言……從波士頓、費城和紐約的金融巢穴滲出，與美國和歐洲金融市場保持熱線聯繫，以期平息這場經濟危機。西屋公司股值迅速下跌。」[17]那個時代還沒有證券交易所這樣的調節機構，西屋用時間當武器來反擊。他雇用勞森這個操縱股票市場的專家，而勞森對通用電氣股票策劃了一場以牙還牙的報復，反擊力度帶有毀滅性，使得摩根不得不退縮。西屋股票得以恢復，他繼續著他的尼加拉電力合約。最終，更明智的西屋在一八九六年與通用電氣達成協議，允許通用電氣使用最重要的特斯拉專利，結束了通用要接管自己公司的企圖。

*

喬治．西屋穩步推進龐大的尼加拉大瀑布動力公司專案，尼古拉．特斯拉的名氣也隨之越來越大。馬丁，永遠雄心勃勃的《電力工程師》編輯，從一八八八年特斯拉就交流感應馬達在哥倫比亞大學做精采無比的講座起，就一直在忠實地幫助他的朋友。一八九三年底，馬丁和特斯拉共同出版了一本書，書名是《尼古拉．特斯拉的發明、研究和寫作》，裡面蒐羅了特斯拉的主要演講、馬丁的介紹，以及很多特斯拉的早期專利。馬丁是曼哈頓社交圈裡的特殊人物，他有著漂亮的禿頭，深情的雙眼，短而硬的鬍鬚和充滿活力的性格。他決定超越電力科學世界的範圍，廣泛地宣傳特斯拉。於是科默伏（他的朋友通常這麼稱呼他）在寒冷的十二月來到聯合廣場時髦且具中產階級趣味的《世紀》（*Century*）雜誌社。置身於堆成小山的手稿和書籍中，他對副主編羅伯特．安德伍德．詹森（Robert Underwood Johnson）說，特斯拉是下一位奇才，一個可以媲美愛迪生的人。科默伏提議寫一篇文章介紹這位塞爾維亞人。詹森很感興趣，讓他帶特斯拉來參加在萊辛頓大道宅第舉行的晚會，副主編與他活潑的妻子凱薩琳建立了一個活躍且範圍廣的名人與學者圈，作家馬克．吐溫、不修邊幅的自然學家約翰．繆爾（John Muir）、音樂家伊格納奇．帕德雷夫斯基，以及其他當時活躍在紐約舞臺上的明星演員們。在耶誕節前不久，特斯拉恭敬地隨著科默伏參加了晚會，高大修長的發明家穿了一件做工精緻的晚禮服。他的臉色蒼白病態，但是很健談。

詹森夫婦都被這位富有魅力且優雅的特斯拉打動。詹森與眾多有成就的名人打過交道，很瞭解他們的真才實學裡融合了自高自大。可是他們發現特斯拉是個不落俗套的人，對最深奧的電力科學極有造詣，同時又是個「博覽義大利、德國、法國經典文學作品，在斯拉夫語系國家中少數會說希臘語和拉丁語的人。他酷愛詩歌，經常引用萊奧帕迪爾（Leopardi）或歌德，或是匈牙利與蘇聯的詩句。我很少見到知識如此豐富的人」。這位電力與文學奇才又是一個非常可愛的普通人。詹森在描述他新朋友的個性時說：「格外迷人、真誠謙遜、考究細膩、慷慨大方，並有精神魅力。」[18]於是在那天晚會上，他們建立起長期友好的關係。科默伏當然也達到在雜誌上發表文章的目的。詹森夫婦餘興未了，堅持邀請特斯拉再次出席幾天後的耶誕宴會。

耶誕節那天的拂曉如春天般宜人，對住在寒冷房舍裡的窮人來說是項福音。大型經濟危機逐漸過去，許多人又開始像《紐約時報》描述的那樣，乞求一個安靜的假日。每間教堂都在收集衣物和食物捐贈給窮困人家。上千名靠賣報勉強糊口報童（多半是被遺棄的孩子）在杜安街的報童寄宿處裡狼吞虎嚥吃著一年才吃得到一次的火雞、火腿和肉餅。格拉克飯店卻完全另一幅景象，特斯拉穿上高雅禮服，走入百老匯大道上衣著時髦的耶誕節人群，瀏覽商店櫥窗裡的美麗裝飾。許多人湧向中央公園，但是特斯拉往東走向萊辛頓大道。

特斯拉十分喜歡詹森夫婦。那個夜晚十分溫馨，晚餐後，他邀請他們去市中心參觀他的實驗室，這只是以後多次訪問的開始。很久以後，羅伯特・詹森仍然記得去第五大道，再爬上特斯拉頂樓實驗室做突襲訪問的那些夜晚。一同造訪的也包括其他受歡迎的客人，譬如馬克・吐溫和建築師史丹福・懷特。懷特的一號發電機房裡打算要放置特斯拉三台三十英尺高的交流發電機。詹森曾這樣敘述那些實驗室訪問，「每天都能看見十五英尺長的閃電，他的管狀電燈通常帶有朋友的照片，作為訪問的紀念品。他第一個將磷光燈用於照相——這本身就是一個不小的發明」[19]。

經由詹森和懷特引介，特斯拉成了社交寵兒，一個受眾人盛邀的嘉賓，無論是曼哈頓最奢華的住宅、私人沙龍還是高級飯店，都有他的身影。作為答謝，特斯拉通常在美味的德莫尼科飯店的私人房間裡舉行晚餐宴會。但特斯拉始終在勤奮工作，並且不斷回絕紛至沓來的邀請。但他被懷特說服在十一月底一起去航行，這位建築師後來興奮地寫道，「你能離開實驗室令我太高興了！我將會像迎接德國皇帝和英國女王一樣接你上船」[20]。對特斯拉來說，相親是很古怪的事，他像神職人員一樣全心投入電的研究，加上對細菌的恐懼，所以他對女人和性一點都不感興趣。懷特卻是個好色之徒，他總是瘋狂地追逐年輕女子，直到後來被一個義憤填膺的丈夫槍殺。

一八九四年二月，科默伏給《世紀》寫的特斯拉文章刊登出來，並附有知名攝影家薩羅尼拍攝的相片。這篇文章辭藻華麗，洋洋灑灑地說道，「特斯拉先生一直有個夢想，受到流星瞬間閃光所引發的啟示；他的同行對他的敬佩日益增長，乃因為他看得更遠，最早看見在科學新大陸上微微閃現的光芒」[21]。這篇讚美文章刊登在國家主要雜誌上，自然而然引起了轟動，也立刻引起紐約報界的注意。幾個月後的一個星期日，七月二十二日，約瑟夫．普立茲的《紐約世界報》，曼哈頓銷量最大的日報，登出一個醒目的長篇報導，出自知名專欄作家亞瑟．布里斯班（Arthur Brisbane）之手，題為「我們最傑出的電學家」，還有「比愛迪生更偉大」、「電力的未來」等小標題。布里斯班和科默伏不同，他對電一無所知，也不想不懂裝懂。「每個科學家都是自己專業的行家，」布里斯班這樣描寫特斯拉，「每個紐約社交界的人，即使是笨蛋也認識他那張臉。他每天在德莫尼科飯店用餐。他每晚都坐在靠窗的那張桌子……埋首看晚報。」

布里斯班的文章帶有一張全版尼古拉．特斯拉的畫像，他穿著正式的燕尾服，「與電融為一體的發明家襯托在光輝燦爛的電火中」。這當然指的是特斯拉那次最著名的即席表演，讓幾千伏特電流通過他的身體，直至火焰吞沒他全身。他向布里斯班承認，「我讓電流通過全身的主意，只為了扭轉大家長期以來對交流電的愚蠢看法。這實驗對科學家來說沒有任何價值。關於交流電的『伏特』存在著一大堆胡說八道理論，現在你看到伏特和電流能量毫無關係」。與大多數遇到特斯拉的人一樣，布里斯班也發現他很有魅力。結果在那個炎熱寂靜的夜晚，他們兩人坐在德莫尼科飯店裡一直聊到破曉，直到清潔女工來打掃飯店的大理石地板。布里斯班告訴《紐約世界報》的二十八萬讀者，「每當談到正在研究的電力問題時，特斯拉就變得神魂顛倒。他說的沒有一個字可以讓人聽懂。他把一秒鐘分成幾千萬份，達到的能量顯然是任何其他東西都無法提供的。他堅信電力可以解決勞動力問題。這應該是（尤金）德布斯先生在地牢受苦時思考的事。根據特斯拉的理論，未來的艱苦工作肯定會成為啟動電力開關的推動力」。

那年秋天，一八九四年的九月三十日，《紐約時報》用了幾個整版登出文章〈尼古拉．特斯拉與他的發明〉，副標題為「確信無疑走向偉大勝利」。不同於布里斯班輕鬆愉快的敘述，

1894年7月22日《週日世界》（Sunday World）插圖：「與電融為一體的發明家尼古拉・特斯拉襯托在光輝燦爛的電火中」

《紐約時報》竭盡全力闡釋特斯拉的高頻研究和在他無線電燈背後的科學。令人奇怪的是，文章隻字未提尼加拉。事實是，不管西屋發電機的工作進展是否順利，特斯拉已全心將自己投入一個嶄新且更深奧的電學尖端領域。每天他都在實驗室裡埋首工作，完全不顧樓下商業街道的雜訊。特斯拉沉浸在他嶄新的電力夢中，他與布里斯班長談時承認，「我絕對自信地期待著，地球上將會用無線傳輸資訊。我也對用同樣方式高效傳輸電力充滿希望」[22]。

無線傳輸能量。當特斯拉公開談到他的工作時，他對自己正在研究的細節（也就是現在眾所皆知的無線電收音機）守口如瓶。到了一八九四年，特斯拉已經組裝出一個小型手提式收音機轉播站，整年都在不斷地檢測並改進。許多下午和晚上，他都和一個製圖員一起爬上實驗室的寬闊屋頂，豎立起無線接收器。然後他拿上他的接收機，再到更高更遠的地方，去檢測他的無線電收音機訊號。冬天的時候，特斯拉已經在他住的格拉克飯店房頂安好裝置，這家飯店距離曼哈頓上城區三十條街，在他的實驗室北方一英里半遠。在格拉克飯店的屋頂，比下面百老匯時髦的精品商店高出十層樓的地方，特斯拉小心翼翼地放飛用繩縛的氦氣、熱氣或氫氣球。氣球和繩子一直升高，直上空中。一條電線連接到飯店的總水管。特斯拉將他的接收器調節至與收音機頻率，就能成功聽到製圖員從市中心實驗室屋頂上發出的廣播訊號。整個冬天他都在微調那處於雛形階段的收音機。等到春天來臨，冰雪消融，他將乘坐汽船沿哈德遜河北上，去看看如果繼續向阿爾巴尼航行，是否還能收到傳送訊號。所以到那年年底，特斯拉的身體和精神狀態都非常好，可謂勝券在握。

一八九五年對特斯拉是更好的一年，他已將新收音機調到最佳狀態，而且期待著尼加拉大瀑布開始送電。在他將專利賣給西屋七年後，也是為了拯救公司而放棄他的權利金四年後，特斯拉的西屋發電機終於要安裝在懷特的電力大教堂。偉大的時刻即將來臨，大瀑布入口的閘門一旦打開，尼加拉碧綠的河水將奔騰流入三個巨大水管，冰涼的湖水咆哮著直落向渦輪機。隨著渦輪機開始旋轉，水花飛濺，水霧濛濛，每根鋼軸也越轉越急。在飛旋鋼軸上方的電力發電機房裡，特斯拉的三台黑黝黝巨大發電機組也在旋轉，製造著電力磁場。從這些熱氣騰騰的發電機組將流出無形的電河，靜悄悄地穿過電橋流入變壓器，在那裡轉換成高伏特的巨大電流湧向世界，之後再由許多獨立變壓器將其降壓成無形無聲的電流，點亮十幾萬戶的燈泡，為巨大的工業提供能源、讓水牛城的電車運行、驅趕夜晚的黑暗，並減輕人類的重負。人們稱他為夢想家，但這一切夢想都將成為現實。

*

如此輝煌的榮譽將只屬於特斯拉。由於交流馬達和多相發電機的難題一直懸而未決，許多研究者都望而卻步，但是特斯拉成為占據這歷史地位的第一人。這不光是他所追求的榮譽，也更出自財務上的原因，因為這樣一來他將有充足的資金更自如地工作。他認為，與他正在研究的更尖端且又簡單得多的動力系統無線傳輸相比，交流電只是剛起步。對人、金錢和機遇都頗有眼光的亞當斯希望立刻成為特斯拉的贊助人。後來才知道，亞當斯其實已經追蹤特斯拉許久，這個聰明人比任何華爾街財閥都瞭解特斯拉交流電專利的價值。特斯拉也直率地宣稱，這只是他革命性發明創造進行開發與商業化的開端。一八九五年二月，《電力工

三台最早的西屋發電機安裝在史丹佛・懷特的「電力大教堂」內。攝於1896年4月6日。

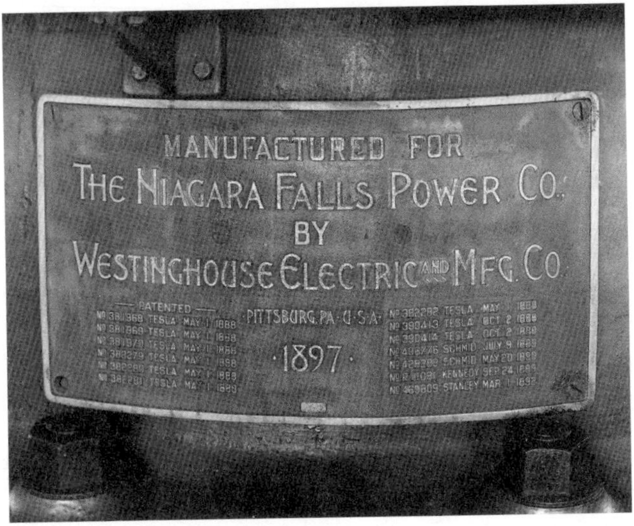

西屋發電機上的牌子列出特斯拉的交流電專利。

程師》上出現一篇短文，宣告成立尼古拉·特斯拉公司，經營範圍為「生產和銷售機械、發電機、馬達、電力設備等等」[23]。該公司有一大批一流董事：亞當斯和他的兒子恩斯特、勤勉工作又雄心勃勃的蘭金、特斯拉很久以前的資助者艾菲德·布朗、紐澤西的查爾斯·科尼（Charles Coaney）以及特斯拉本人。據說公司資本為五千美元，數字聽起來實在可笑。後來特斯拉提到，其實僅亞當斯一人就投資了十萬美元。所以到一八九五年春天時，身為一個發明家，特斯拉十分令人嫉妒。

然而災難突然降臨。一八九五年三月十三日清晨兩點三十分，特斯拉的實驗室被一場大火焚燒殆盡。整個建築從內部爆炸，實驗室那一層變成燃燒的地獄，所有電力實驗設備毀於一旦。《紐約太陽報》報導，當東方天邊出現了第一道黎明光芒時，在南五街可以看見「兩道搖搖欲塌的牆和像打哈欠般敞開的大洞，向外流著黑水和油」。當時非常受尊敬的報界編輯查爾斯·達納這樣寫道，「尼古拉·特斯拉的工作室和其中寶貴設備都被破壞，這絕不僅僅是他個人的災難，而是整個世界的巨大損失。如果用手指頭來比喻這個年輕人對人類社會的重要性，那麼說他是大拇指絕對不為過」[24]。幸運的是，特斯拉那天晚上沒有辛苦工作，否則他很有可能葬身火海。

第二天上午十點，特斯拉像往常一樣去工作，完全被眼前的情景嚇呆了。「這不可能是真的，」他盯著燒焦的廢墟不斷這樣喃喃自語。他的十五個雇員比他來得稍早一些，都悶悶不樂地站在那裡。他們不忍心將特斯拉從格拉克飯店喊來面對如此悲慘情景。《紐約太陽報》記者想採訪他，特斯拉拒絕了，他說：「我太悲傷了，讓我說什麼呢？這差不多是我半生的心血，所有的機械設備和科學研究用具都經過多年調試，卻在一個小時內被大火吞沒。這筆損失根本不能用錢來估算。什麼都沒有了，我必須從頭開始。」[25]他雙眼噙滿了淚水。他精心設計的發電機、振盪器、馬達和真空燈泡，珍貴的記錄、檔案和往來信件，還有他在世界博覽會的展品、最近研製的無線電收音機的發射器與接收器，所有這些年來的工作成果，全都付之一炬。

人們懷疑他實驗室裡的火災源於那些被稱為電力奇蹟的東西。大樓看守報告說，大火從一樓燃起。另一家租戶是個蒸汽裝配廠，加班時曾經在樓面上撒許多油，它「燃燒時像個引火盒」。看守的水桶簡直是杯水車薪。消防員與大火奮戰了三個小時，他們只能防止火勢蔓延到相鄰的工廠以及附近的高架鐵路。沮喪的特斯拉悄悄地走出去，徘徊在大街上。詹森夫婦到處找他，希望在他遭受「無可挽回的損失」的時候可以給他一些安慰。他的設備在別的地方有備用，如發電機、振盪器和馬達，但是他的收音機是獨一無二的，必須重新組裝。他的實驗室全都沒有保險，經濟損失慘重且徹底。特斯拉最近幾年掙了不少錢，但他全部的收入幾乎都投入實驗室裡，被這場大火燒毀。

除了東山再起別無出路。在科默伏、詹森夫婦，以及許多曼哈頓的朋友與熟人的鼓勵下，特斯拉重整旗鼓，又在東休斯頓街四十六號找到一間新實驗室。後來他告訴記者，「我灰心喪氣到了極點，如果我沒有定期為自己做電療，我簡直不相信還能振作起來。你看，電流進入疲憊不堪的身體，成為身體正需要的生命力、控制力。電是個偉大的醫生，依我看，它是最好的醫生」[26]。到了三月二十二日，康復的特斯拉寫信給西屋一位高級工程師，要求訂購新設備。他寫道，「我敢肯定，您一定從報紙上知道了，那場不幸事故幾乎奪去我全部的設備，進而影響了我目前的工作。我現在必須重建實驗室」。他的新設備在一個月內陸續運到。特斯拉也寫信給曾監理特柳賴德金王礦交流電工程的斯科特，請求他協助促成他的訂購。「這種工作對我的健康來說必不可少。」他這樣解釋[27]。在此期間，特斯拉在最不可能的地方找到了應急之所：湯瑪斯．愛迪生在西奧蘭治的巨大實驗室。哈洛德．布朗曾經在那裡電死過狗、小牛和馬。新聞界長期以來都將愛迪生和特斯拉，這一對美國最偉大的奇才，形容為勢不兩立，但是在這危難關頭，愛迪生非常大度地放棄了競爭，為悲痛的特斯拉提供了臨時工作場所。

*

當亞當斯最初考慮尼加拉大瀑布水電站的財政方案時，他（和其他所有人）設想，將電傳輸到繁榮興旺的大城市水牛城將是成功關鍵。但現在，第一個八十五噸重的發電機安置在龐大渦輪機的厚鋼軸旁，瀑布公司的人發現，整個新工業都準備搬到瀑布公司的工業地區，好得到更大量的廉價電力。第一個工業家是崔斯特．馬丁．霍爾（Chester Martin Hall），他在一八九三年就宣布要將他的匹茲堡提煉工廠搬到大瀑布去。那時這位進取且精力充沛的工業家意識到，硬而結實的鋁金屬需求量很高，但是價格居高不下，達一磅十五美元，限制了它的應用範圍。在一八八〇年，霍爾還是個歐柏林學院的學生時，他的教授就告訴他們，誰能生產出便宜又耐用的金屬，誰就能發財。霍爾當時曾向他的一位同學嘀咕，「我會努力去找到這金屬」[28]。從那時起直到一八四四年，他始終不渝地朝著這個方向努力。在他的木料實驗室裡，霍爾經歷過無數次實驗和失敗，終於發現雙氟化物可以從黏土裡提煉出鋁。當他用電流增能時，他得到了純鋁。很快的，霍爾的匹茲堡工廠就生產出價格為一磅一美元的鋁。但如果要大幅度降低成本，他需要大量廉價的電，他希望能從尼加拉得到。

霍爾大膽相信還未生產出來的廉價電力，愛德華・古德里奇・艾奇遜（Edward Goodrish Acheson）的想法與他不謀而合。後者是個化學天才，曾在愛迪生的門羅公園和歐洲受過電力培訓。他是個頗有天賦的發明家，喬治・西屋曾收購過他的一些專利。艾奇遜判定新興工業需要一種便宜的磨料，一種能替代每磅一千美元以上的金剛砂物質。他終於設計出一種電化工藝，以生產出他稱為（人造）金剛砂的物質，其硬度可以切割玻璃。在他離匹茲堡不遠的莫農加希拉工廠裡，他已經做出一磅價格五百七十六美元，每天銷售大約二十磅，如果他的價格可以更有吸引力，銷量還可以翻倍。他和霍爾一樣，也需要大量的廉價電能。對他來說，電能可以點燃新的電弧爐，使之達到前所未有的溫度。因此他也在尋求大瀑布的電力。當艾奇遜通知董事會，說他已經與尼加拉大瀑布電力公司簽訂了購買每日一千馬力電能合約，那時候尼加拉瀑布電力公司還沒有輸出過半點馬力，但獲得董事會一致同意。霍爾為了鋁，艾奇遜為了金剛砂，緊跟著還會有更多企業家建立或擴大他們的電廠或電冶金工廠，生產「乙炔、鹼金屬、鈉、漂白劑、腐蝕劑、蘇打、氯」[29]。這就是亞當斯和蘭金發現的商機。他們的基本建設尚未完成，發電機還沒有開始工作，卻可以在當地銷售掉第一批全部一萬五千馬力的電能。

最後在一八九五年八月二十六日，在工程學期刊預計的一年後，尼加拉電力開始用於商業生產。工程師花了將近九個月反覆檢測整個系統各個細節，特別是巨獸般的西屋發電機。總工程師拉米描述，在匹茲堡對一個龐大發電機進行首次檢測時，無數個臨時小型鋼螺栓「由於震顫而鬆動，接觸在一起導致短路……整個機器旋轉結束那一瞬間出現了巨大的電弧……第一眼看上去好像整個地獄之門開啟了。每個人都趕緊找掩蔽」。一個人設法關掉了機器，那吞沒發電機的巨大電弧光才慢慢平息。從各自的掩蔽物底下出來後，工程師們趕緊跑回機器旁，「有的人爬到機器下面去看在裡面的人怎麼樣……猜想他一定被燒焦了……但他說，火只在他周圍燃燒，根本沒有碰到他」[30]。在場的人誰也沒有過這樣的經歷。

但是現在，第一台發電機終於就緒。在那年夏末的早上七點三十分，運河進水口打開了，河水流進其中一個水管，渦輪機開始旋轉，二號發電機也一樣，迅速向匹茲堡的提煉廠輸送交流電。首批客戶大胃口的電力需求成為有趣又有諷刺意味之事。這可以從《紐約時報》第九版上的一篇小文章上看出來，「從電機房輸送出來的電力通過銅線裝置流到鋁廠。送出的電流是交流電，用於製造鋁之前被轉換成直流電，經由四台已經建好的大型旋轉變壓器完成。每台機器兩千一百馬力，共有三台。每道程序都很順利，所有官員都表示十分滿意」[31]。尼加拉電力公司付出幾年的努力，花費了巨額資金，堅定不移地用最好的方式輸送大量電流到水牛城。亞當斯和塞勒斯大膽選擇了交流電，可現在他們所有客戶用的是直流電，他們需要的還是直流電！

水牛城，這個曾自豪地宣稱自己為光明之城的繁華大都市，卻在授予電力特許經營權上拖延好幾個月。議會和公共事務委員會對相關事宜爭論不休。該由城市自己來管理電力嗎？威廉・蘭金主持了談判，六年來辛苦的工作已經讓他罹患嚴重的心臟病。他身為尼加拉大瀑布電力公司的祕書，早在一八九四年就與水牛城市議員接觸，談到要保證他們必要的特許經營權。他解釋，他的公司願意在尼加拉開始挖掘新的輪井、訂購更多的發電機和安裝二十六英里長的輸電線之前，就承諾一萬馬力的電能。整整一年後，水牛城的議會和公共事務委員會仍然猶豫不決，而尼加拉大瀑布電力公司還是沒有特許經營權。他們在一些關鍵問題上產生分歧，水牛城希望在十天通知期內有權撤銷特許經營權，或有權隨時訂購所有地下電線。

但是在尼加拉大瀑布，一號電機房終於完工並開始運轉，已經向匹茲堡提煉廠成功輸送了一個月的電。現在兩台西屋發電機運行順利，這意味著尼加拉電力公司終於開始獲利。瀑布建築公司的總裁亞當斯覺得已到了合適時機，要安排一次大規模參訪，考察四百萬美元投資的成果，並舉辦一次非公開的小型活動，慶祝他們的偉大工程。於是在一八九五年的九月三十日，亞當斯與董事會全體成員聚集在一號發電機房，他們（除了威廉・蘭金）全都是知名的曼哈頓百萬富翁，長期以來都因雄厚的金融實力受人景仰，但他們在經濟危機時期把華爾街和政府當成他們的私人俱樂部，此行徑招致人們越來越強烈的反感。

這些董事站在明亮的發電機房裡，全都穿著正式的鍍金時代禮服，黑色外衣，高雅的圓頂黑禮帽，手裡拿著黑雨傘。財大氣粗的富豪們準備拍團體照，卻被龐大的黑色發電機反襯得十分矮小。高大修長的約翰・雅各・阿斯特（John Jacob Astor）年紀還不足三十，是紐約最大房地產商的後裔，也是擁有許多專利的發明家，對所有獨特和冒險策劃感興趣。達瑞奧斯・奧格登・米爾斯（Darius Ogden Mills）於紐約安家前，在加州最瘋狂的淘金熱中發了第一筆大財，從此被人稱為精明的投資者。他最初購買愛迪生股票，曾促使摩根對愛迪生進行更大規模的投資。他在布羅德街的九層樓米爾斯大廈雲集了各方股票經紀人和律師，也是城裡第一個自主發電的辦公大樓，瀑布建設公司總部設在那裡就不是偶然了。愛德華・威克斯代表了范德比爾特，范氏是紐約中心的主要股東，美國首富之一，出身地位最顯赫的家族。威克斯和史特森同是瀑布建設公司的副總裁；查爾斯・拉尼爾（Charles Lanier），摩根家族華爾街投資公司（亞當斯是這個公司的合作夥伴）的老朋友，專長於鐵路金融業；喬治・鮑杜恩（George S. Bowdoin）是個貴族出身的摩根合夥人，經常參加摩根豪華遊艇的聚會；約翰・克羅斯比・布朗（John Crosby Brown）是華爾街布朗兄弟公司的合夥人。

最後也是相當重要的人是史特森，他現在被摩根起了一個綽號叫「律師將軍」。早在那年二月時，他與摩根一同乘私人列車趕赴白宮會見克里夫蘭總統，因為當時美國財政部大量流失黃金，政府處在搖搖欲墜的破產邊緣。史特森發現了一些法律漏洞，這樣一來，儘管有來自共和黨國會的反對，貝爾蒙特與摩根仍然可以安排發行大量債券，讓美國政府的錢袋裡重新填滿黃金。全國的共和黨人、平民主義者和新聞界都義憤填膺，特別是知道華爾街的銀行家可以從中漁利之後。但是由於沒有完善的聯邦銀行系統，只有像摩根這樣在財政上有影響力的人才能夠穩定市場。摩根認為自己是個忠誠的愛國者，他對一位朋友這樣寫道，「危機如此嚴重，以至於沒有人敢面對」[32]。於是，史特森的權力光環變得更加奪目。他憑著自己的本事成為百萬富翁，又是個精明而實際的法律顧問。據說摩根每年付給他五萬美元律師聘金，只為了有事時請他幫忙。

沒有任何記錄能讓我們知道瀑布公司董事會如何看待這次聚會。他們就像所有富人旅行一樣，乘私人列車，無視那些亂七八糟的小買賣和招攬生意的廉價旅店。但我們得到尼加拉新電能的有力見證，記述來自英國科幻小說家和社會觀察家威爾斯（H. G. Wells）：

這些尼加拉電力公司的發電機和渦輪機，給我留下遠遠大於風穴的深刻印象。確實，對我來說，這比傾盆大雨中偶然出現的氣渦流要偉大美麗多了。它們造出來彷佛是為了展示，我想是用另一種形式在表達簡潔與威嚴。它們是那麼乾淨，無聲無息，強大有力。所有早期機械發出的噪音在這裡已成了過去，這裡沒有煙，沒有煤渣，更沒有灰塵。降在輪坑裡的渦輪機靜悄悄的，像修女般安靜地工作。這些堪稱貴族的巨大機器，龐大的黑色怪獸，它們偉大的睡姿超越了那些工程師所能有的工作能力……安靜地走在那又長又乾淨的發電機房大廳裡，沒有叮噹聲音，沒有喧嚷……所有機器都製造得如此安靜和完美，就像一個生物的心臟，可是更牢固結實……我像在做白日夢，夢見即將到來的人類能力，以及人們將怎樣使用這能力。[33]

人們可以推測，這些身為瀑布公司董事的紐約百萬富翁們首次看到上述情景時，也會幻想這些從未有過的龐大發電機的能力。兩個月後，傑出的鋼鐵製造商安德魯．卡內基也來觀看這最新的工業奇蹟。他在貴賓留言簿上這樣寫道，「這壯景奇觀將無疑給所有參觀者留下深刻印象，毫無疑問，這正在進行的偉大事業會取得巨大成功」[34]。摩根在那年秋天也帶著妻子和其他幾個女人到大瀑布朝聖。如他一貫的作風，沒有留下隻言片語。

＊

只有一個人還沒來到尼加拉大瀑布，沒見過這舉世聞名的瀑布和一號發電機房，這人就是尼古拉・特斯拉，是他的交流系統（最重要的是感應馬達）使這一切成真。這位發明家一遍又一遍地接到遊覽瀑布並體驗兩大奇觀的邀請：一是那奔騰而下的瀑布，以及它的雲霧和彩虹；二是那大力神般、正在建設的電力工業，在地面下的馬蹄形隧道和在懷特電力大教堂地下室裡的龐大渦輪機。可是特斯拉拒絕了四年。直到一八九六年的夏天，他終於同意來訪。在此之前，他在匹茲堡逗留一天與喬治・西屋見面，他們兩人要一同去參觀公司在海龜谷的一座占地二十英畝的新電力工廠。亞當斯等人將在那天晚上與他們會合，整夜搭乘西屋的豪華私人列車格蘭艾爾號。

第二天一早，特斯拉在旅遊旺季第一次來到尼加拉大瀑布，與其他旅遊同伴一起於一八九六年七月十九日上午九時抵達小小的、但總是繁忙的賓夕法尼亞火車站。同時在那重要且具有歷史意義的可愛星期日出現的還有喬治・西屋，這位以堅定信念、驚人勇氣和迷人魅力在電流大戰中占據優勢的電力巨頭。同行的還有瀑布公司總裁亞當斯，他大膽果斷地選擇採用了交流電系統；威廉・蘭金，這位紐約的著名律師為這個大案子鍥而不捨地奉獻，英明地指導了它的具體建設；西屋的律師保羅・克拉維斯帶領他的朋友與客戶跨過眾多法律和財政上的險灘；還有西屋十三歲的兒子小喬治。這一行人穿過度假人群，登上了有軌電車，沿伊利街往東南方向前進了一英里，到了城市邊上。那裡綠意盎然，深夏樹木的葉子為灰塵覆蓋的小路遮蔭，前方是莊嚴石灰岩結構的一號發電機房，它的前面有一片寬闊的草坪。這間有許多窗戶的電力大教堂座落在寬闊運河入口的一側，改道的河水在太陽照射下閃閃發亮，緩緩流進機房。

在運河另一側是石灰岩結構的變壓器機房，也是懷特所造，這個機房小得多，是電力機房的姊妹建築。一條石灰岩造的橋跨越運河，預計要運載從發電機房到變壓機房的電力導線管。當他們從有軌電車上下來，面前立刻出現尼加拉河寬闊的水面、奔騰咆哮的急流，和涼爽的微風。他們終於看到了河流、運河、電力大教堂，看到了隱藏巨大成就、靜靜又莊嚴的一切。進入發電機房，早晨明亮的光輝透過天花板高的窗戶射進來，一切讓人出乎意料，完全不像其他的工業基地，這裡是那麼安靜，那麼質樸。但是那深色的金屬發電機實在高大無比，像俯臥般靜坐在那裡，巨大的電流無聲地被開關控制。那個安靜的星期日早上只有一台發電機在運作，但是特斯拉和其他人都費勁地登上去，沿著特殊走道，饒富興致地觀看所有的附屬設備。然後他們順著漂亮的樓梯走下地下輪井，那地方安靜如修道院，可以聽見河水從水管中流過，能聽到並看到渦輪機旋轉。當這些人再爬上來，走出巨大的發電機房，越過運河，來到了變壓器房，當時那裡還沒有變壓器，通用電氣的機器還在生產。特斯拉特別仔細地觀察所有複雜機器，興奮地問了許多問題。接近中午時，蘭金陪大家回到他喜歡的大瀑布飯店，那裡可以俯瞰瀑布。他們在那裡共進午餐。

西屋與特斯拉一行人在午餐後又出現時，已經有一大群記者在等待。特斯拉先是猶豫了一下，還是同意回答幾個問題。「我來到尼加拉大瀑布，來考察這個偉大的電力工程，因為我想這次旅行會給需要休息的我一些不同的東西。我最近一段時間身體不太好，可以說是筋疲力盡。」那麼他怎麼看待這個電力工程？特斯拉抬了抬頭，「一切比我設想的要好很多，完全和承諾的一樣。這絕對是本世紀的奇蹟……建設完美無缺、獨領風騷的奇蹟……它與未來接軌，電力科學的進一步發展以及電力的進一步普及，都是我的理想。它們是我一直期望和奮鬥的目標，終會在默默工作中實現」。那麼怎麼看待尼加拉大瀑布呢？當地記者焦急地問。特斯拉毫不遲疑地回答：「這個偉大電力專案發展的結果，將使大瀑布與水牛城聯手，結合成一個偉大的城市。結合一旦實現，它們將成為世界上最偉大的城市。」這就是你第一次造訪這世界聞名的大瀑布和電力大教堂的真正意義嗎？另一個記者問。「是的，」他說，「我特意來看它（指發電廠）。但是也因為我很好奇。我不能在一個大機器周圍待太久，它對我影響太大。機械的震動影響我的脊椎，以致我無法站直。」

當然，尼加拉電力公司最大的挑戰還在後面：將交流電長途輸送到水牛城。記者問特斯拉對此的看法，這是不是一個有保證的工程？這份懷疑確實有很充分的理由。在六個月前，一八九六年的十二月十六日，在經過十四個月的猶豫和權衡後，水牛城最終與蘭金達成了特許經營權協議，責成尼加拉電力公司在一八九七年六月一日或之前，向新成立的水牛城瀑布電力導線公司輸送一萬馬力的電能。第一個表明要簽訂合約的是水牛城有軌電車公司，該公司簽了一千馬力（當然是直流電）。導線公司謹慎得不再簽訂合約，直到一切進展順利再繼續進行。當回答輸送問題時，特斯拉的眼睛眨了一下，「成功是肯定的。輸送電流是整個計畫中最簡單的環節。它明確且被承認的應用規定，就像空氣存在一樣是不可更改的事實。」[35]當他有些激動時，他瘦長的手在臉周圍比畫，明顯在顫抖。

在特斯拉唱主角戲的時候，記者們也想知道西屋，這個美國傑出的企業家，支持了特斯拉的交流電發明創造和使之成為商業事實的偉人，對目前的一切有什麼想法。西屋非常愉快，「懷著極大興趣和喜悅」聽著特斯拉熱情洋溢的回答。他相信尼加拉電力公司真能賣掉總共十萬馬力的電能嗎？很多人認為需求量永遠達不到那麼多。「這是無稽之談。」西屋回答，他的海象式鬍鬚豎立起來，「你想想，單是一艘海洋汽輪就需要兩萬五千馬力的電能，這樣就可以推斷根本不會有剩餘。這裡所有的電能都可以、也肯定會被用掉。」[36]那麼電力能做什麼呢？最大的好處就是使尼加拉大瀑布地區受益，因為大瀑布地區還有一千五百英畝的土地即將做工業開發。「但是水牛城的開發可能性也將十分驚人。」他這樣說道。

*

首先，電力得先輸送到水牛城。在電源成功地從一號發電機房輸送到伊利湖的王后城之前，整個尼加拉電力公司的努力都還沒被證明是否經受得了挑戰與考驗。畢竟亞當斯、塞勒斯、蘭金、特斯拉、西屋，以及所有傑出的工程師團隊，這些年來都沒有下力氣給當地工廠提供直流電。他們的榮耀是什麼？是他們的電力夢，是他們為之奮鬥，要向全世界展示的電力夢，向全部城市和地區輸送電能的革命，從一個地點輸出便宜且充裕的電能。從這個地點，電能流向四面八方，去滿足不同需求——照亮辦公室與住宅的燈、街道照明用的電弧燈、用於街道有軌電車的直流電、用於工廠的動力。而這只是剛開始，一旦電能變得便宜可靠，誰又知道什麼發明創造將利用這個動力呢？於是人們利用龐大的渦輪機和發電機做水力發電，平息了懷疑者的質疑。事實也正如那天蘭金與特斯拉告訴記者的一樣，尼加拉電力公司已經採用電報公司的模型，在豎立高聳的木頭輸送桿。但是直到十一月初，等待許久的通用電氣變壓器才運到並安裝在變壓器機房。它們是不斷迅速改進的電力技術的最好證明：發電機的雙相交流電被升壓到功效更大的三相交流電後輸送。到了一八九六年十一月中旬，尼加拉電力公司終於全部準備就緒。

十一月十五日那個星期日上午，蘭金和幾位工程師都在一號發電機房裡監測那輸送到變壓器的一千馬力。無論如何，蘭金向他父親，一個美國新教聖公會會長，保證實際輸送不會在休息日開始。所以他在星期日夜裡才返回電機房，不是白天，而是在明亮、嘶嘶作響的電弧燈光底下。機房裡，龐大的機器發出蜂鳴聲。機房外，尼加拉河水急速流過，光禿禿的樹上只有幾片枯黃的樹葉沙沙作響。蘭金和一位西屋的工程師安好開關板。在對面變壓器機房有一個通用電氣的工程師整天都在監督和檢測。他們在等待午夜來臨。等星期一來到，時間在零點一分時，蘭金拉下了三個開關；在二十六英里外的水牛城有一小隊人聚在水牛城鐵路公司西南角的電機房裡。一個人的眼睛緊盯著手錶，當零點一分時，他拉下了兩個旋轉變壓器上的三個刀片狀開關。「大約兩秒鐘過去，」一個水牛城調查員報告，「電力專家們說時間不能計算。它是上帝的閃電旅行，不受制於人。」[37]尼加拉電力公司的交流電發出時的壓力是兩千兩百伏特，迅速被通用電氣的變壓器升壓至一萬零七百伏特，經由二十六英里長的電纜送到瀑布動力導線公司的變壓器，被降壓至四百四十伏特，然後轉成五百五十伏特的直流電。水牛城的有軌電車很快就能依靠尼加拉的水力發電運行，證明這令人驚歎又嶄新的現實：遠距離輸送交流電能。

終於接上大瀑布了！那天的《水牛城調查報》（Buffalo Enquirer）這樣宣布，副標題為「尼加拉的動力已經準備推動水牛城偉大工業的巨輪——昨日午夜電能傳送成功」，以及「放眼水牛城更繁榮的明天」。實際上，電流輸送一小時後就停止了，所有相關人員都去參加慶祝盛會。水牛城現在真正成為有燦爛前景的城市。它已經是世界第六大商業中心，在它的五十二個糧倉裡囤積著成山穀物等待運到世界各地。每年五百萬頭牲畜從這裡運輸經過。水牛城有號稱世界上最大的煤架橋；二十六條鐵路線有七百英里的軌道；每天有兩百五十輛客運列車進出；每年大約有六千艘船隻在碼頭停泊[38]。在不遠的將來，水牛城又可以驕傲地宣稱，它有世界上最充裕和便宜的電能。

亞當斯採納了特斯拉的意見，電力大教堂在尼加拉大瀑布開始它偉大的工作時，沒舉行任何正式典禮。但是水牛城的人不是那麼有節制，儘管只是輸送微不足道的一千馬力，瀑布動力導線公司的主管還是決定以大型宴會慶賀。他們把日期定在一八九七年的一月中旬，並且邀請了特斯拉，他愉快地接受了邀請。於是在六個月之內，特斯拉第二次趕赴尼加拉大瀑布。他同亞當斯、史特森、威克斯以及幾位百萬富翁董事，還有西屋的兩位首席工程師，其中一位是史迪威，一起連夜搭乘私人列車趕來。

一月十二日星期二上午九點鐘，這一行人在尼加拉大瀑布的紐約中心車站下了火車。那天特別冷，而且一直下著小雪，小城在飄舞雪花和樹上冰柱襯托下顯得非常可愛。這些先生們坐進等候的馬車，很快就到了豪華的觀景台飯店。他們在那裡與蘭金碰面，與他在八角形的大理石餐廳共進早餐，溫和的冬日陽光透過圓頂的彩色玻璃射進來。早餐結束後，一行人拒絕了記者的採訪，登上馬車直奔一號發電機房。這一次特斯拉觀看了變壓器如何運作，以及其他幾個由尼加拉送電的工廠。下午，他們遊覽了大瀑布。

那天晚上，特斯拉和其他人都換上正式晚裝，乘火車去水牛城參加在艾里克特廣場大廈舉行的盛大宴會。這座由建築師丹尼爾·伯哈（芝加哥世界博覽會總策劃）設計的十層樓大廈，有精美玻璃天窗，新文藝復興風格，被譽為世界最大的辦公大樓，共有六百間套房。頂層是艾里克特俱樂部，裡面鬧哄哄，已擠滿了數百位嘉賓。每個人都得到一份紀念菜單和標明桌號的座次表，鋁製的封面由尼加拉電力公司製作。俱樂部黑色的窗戶外大雪漫天，大廳內嘈雜的談話聲越來越大。特斯拉和紐約來賓們靜靜在一間小辦公室裡等待，遠離那些當地社會名流，直到有人來領他們入座。

三百位水牛城的達官貴人，從市長到主要商賈，都出席了這次盛宴，共同慶祝這期待已久，首次來自尼加拉的一千馬力電力，那充滿活力，令人驚歎的能量。大約有五十位著名科學家和電學家也來到這裡示敬，包括了重量級的人物，如通用電氣的科芬和湯姆森、著名的電弧燈專家布拉什和《電力工程師》的科默伏·馬丁。西屋從來不參加任何慶典和宴會，派了他的總工程師史迪威和長期以來的朋友泰瑞律師參加。在場的當然還有不可一世的曼哈頓菁英：五十位富有的資本家，他們手中擁有的美元可以吞併一切。

晚上八時，熙熙攘攘的人群湧進燈火輝煌的金色宴會大廳。在升高的長長講臺上，一個巨大銀色海王星花瓶裡插滿了深紅色玫瑰，並用三色電光彩帶裝飾。全體人員分別坐在八張宴會桌旁，每張桌上都布置著一串味道芳香的天門冬，常青綠被漿過的雪白亞麻布襯托得更加鮮亮。桌面上擺著顏色柔和的瓷器，水晶高腳酒杯和銀器。大廳裡暖意融融，人們談笑自若，溫室栽培的玫瑰、康乃馨、棕櫚枝、蕨類植物散放出清香。熟練的侍者為這喜慶的晚宴奉上一道道佳餚：鮮美多汁的牡蠣、龍蝦、嫩水龜和半熟的牛排，伴隨著加冰的雪利酒、萊茵葡萄酒和香檳，全部吞進肚裡。《水牛城晨報》主編武斷地評論，「水牛城從來沒有一家公司像這樣慶祝過，因為這樣的事件從來沒有在世界歷史上被慶祝過。」

四百名嘉賓在三個小時裡盡情歡樂，水牛城的一流人物利用這難得機會，熱情地與紐約權力無上的錢商交杯暢飲，「他們的名字幾乎每天都出現在國內報紙上。他們不光掌控一切，還創造了許多神話」。到晚上十點，隨著甜點碟上的花色小蛋糕一掃而光，雪茄的縷縷青煙開始飄動。淺棕色頭髮的史特森，六位祝酒嘉賓中的第一位，開始宣讀給公司的祝詞。他站起來，直截了當發出了一堆抱怨：自從一八八九年來，紐約投資者已經給尼加拉電力工廠和輸送設備投入了六百多萬美元，「至今未收到一分的利潤、分紅或是利息」。更有甚者，史特森接著向突然鴉雀無聲的聽眾提議，新電力最有效益的方式，就是將它產生的動力用於自己的工業園區。史特森還宣稱，尼加拉大瀑布電力公司打算以低利潤的方式向水牛城提供電力，但是不會準時。截至一八九七年六月應該提供給水牛城的九千馬力不一定會如期實現。史特森掃興的祝酒詞讓人大吃一驚，大廳內只有敷衍了事的掌聲。史特森這強硬、玩弄權術、一意孤行的人，膽敢在喜慶宴會上宣布如此冷酷的消息，第二天當地報紙紛紛譴責了他。

市長和審計官在雪茄煙霧中興致勃勃地發表陳詞濫調的祝酒詞。輪到特斯拉這位奇才時，所有的眼睛都轉向他。發明家長相不凡，身材修長，一頭黑色捲髮，寬闊的前額，發光的眼睛，神情略顯拘束和緊張。當他一被介紹給大家，全場起立，人們揮舞著亞麻餐巾向這位知名科學家歡呼。彷彿要讓史特森知道，誰是世界上更值得尊敬的人。特斯拉站在那裡謙遜地微笑，全場沉浸在歡呼聲中。當他準備致辭時，聽眾開始用餐刀和叉子敲著酒杯，掀起更大的聲浪。喧鬧終於慢慢平靜下來，歡笑的人群各自落座。

特斯拉開始用高亢的聲調祝酒。他是謙遜的楷模，說他「幾乎沒有勇氣向他們講話」。等到大廳徹底安靜下來，特斯拉這個理想主義者強烈要求聽眾，要尊敬「在任何場合與地位的工作精神，不是為了物質利益和酬金，而是為了成功，為了取得成功的樂趣，為了所做之事有益於他的同胞」。人們終於等到這次重要晚宴最恰當的祝詞。眾人瘋狂地鼓掌，煙霧飛騰，有些人甚至沒聽見特斯拉說「有種人……被他們的研究激勵，他們的主要目的和興趣就是汲取和傳播知識，那些人能超凡脫俗，那些人的口號就是精益求精！」特斯拉和聽眾都陶醉在這輝煌的一刻，因為這位偉大的尼加拉電力的發明家，讓晚宴的境界超越金主冷酷庸俗的層次。就尼加拉本身而言，如果特斯拉當初沒有放棄將近五萬美元的權利金，結果會如何？

永遠實際的史特森絲毫不為特斯拉的高尚祝詞打動，他看看手錶，站起來大聲說：「特斯拉先生，我們必須在三分鐘內離開。」紐約百萬富翁的私人列車已經掛在一輛即將開出的火車頭上。總是一副好脾氣的特斯拉最後說了句親切的話，「祝你們的城市在不遠的將來成為偉大、有迷人自然奇蹟的大瀑布的尊貴鄰居。」說完這句話，他向大家鞠一躬。所有參加晚宴的人都一起站起來，歡送特斯拉離開這溫暖、煙霧瀰漫、溢滿美食香味與美酒的大廳。尾隨他一起離開的還有史特森與亞當斯，其他紐約巨富也紛紛走向電梯。

留下來的人一直歡慶到凌晨，許多人都激動萬分。《水牛城晨報》的記者描述了他們的喜悅，「電能很偉大……造就了百萬富翁，在空中畫出魔鬼的蹤影，在地球湖海中平穩漂浮。電隱匿在空中，潛入每一種生物……昨夜，電把人們帶入燈紅酒綠的世界——在雪利酒裡依偎，在萊茵白酒裡埋伏，在紅酒裡潛藏，在香檳中閃爍。電在雪酪機中震顫……其味甘冽，沁人心脾，人們啜飲到能量的昇華……活力來自能量。」[39]當他們在一月寒冷的凌晨離開那世界最大的辦公大樓，來到白雪皚皚的街道時，所有的人都精力充沛。「每個人回家後都感到商業的巨輪在大腦裡飛轉，都聽見那龐大的發電機在耳邊轟鳴，都努力排除其他一切雜念，不再有別的打算，只願沉浸在那場電力盛宴的美好回憶中。」[40]

電流大戰到此結束。西屋與特斯拉的交流電取得了最終勝利。世界也因此而永遠地改變了。電能確實偉大。

喬治·西屋；湯瑪斯·愛迪生（坐在椅子上），約1890年代；依舊衣冠楚楚的尼古拉·特斯拉在他的飯店房間內，攝於1930年代。

第13章 後續的故事

喬治．西屋

美國鍍金時代的三位巨人：湯瑪斯．愛迪生、尼古拉．特斯拉和喬治．西屋，夢想著把超凡電能傳到全世界。但是電流大戰結束後，三位普羅米修斯般的巨人中只剩下喬治．西屋一人繼續留在電力發展。三人中，他獨自掌控了巨大資本、快速危險的變化，以及大型企業形式的新工業秩序。身為勇敢的開拓者和帝國建造者，喬治．西屋繼續在交流電的技術和容量方面爭取更大的突破，決心讓交流電成為便宜、充足、多功能的能源，讓它能帶動任何東西，包括最沉重的火車頭。他毫不懷疑，一旦做到這點，整個世界將會是電的世界。也正是美國工業的新秩序使西屋不得不與比他強大許多的競爭對手通用電氣共享他在交流電上取得的豐碩成果。這一巨大讓步，使得西屋開始在法國、義大利和俄國建立起海外附屬機構，成為西屋「超凡流體」跨越全球的第一條紐帶。

潘塔萊奧尼，一位有教養的年輕義大利工程師，他曾在交流電時代為西屋工作，不時會回到匹茲堡。他發現雖然以前的老闆「仍然很會招待人，機智異常，妙語連珠，但真正讓他時刻惦念的只有一件事：機器運轉得如何？」潘塔萊奧尼發現西屋現在更專注於此類問題，「生意越來越多……在商業上他真是個奇才；我從未見過這樣的人，面對紛至沓來的業務還能保持清醒頭腦，指揮若定；他的遠見卓識讓我欽佩不已；當一個新主意出現，你還沒有意識到他是怎麼想的，他已經將其解釋清楚並付諸實施。」[1]在那難熬的一八九〇年代的經濟蕭條時期，上千家企業面臨破產或難以生存，西屋卻在尼加拉以發電機大獲成功，讓他的電力事業蓬勃發展。他用自己喜愛的方式義無反顧地向前奮鬥，大膽無畏，無所顧忌，去建立更宏偉的事業，製造出更龐大的機器，生產出更便宜、更有效的動力。他為能自由掌控這電力帝國感到欣慰。

尼加拉工廠開始運行後不久，西屋就著手改良英國人查理斯・阿爾傑農・帕森斯（Charles Algernon Parsons）的革新式蒸汽渦輪，對美國來說這是一種全新的技術。這些機器比蒸汽發動機功率強大許多，但體積比較小，因而立刻成為電廠和工廠運行發電機的標準設備。西屋的傳記作家普魯特寫道，「交流引擎的式樣過時令人遺憾。從事重型工程需要花費巨大成本和多年的經驗累積。渦輪發電機出現後，這些經驗大部分被拋棄了，對工程來說……設計者不得不重新開始……又要付出巨大的代價和多年努力。」[2]其他工業家早已嚇得臉色蒼白，西屋卻連眼睛都沒眨一下。正如普魯特所說，他總是先發展後營利。

儘管業務繁忙，西屋始終愛惜人才，不斷尋覓優秀的發明家與工程師。他總是先買下他們的專利，然後與他們合作，創建更好的工業模式。法國物理學家莫里斯・盧布朗（Maurice

Leblanc）發明了一種空氣泵，能夠明顯提高蒸汽渦輪機的效率。通用電氣設法得到這項發明，盧布朗立刻提出訴訟。正好西屋一九〇一年時在巴黎，一位朋友找到盧布朗，把他帶到西屋下榻的飯店。西屋和藹地詢問了情況，「就是你發誓要讓美國所有的律師發財了？我們可以來談談條件嗎？」他著手安排購買盧布朗的專利，這樣他可以與通用電氣共用。他還雇用了盧布朗擔任法國西屋協會的顧問。盧布朗成為一位熱心的合作者，因為他崇拜西屋，「在所有事情面前他都是一位完美的紳士和慷慨的人，他自己就是超群的機械師……他的工作精力和能力也同樣出眾。」[3]

管理西屋法國公司的莫里斯．科斯特（Maurice Coster）度過「在勒阿弗爾非常緊張忙碌的一天，正同老闆坐火車回巴黎。我們都有臥車房間，我對他說，『西屋先生，在如此繁忙的一天之後能睡著嗎？』他回答，『科斯特，我從來不想已經過去的事，我去休息只為了能考慮明天要做什麼。』」[4]西屋就是秉持這種堅定向前的理念，從不把精力浪費在已經過去的事情上，永遠向前看。在他一生的事業中，大約每六周就能獲得一項新專利，共計約四百項專利。這些並不是投機發明，而是經過商業驗證的發明。西屋已經知道，越是能掌握專利權在新工業秩序中的決定性，就越應該堅決保護他公司的專利權，並以此當作公司運作的基本策略。

西屋急切希望將電力的優勢應用到最重要的基礎設施——火車和有軌電車上。由於他發明的氣閘與自動訊號器，火車與有軌電車已獲得改良。一八九六年，他開始和鮑德溫車廠合作，把電力應用到火車上。以前西屋給曼哈頓高架鐵路和紐約地鐵提供動力時，設計的交流系統發電機十分龐大，以至他們不得不在東匹茲堡工廠的特別工作坊裡組裝。然而那個交流動力系統仍然需要轉換成直流電，才能帶動火車的引擎，這是西屋需要積極解決的難題。

一九〇五年，繼芝加哥的白色城市和尼加拉大瀑布工程之後，西屋再次以最引人注目的形式展示他嶄新的交流電火車。在一九〇五年五月的頭兩周裡，四十八個國家的鐵路負責人參加了在華盛頓特區每五年舉辦一次的國際鐵路聯合會議，與會者達一千多人。西屋勉強同意擔任主席，因為他實在不喜歡公開演講。兩周來，代表們沿著設立在華盛頓紀念碑周圍的一百座展台考察大量技術展品。他們聚會交流，訪問白宮，接受高規格的款待。

國際鐵路聯合會議結束後，西屋於五月十六日陪同三百名鐵路官員搭私人列車回匹茲堡，去參觀他的最新成果：一輛全部以交流電為動力的巨大火車頭。一到匹茲堡，這些戴絲綢禮帽的鐵路界紳士就集中在滿是灰塵的鐵路工廠，那裡特別為這次活動裝飾了紅白藍三色飾帶。他們的面前有兩個火車頭，一個採用為人熟知的強大蒸汽機，另一個是個奇怪的龐大箱體，平坦箱頂上有可折疊的導線與高處的電線連接。西屋的工程師竭盡全力使它就位，但還來不及測試這個奇怪引擎。「這是第一輛如此大尺寸的電動火車頭，第一輛交流電火車頭，也是第一輛真正的鐵路幹線電動火車頭。」

這次展示非常成功。與西屋一貫的做事方式一樣，憑藉著堅韌不拔的毅力，他接收了紐約、紐黑文與哈特福德鐵路公司，將它改為用單相交流系統。改裝工作在一九〇七年六月完成，開始車輛定期檢修。研究企業史的學者視此項目為鐵路與交流電發展中「西屋偉大成就的頂峰，結合了他出色的工程成就，可視為他的革命性貢獻。」[5]

＊

二十世紀初期，西屋電氣與製造公司發展穩定，每年的繁榮都帶來更多銷售額與更高的紅利。從一九〇一年到一九〇七年，銷售額從一千六百萬美元翻倍到三千三百萬美元。到了一九〇七年，公司股票的紅利達到非常可觀的百分之十。西屋大膽涉入金融市場，為他飛速擴張和不斷更新改進的企業提供保證，首先是增加股票量，然後發行抵押物託管契約和信用債券。一九〇七年春夏之交，國外金融市場的脆弱和動盪又一次開始影響紐約證券市場。到了八月十日，緊張不安逐漸擴大為徹底的恐慌，經濟開始直線下滑，國家又一次緊張地擔心起它的銀行系統。「美國陳舊的銀行體系就像一堆乾柴，一點火就燃燒。」珍．施特勞斯（Jean Strouse）在她的摩根傳記裡這樣寫到，「一九〇七年時，全國兩萬一千家州立或國家銀行都沒有統一的協調管理或公共儲備基金。其中大多數銀行都把多餘資金貸給在紐約的代理銀行、國家貨幣中心，紐約人又把這些錢貸給那些證券交易所、個人以及商業機構。在哈德遜河上游的銀行可以即刻通知收回貸款。」[6]美國人整個九月緊盯著市場與他們脆弱的金融機構，準備經歷更大的災難。兩個美國投機商選擇這個極不好的時機，企圖在十月初壟斷銅市場，結果引發了一連串的破產——包括一家採礦公司，兩個中間商和一家銀行。接著有傳言說，其中一個中間商是曼哈頓荷蘭移民後裔信託公司的受託管理人。在還沒有儲蓄保險制度的年代，在該公司存款的儲戶意識到其狀況不穩定，開始在第五大道的辦公室外排隊，要將他們的錢取出來。

在那令人焦慮的十月裡，西屋在曼哈頓百老匯一百六十五號的辦公室努力籌集資金。最近西屋突然投入股票市場，對電力公司增加了七百五十萬的股票，從而產生近乎兩百萬美元的利潤。隨著公司的成功，西屋允許公司債務達到四千四百萬美元，其中三千萬美元為債券，另外一千四百萬為即刻或限期兌付的借據。許多神經緊張的銀行又一次收回貸款。十月十八日，一個寒冷晴朗的星期五，西屋打電報給財政主管厄普特格拉，請他馬上來曼哈頓。西屋與他的忠實助手星期六整天都在核對帳目。實現西屋宏偉電力夢、讓交流電普及全球而開設的海外公司在財務上出現大漏洞。匹茲堡巨頭即刻需要四百萬美元現金，當然，這筆款在當前的華爾街找不到。所以他們乘渡船到紐澤西，接著登上他的列車回到匹茲堡。第二天，西屋面臨一個艱鉅任務，他得立即在氣閘與電力公司解雇一千五百人，解釋這不過是暫時的權宜之計以緩和工人的情緒。

西屋的公關經理海因希斯於十月二十一日星期一早上來到西屋大樓時，立刻感到有點不對勁，彷彿有「一種不祥和壓抑的氣氛在辦公室蔓延。人們只是悄悄地交頭接耳，每個人似乎都在恐懼，某種可怕災難似乎即將來臨。可是誰都不知道到底會發生什麼事。」

星期二沒有發生什麼大問題，但是「打給西屋先生辦公室的電話迅速增多。除了用一小時午餐外，老闆整天坐在他的位置上。除了忙碌的電話，還有許多陌生訪客出現，一個接一個被領到大辦公室裡，房門在他們身後不斷推開又關上」。西屋花了星期一整天與星期二大部分時間，試圖在匹茲堡籌集到他急需的幾百萬美元。直到下午兩點前還一直心存希望，這時有消息傳來，在曼哈頓東南區，那個荷蘭移民後裔信託公司已經將僅剩的美元都付給絕望的儲戶，之後永遠關上了位於第五大道第三十四街的華麗大門。隨著消息傳出，恐慌開始蔓延。海因希斯準備下班時，西屋來到他的辦公室對他說：「你今天晚上最好守在電話機旁。我可能有些東西給你，以便你寫文件。」之後西屋走了。連這位公司副總裁都沒有得到更多關於即將發生之事的暗示。那天下午五點半，當他和西屋正要結束一些常規事務的討論時，他的老闆高興地說：「明天我要交給你一項新工作。」

「是什麼？」

「接手電力公司。」在他們談話時，破產文件正在草擬中[7]。

第二天早上，海因希斯來到辦公室時，他發現一位《匹茲堡紀事電訊報》的朋友正在等他。這位記者需要得到一份關於西屋電氣與製造、西屋機械，以及證券投資公司全部面臨破產，並且都將列於財產監管這一驚人新聞的聲明。海因希斯嚇呆了，但他仍然保持鎮靜地說：「喔，好的，你要西屋的聲明。」當他走過老闆辦公室時，海因希斯發現賓夕法尼亞的美國參議員喬治·奧利佛（George T. Oliver）和匹茲堡執政長官克里斯·馬吉（Chris Magee）都沮喪地坐在那裡。西屋看起來倒像平時一樣冷靜，並微笑地說他馬上會拿出一份聲明。後來拿到手的聲明裡強調這些公司的非凡業績，並描述這次破產是臨時的，也是權宜之計，直到當期「資金緊張」緩解。

經過那些令人驚慌的日子，十月二十三日星期三，朋友與帶著祝福的人們川流不息地來到西屋的辦公室看望他。西屋顯得並不焦慮，他愉快地對一位助手說：「順便說一句，麥克法蘭，等我們把渦輪機做出來，肯定會轟動。」[8]西屋與辦公室職員們共進午餐，他們吃三明治，而老闆用力地嚼著蘋果。在某一刻，他轉向海因希斯，催促他當他與報界朋友見面時，「不要忘記對他們強調這次接收並不是結束，公司基本上會像過去一樣完好可靠，將會從這次不幸的局面中勝出，成為更大更繁榮的企業」[9]。這次破產對內與對外都是大震盪，但是由於資金緊缺，西屋別無選擇。他務實地處理了這次危機。「說實話，這不是件高興的事。」他對一位朋友說，「但是在這世界上這並非什麼不得了。所有大事業都有高峰和低谷，我們度過的這個危機，僅僅是日常工作的一部分。」[10]

*

回到曼哈頓。一九〇七年恐慌出現時，世界又一次轉向摩根，他已經七十歲了，有錢有勢，挺著一個富豪的大肚子，一雙傳奇式的凶猛眼睛，還有一個長滿粉刺而變得紅通通的大鼻子。在一八九三年的危機之後，摩根的公司重建了許多瀕臨破產的鐵路，他現在已掌握了全國鐵路的一半線路，也掌握美國國民經濟的命脈。一九〇一年，他將來自卡內基公司的美國鋼鐵公司和其他較小的競爭對手合併，創建了美國第一家十億美元資產的公司。因此只有摩根才有聲望與能力來穩定這飄搖掙扎的美國經濟。這位偉大的金融資本家從里士滿教派聚會返回時，正是荷蘭移民後裔信託公司事件開始的時候。他坐在豪華的麥迪遜大道書房裡，抽著大號古巴雪茄，在接下來幾天內，他與這個國家最強大的銀行家與富豪一起討論，幫他認為值得去努力的人擺脫困境，準備籌集數百萬美元以備急用。他與他的同盟讓一些弱小的銀行、信託公司和廠商破產。他們同美國財政部長在後來幾周內共同拯救了時局。一位合夥人後來說道，「在一九〇七年的黑暗日子裡，他不知道害怕，他堅信他的國家、堅信他自己，會給其他人勇氣與信心，給予比他年輕二十歲、三十歲、四十歲的人注入力量與希望。如果他退卻，整個金融體系會倒塌。」[11]

有人懷疑摩根趁火打劫，獲取了巨大利益。羅斯福總統就是其一，他特別氣憤華爾街觸犯了國家牢固的權力體系，荷蘭移民後裔投資公司關閉那天，羅斯福剛從十五天的狩獵假期回來。在第二天的談話中，他承認許多金融家不滿自己因應華爾街災難的政策。但是他堅定地表明決心，就是要懲罰那些富有操縱者和騙子裡面的「成功欺詐者」。羅斯福在一封私信中寫道，「某些巨富犯罪分子」沒把水攪混到他們預期的陰險目的，「所以現在他們得自食其果」[12]。

喬治．西屋這個永遠樂觀的人已經平安度過他早已預見的財務難關，他未雨綢繆的遠見是最英明的。他的五千名雇員透過買進「一致認可的股票」，聚集了六十萬美元幫助公司重組，這可是比欠款數額貴許多的股值。但是到電力公司重新開張一年多後的一九〇八年十二月，西屋已不再是最高統治者。最後是紐約與波士頓的銀行家取得他們垂涎已久公司的大部分控制權。他們隨即選出冷酷的羅伯特．馬徹（Robert Mather）擔任董事會主席，他是一位毫無重大成就的鐵路律師，由他駕馭活躍的西屋公司，人們深感有苦難言。

曾經讓西屋揚名的舉動現在遭受到譴責：他對發明人慷慨大方，他在研究上大量付出，他對員工寬宏大度，以及他對新的實驗性機器付出昂貴投資。總而言之，都是金融家常有的抱怨。卡內基的鋼鐵公司就是以它極佳的效益與極差的勞資關係而聞名，因為他也抱持同樣的心態。他形容西屋是個「好人和偉大的天才，但實在不是個好商人」[13]。這些批評使接連創建許多家領先公司的西屋大為憤慨。無論如何，西屋與新總裁馬徹的關係水火不容且日趨惡化。一個星期五下午，匹茲堡的一場會議結束，馬徹先生收拾公事包時，一貫慷慨的西屋主動說：「如果你今天晚上要去紐約，我很高興用我的車帶你去。我正要去東部。」

先是一陣不自在的沉默，馬徹只是有條不紊地整理他的文件，並放進公事包，然後說：「我喜歡一個人去紐約，自己付車費。」[14]

到了一九一〇年後期，馬徹和其他新經理將西屋徹底擠出了董事會。他們提出各種各樣的建議，想讓這位偉大的工業家回歸主動管理，但是西屋不贊成他們的經營理念。他知道自己感興趣的是進步與效益，以及員工的福利，他們的興趣只是利潤。可以預見董事會認為西屋的做法完全是肆意浪費，西屋也反對新董事會違背對「一致認可的股票」的承諾，即向這些以高價購買、讓公司擺脫困境的股票支付紅利。西屋感到自己對這些持股人有特別的責任，因為他們在危難時刻鼎力相助才讓他渡過了難關。所以，當電力公司生意興隆起來，而董事會拒絕支付這些紅利時，西屋做了最後一次努力，想奪回他被竊取的公司。

於是展開一場短短為期兩周的「政變」，一場雙方代表權的爭奪戰。當時致命的熱浪正席捲東海岸城市，這場鬥爭使一九一一年原本就炎熱的七月變得更刺激。那些厭倦華爾街貪婪富豪的人全力支持西屋。他從匹茲堡的辦公室集結支持者，向國家各個報紙宣布，他們正蜂擁而至，將罷免現任的董事會。然而到最後攤牌時，這位偉大的電學家只能籌集到二十萬張選票，遠遠低於董事會壓倒性的四十九萬張。公關經理海因希斯悲傷地看著這痛心的結果。「失去電力公司讓西屋先生無比沮喪，他從此再也沒有恢復過來。這件事無疑摧垮了他的精神。」[15]這個老闆曾自豪地告訴一個下屬：「在我的字彙裡沒有『不可能』。」現在他要收回自己鍾愛的公司，一輛要把電傳給全宇宙的戰車，真的是不可能了。它已落到敵人手裡救不回來。

失去電力公司是個殘酷打擊，但是西屋內心深處仍然樂觀，仍是個實踐家與創造者。他還有四家重要的公司，以及對改進世界永不滿足的願望。雖然西屋一貫迴避媒體和拒絕公開演講，但在進步分子的支持下，他開始利用自己的名望與威信公開遊說。在一九一〇年一月二十一日，他擔任美國工程學會波士頓會議的演講人，在會議上譴責了「強大的鐵路與工業結合體」的「罪惡行徑」，以及它們「自私自利，使用明顯錯誤的方法來壓制競爭的愚蠢行為」[16]。他力勸工程師同業支持政府的管理，因為政府將勒住那條主宰美國商業界無情、爾虞我詐的資本主義韁繩。雖然西屋沒提到自己的公司，但那的確是個令人寒心的例子，從中可以看出，波士頓和紐約的「財團力量」如何利用一個不規範的股票市場和脆弱的銀行系統，去掠奪別人的財富與資產。

到了這時，許多美國人已看清工業家和金融家的嘴臉，他們比強盜和騙子強不了多少。西屋卻是個引人注目的特例：他是位誠實的工業家，以最適當的價格銷售最好的產品，他喜愛競爭並尊重他的工人，他的財富都是理所當然的勞動所得。他晚年受到來自華爾街的打擊，提醒後人警戒壟斷的「財團力量」。在一九一二年的國會聽證會上，長久以來頗有爭議的金錢與資本壟斷終於被揭露：紐約市最大五家銀行的官員占據了一百一十二家美國主要公司的三百四十一個管理職位。摩根的合夥人總共在七十二個董事會裡占有席位。西屋一直把這種明目張膽的勾結和強取豪奪視為非正義。

西屋的健康狀況明顯惡化，於兩年後的一九一四年去世。許多人認為，都是因為他失去了奮鬥一生的西屋電氣與製造公司。一九一二年六月，美國電氣工程師協會因為他「在發展交流電系統方面的卓越功績」，授予他愛迪生勳章。他與許多人都深感這項榮譽的莫大諷刺，這位交流電戰士曾經深深遭受愛迪生詆毀。來自許多其他工程組織和外國政府的大量榮譽也如雨點般降臨在他身上。經歷了一生的奮鬥與成功，西屋和五十歲的妻子仍然深深相愛，還有他們的兒子。十月一個陽光明媚的日子裡，他們在伯克郡的別墅舉辦了西屋六十六歲生日慶祝會，來賓們紛紛向他敬酒，大家開懷暢飲。然後西屋站起來，「手裡拿著一杯香檳，微笑地穿過桌子來到妻子面前，聲音是那麼柔和，那麼深情，那麼充滿愛意，在場者全都細心地聆聽。他說：『如果說我的一生中有什麼成就，那都歸功於我的妻子。』」[17]所有人站起來，舉起香檳，為這對相伴一生的恩愛夫妻乾杯，祝福他們美滿的婚姻，也呈上對這位改變世界的巨人的由衷崇敬。

*

一九〇七年西屋電氣與製造公司破產後，《紐約時報》向西屋表達了最好的祝福，稱他是「美國人的楷模，在他身上我們看到愛國者的崇高精神」[18]。但是西屋從未真正從那次失敗中振作，好像他一部分的心與崇高精神被切除了。一九一四年三月十二日，喬治．西屋逝世於曼哈頓的蘭漢飯店，那是他與妻子回華盛頓特區的家時中途停留之地。在他去世時，他創建的公司裡有五萬名工人在工作，公司總值達兩億美元，西屋自己身價也有五千萬美元。在那強盜資本家橫行的時代，西屋向世人證明，一個誠實、受人尊敬的企業家也能夠成功，能夠建立讓人敬佩和有價值的公司。這位匹茲堡巨頭如願為職員提供了良好實用的工作崗位。對他來說，更重要的也許是他把電的奇蹟帶給這個世界。隨著一年年過去，更多的企業、城鎮、鄉村和家庭實現了電氣化。儘管他有過眾多強大競爭對手，但他實現了自己的人生目標。一位傳記作家寫道，「西屋總是為理想工作，他的精神經由西屋公司流傳下來，留下的是永恆的愛心、忠誠和熱情。這證明公司也會有自己的靈魂」。金錢對喬治．西屋個人來說毫無意義，但對他周圍世界的發展卻至關重要。在走到生命盡頭前某一天，他正乘坐一列火車，氣閘讓火車在被水沖毀的鐵路上避開一次出軌事故。他向一位助手說：「如果某一天人們談起我和我的工作，認為我的確給同胞們帶來一些幸福與歡樂，那我就心滿意足了。」19

湯瑪斯．愛迪生

一八九二年通用電氣成立之後，湯瑪斯．愛迪生就很少參與電力發電領域研究。度過最難受的幾個月，愛迪生的祕書泰特從華爾街來到西奧蘭治的實驗室，想與愛迪生商討一個電池專案，生性快樂的泰特發現他的老闆獨自在那華麗的木嵌板結構實驗室裡。「『泰特，』愛迪生說，我從未聽過他說話如此激動，『我已經得出結論，事實上，我發覺自己從來都不懂電。我現在要去做一些完全不同、更大更新的事，人們將永遠忘掉我的名字，忘掉我和電之間的任何關係。』」[20]

如他所述，愛迪生盲目地把他自己與兩百萬美元資產（合併進通用的部分）全部投入某件「更大更新」的事情裡：一種集中分布在紐澤西一萬九千英畝荒野裡的鐵礦石。幾年來，愛迪生與許多人一樣都相信美國的鐵礦石已經快用盡，他推斷可以從已廢棄的東海岸礦區，利用強力磁鐵採鐵賺錢。其實他早在一八八九年就做好了規劃，並且對鐵充滿著夢想。他在寫給一位同事的信中說，「如果我能得到賓夕法尼亞的磁鐵礦床所有權，我就獨自壟斷了美國自然界財富中最有價值的資源」[21]。在所有這些誇張計畫中，需要小心的是必須有相當可觀的投資資金，用於購買將含鐵礦石研磨成粉的巨大破碎機，然後由巨大磁體提取鐵。有經驗的礦山工程師懷疑如此巨大的機械（當時還沒有）是否可行。愛迪生的傳記作家馬修．約瑟森說，那「正是湯瑪斯．愛迪生需要知道的」[22]。愛迪生依然喜歡做「大事」，當時他對華爾街理所當然不信任（他們視他為可憐的商人），在某種程度上束縛了他的手腳，因為在一八九〇年代，做「大事」通常是需要大量資金。

愛迪生繼續努力，他花了七十五萬美元（是他與投資人的錢）在紐澤西奧格登一個老鐵礦遺址的偏僻高地上，設計並建造了一個大型礦石粉碎廠。到了一八九一年春天，這些大機器轟隆隆地開動，龐大的軋輪壓碎了從炸毀小山坡上開鑿出來的幾百磅重大圓石。軋碎的礦石粉粒被磁鐵石吸走，接著鐵粉被壓成鐵餅。愛迪生花了很長的時間尋找鋼鐵廠客戶，因為鐵餅中含有太多的磷。其間，在巨大噪音、粉塵和不斷需要移動的作業中，機械故障問題也層出不窮，潮濕礦石流出也常常令人頭痛。這個大型工廠轟隆隆地生產沒幾個月，就因為一次徹底大修而不得不關閉。愛迪生全心投入這件「大事」，從一八九四年到一八九七年，他經常每週花六天時間待在那裡。這些年間，他的工廠開開關關，經常忙於大規模的修補工作，最終目標是每年生產出三十萬噸的鐵餅。在一八九五年，當愛迪生知道他的員工計畫罷工時，他關閉了這個不賺錢的企業，關閉時間長達好幾個月。

經過一年又一年的挫折和昂貴花費，愛迪生仍是他平時快快樂樂的老樣子，為這採礦公司的艱辛運作自豪。他穿著一件骯髒的舊大衣，戴一頂破帽子和一個防塵面罩。他得經常掀起防塵面罩以便吐出嚼著的煙草。星期天，他會把全身清洗乾淨，回到他格萊蒙特的宅第。到了一八九八年，愛迪生終於擁有一個完全自動化的工廠，不再需要人工，這使得新聞界與他的好朋友亨利．福特大為吃驚。但是由於沒完沒了的機械問題和故障，需要差不多兩百人來維持這自動化怪物正常運作。工廠現在能夠一次壓碎四至五噸岩石，資金投入已達兩百萬美元，大部分是愛迪生的錢。他早先的投資者由於受到國家嚴重的經濟蕭條所困，早就拒絕為這被許多人稱為「愛迪生的荒唐事」追加任何資金。

一八九七年八月，愛迪生賣掉他在紐約愛迪生電力照明公司的股票，他說：「我真的需要這筆錢。華爾街的朋友認為我不會再成功，而且我已經過時了，因此從他們那裡連一千美元都籌不到，但是我要證明他們錯得離譜。我依然精力充沛，儘管我不得不因為上帝不眷顧這個計畫而痛苦。」[23]經濟沒有復甦的希望，愛迪生必須以每噸六美元或七美元的價錢賣掉他那些砸碎的礦石才能獲利，而他預料這礦石的價格（徘徊在每噸四美元上下）會提高。但是到了一八九九年，長期助手巴徹勒已經拒絕涉入愛迪生天真地稱之為「奧格登寶貝」的採礦工程。他走進滿是灰塵和震耳欲聾的工地，給愛迪生看一篇報紙上的新聞。當然，這可怕的噪音根本打攪不了愛迪生，因為他的耳朵比以前更聾了。這篇文章提到，約翰．洛克菲勒（John D. Rockefeller）計畫要開採明尼蘇達州梅薩比嶺那廣袤的高級鐵礦藏。

讀到報紙提到鐵礦石的價格已經落到三美元以下時，愛迪生大聲笑了起來，說：「好，我們也許可以吹著口哨去關工廠了。」[24]事實上他又拖延了一年，為了履行合約而賠錢。但是他沒有絲毫後悔，「在我一生中，我從未感到有哪段時間比這裡工作的五年更好。艱苦工作沒有改變我的思維，清爽的空氣、簡單的飲食使這裡的生活非常愉快。」[25]有人認為在邊遠地區用他的「孩子」粉碎岩石，對經歷電流大戰與華爾街陰謀詭計的愛迪生有益。放棄粉碎岩石之後，愛迪生回到了他在西奧蘭治的實驗室。（他把造成慘重損失的「奧格登寶貝」用到一家水泥工廠，那裡生產優良的波特蘭水泥，但是狀況依然不理想。）

愛迪生從未完全離開過西奧蘭治實驗室。在採礦廠的漫長日子裡，他也會回來，興奮地研究各種課題。那些年間，雛形階段的留聲機大為改進，它能播放音樂時為愛迪生帶來一大筆收入。愛迪生的活動電影放映機讓參觀一八九三年芝加哥世界博覽會的觀眾看得眼花繚亂，整個電影界發展迅速，花了許多努力完善技術。到了一八九四年四月二十三日，愛迪生的電影放映機在哈洛德廣場的科斯特與比亞音樂廳首次放映，戴著精緻絲帽的大批劇場贊助人與商界人士看到這奇怪大螢幕在一片驚訝之中快速變幻，充滿了色彩，「跳芭蕾的女孩拿著雨傘舞動，滑稽誇張的拳擊手，輕歌曼舞的人群，而最後是真實場景：波濤衝擊著海灘和石棧橋，使得前排一些觀眾害怕得直往後退」[26]。放映結束時，觀眾爆發出了熱烈掌聲，向坐在包廂中頭髮已花白的愛迪生致意。有良好品德的他沒有下樓，因為他知道自己不是這個機器的發明者，只是電影放映機的贊助人。不過，愛迪生從來不願意承認他長期以來的助手威廉・狄克森（William K. L.Dickson）對此的重要貢獻，也不願接近擁有電影放映機專利的真正發明人湯瑪斯・阿爾馬特（Thomas Armat），那天他就坐在樓上放映室裡平穩地操縱著他的電影放映機。

愛迪生在實驗室外搭建了一個原始電影攝影棚，一間酷熱的建築名為黑色瑪麗亞，從一八九三年中旬起，他的拍片人在那裡製作出可笑粗糙的無聲短片，有職業拳擊賽、滑稽短劇等。到了一九〇四年，愛迪生攝影棚製作的電影《火車大劫案》（*The Great Train Robbery*）才讓早期的電影從短劇變成真正的故事。這次展示立刻促成了新生意。這部「影片」大約只有十四分鐘，其中有壯觀的火車出事場面，女士們從歹徒手中被救出的情景，以及各種災難中的英雄行為。觀眾還不滿足，到了一九〇九年，單是放電影的劇場就有八千個，數字迅速翻了一倍。他的實驗室繼續改進電影技術，愛迪生又一次派出他訓練有素的律師團隊投入長期的專利戰，終於在一九〇七年取得關鍵的電影專利權。像西屋一樣，愛迪生懂得擁有技術的極端重要性。

一年後，愛迪生所有的主要競爭對手都聚集在西奧蘭治的書房裡，參加十二月的午餐會，表面上是慶祝電影專利公司成立。這個公司實質上是個電影托拉斯，每年付給那天在團體照上笑容可掬的愛迪生一百萬美元保證金。一位早先的同事對愛迪生的資金狀況表示關心時，他愉快地回信說：「我的三家公司，留聲機廠、國家留聲機公司和愛迪生製造公司（製造電影放映機和膠片）賺很多錢，我有很多收入。」他到六十歲時依然非常富有的。在西屋成為一位偉大的工業家、建造前所未有更大更重的機器時，愛迪生則發展了美國經濟的另一個領域，不用集資且更具魅力的娛樂工業。

接下來一個重大案子又把他帶回電學領域：開發更好的蓄電池。和燈泡一樣，永遠樂觀的愛迪生完全低估了它的技術難度。他在一九〇〇年開始認真研究，到一九〇三年介紹這種電池時，他以平常的語調誇張地宣傳：「我確信這個（電池的使用壽命）最終將比四輛或五輛汽車的壽命更長。」[27]這種電池不幸有兩個致命弱點：它開始漏電，也不能按要求重複充電。愛迪生馬上將它撤下市場，不屈不撓地繼續研究下去。自己投資一百五十萬美元。最終在一九〇九年生產出一種新的鎳鐵鹼性電池，被證明具有多種用途。它的最大市場是電動車，在燃氣引擎問世之前，美國有一半運輸卡車用的就是這種愛迪生電池。當市場沒有銷路之後，愛迪生又開發了蓄電池在工業上的用途。愛迪生蓄電池公司慢慢收回了巨額投資。正如愛迪生說過的，「我總是先發明獲得資金，然後繼續用於發明。」

愛迪生熱衷於指揮他旗下眾多公司，因而對外人攫取權力保持高度警惕。一九一二年，開始衰老的發明家在一封信中對亨利．福特解釋：「直到現在，我擴大電池廠的經費都是用做別的事得來的利潤，但這將會有限。當然我可以去華爾街，得到更多的錢，但是我在那裡的經驗就像聽蕭邦的《送葬進行曲》一樣悲傷。我還是遠離他們的好。」[28]由於他身邊幾乎沒有股東，所以愛迪生從來不用擔心那些金主會再次出賣他，讓他墜入深淵，也不必去聽別人吹毛求疵。但是沒有足夠資金又束縛了他。他傳奇式的頑固性格給他同時帶來了好處與壞處。當別人可能因絕望要放棄時，他的性格驅使他向前直到成功；這也阻礙他去認可那些不是他發明的重要技術。就像他在一八八〇年代拒絕瞭解交流電的重要性和一九二〇年代詆毀商用收音機一樣。愛迪生不喜歡這樣的創意：收音機聽眾竟然去收聽別人選的音樂。然而，收音機的優勢迅速讓留聲機的銷售停滯不前繼而下滑，愛迪生卻沒有讓他的公司（表面上是由他兒子管理）去設計和銷售收音機，等到要去競爭卻為時已晚。

身為發明家與企業家的愛迪生步入長期多產生涯的最後十年時，他發現自己是美國最受欽佩的人，一個真正的國家英雄，他的平民風範使他的巨大成就更受愛戴。新聞界仍然喜歡他，他也很少使他們失望，常以坦率幽默的評論讓記者高興。一九一四年，他的西奧蘭治實驗室遭一場大火燒盡，除了愛迪生還有誰能這樣說，「噢，怎麼能有這種事！那也好。我們正好可以扔掉大量的舊垃圾。」[29]他的生日成為一年一度發表讚美文章的場合。愛迪生越來越喜歡他在佛羅里達濕地塞米諾爾風景區的海邊別墅，他在那裡盡情享受熱帶風光。那幢別墅是他晚年的朋友亨利．福特和哈維．費爾斯通（Harvey Firestone）支付的。年邁的愛迪生在那裡愉快度過了生命中的最後四年，他仍然在為找到工業用橡膠這一戰時資源而不斷努力著。

大眾把愛迪生看作一個可愛的人，因為他為人們帶來極為美好的東西，且深深改變了世界。電影成為美國人的財富，留聲機又為日常生活平添許多驚喜。榮譽和勳章都歸到他的名下。愛迪生和所有工作狂一樣，沒有給他年輕的第二任妻子充分關愛。他兩次婚姻所生的六個孩子在成長期間很少能見到父親，孩子們因而對父親失望，導致彼此疏遠。當然，其中兩

慷慨放棄交流電權利金的往事開始縈繞在特斯拉心頭。由於現在是西屋公司與通用電氣共同分享特斯拉的專利權和他所造的感應馬達，這些收入本來應該能輕易維持他耗費巨大的實驗室研究，他也應該受之無愧地成為富人。約翰·奧尼爾，他的第一個傳記作者也是他的老朋友，曾在一九〇五年時估算，到特斯拉的交流馬達專利有效期終止時，單是美國的感應馬達就能產生七百萬馬力的功率。按一馬力兩塊五美元計算，特斯拉曾經放棄了豐厚的一千七百五十萬美元專利收入[32]。既然西屋公司現在如此興旺，為什麼喬治·西屋不以某種方式回報特斯拉當初的犧牲？我們實在是無法明白。亞當斯在某種程度上資助過特斯拉，但如果與特斯拉在專利權上應有的收入相比，那真是微不足道。

幸運的是，特斯拉顯現出超級電學天才的資質，終於說服他幾個富有的紐約朋友融資數萬美元供他去完成最新的驚人發明。一八九八年五月初，美國向西班牙瘋狂宣戰時，巨大的摩爾人風格的麥迪遜廣場花園舉行了一場電氣展覽會。特斯拉焦慮地要在經過挑選而邀來的聽眾——都是些富有的潛在投資人——面前展示他的新研究。人們對特斯拉的演講總是期待某些不尋常、讓人迷惑和不可思議的東西，能夠射出巨大閃光和閃電的怪異的小機械和電氣新玩意。但是走進這個私人演講廳的百萬富翁們發現，這次只有一個裝水的大容器，看起來就像每個小孩夢想中的巨大玩具船，長五英尺，寬三英尺。特斯拉解釋，所看到之物是個能遙控的機器船，他把它稱作「電子自動機」。他用一個能拿在手裡的轉換器操縱他的船向前、轉向，打開或關閉它的照明燈。這位聲望牢不可破的奇才的展示混合了兩項重大科技成果：多頻道廣播系統和電子遙控技術，都具體包含在這看起來過大的玩具裡。特斯拉宣稱：

「你們在這裡見到第一個機器人，這些機器人將為人類承擔繁重的勞動。」[33]但這些百萬富翁沒有被說服，帶著他們的支票簿離開了。

由於他的自動裝置沒有商業價值，特斯拉回到他早先的愛好——巨大的無線電能傳輸，當然這也需要花費大量資金才能向前推進。他瞄準了他的熟人，擁有驚人財富的約翰·雅各·阿斯特四世，力勸他贊助這宏偉龐大的電力夢想。「你將看到，在這新穎原理上能建立起多少企業，上校，這就是我經常受到惡毒攻擊的原因，因為我的發明對現有工業構成威脅。」阿斯特聰明地把特斯拉帶回現實，他寫道，「讓我們接著做振盪器和冷光，在你用完全不同的發明拯救世界以前，先讓我看到這兩個企業在市場上成功，到那時我將提供超出我意願很多的資金。」儘管碰到軟釘子，特斯拉仍然堅持他的追求，繼續勸說阿斯特，「我可以讓一條電線上的一個白熾燈比我自己的一千只燈泡都亮，提供五千倍的亮光。讓我來問你，上校，如果你將億萬美元投資在燈泡上，那麼這單單一只燈泡的價值又是多少？」[34]到了一八九八年底，阿斯特被說服，並購買了特斯拉公司價值三萬美元的股票。

住進新贊助者的知名飯店似乎是交易的一部分，特斯拉把舒適的格拉克飯店漸漸忘在腦後，取而代之的是奢華尊貴的華道夫大飯店。這家飯店座落在第五大道三十四街，一座德國文藝復興時期風格的十一層樓宮殿建築。裡面有許多格調高雅的公共空間，這家飯店在世紀之交是紐約菁英的時尚巢穴，也是王室貴族願意停留的地方。無論是歡樂的舞會或是親密的私下談心，在這裡能看見時髦漂亮的上流貴婦。華道夫大飯店流露出豪華、優越與炫耀，特斯拉滿意地住下來。

儘管特斯拉對於更新更好的電燈泡的想法傳遍世界，可是一拿到阿斯特的錢，這位舉止高雅的發明家立刻把那乏味之事擱置一旁，回去開發他深愛的電力尖端領域。當他建造出更大更有力的振盪器和發電機，並能持續發出更亮的電力流光時，特斯拉意識到自己不能再安穩地坐在實驗室裡。他的朋友和專利代理人雷奧納德．柯帝士（Leonard Curtis）剛從紐約返回到邊遠的科羅拉多泉，一處座落在洛磯山脈腳下的環境優美勝地。在那裡他管理著電力公司，已為當地採礦工業不可或缺。他在城外向特斯拉提供免費土地建造一個臨時實驗室，提供免費的電。特斯拉開始為自己運送電氣設備：銅棒、大捆電線、巨大的發電機和馬達，並且在春天到了那裡。

一八九九年五月十九日，又高又瘦的特斯拉來到這乾燥、氣候寒冷的科羅拉多泉，就好像到了自己從未去過的遙遠西部。面前是積雪的洛磯山脈，抬頭看那晴朗的蔚藍色天空，好像高得無止境。這座可愛城鎮座落在壯麗的景色中，到處是綠草野花，因其有益健康的礦泉水而聞名。特斯拉的老朋友柯帝士和城鎮的顯要人物熱情歡迎這位奇才，為能有如此聞名於世、為小鎮增添光彩的傑出人物而異常高興。他們陪同他到阿爾塔維斯塔飯店，並用盛宴款待。特斯拉住進二〇七號房間（分隔成三間），從房間的窗戶可以遠眺群山，十八條乾淨的毛巾每天早上準時送進來。特斯拉告訴當地記者，他計畫要「從派克斯峰給巴黎發一個訊息（給巴黎博覽會）……我將調查地球電波的情況，一定要找到它的規律和原理，從而加以控制。」[35]

這時阿斯特正在歐洲旅遊，他毫不懷疑地以為特斯拉正在專心以「冷」光征服世界，結果事實相反，這位偉大的發明家正為在海拔六千英尺的高度建造他的科羅拉多泉實驗室而冥思苦想。他的第一個擔憂是如何設計且建造出前所未有、最強大的電力發射器。一旦它建成並運轉，特斯拉將找出讓能量具體化並隔離的方法，好經由他的超級發射器傳送到大氣層中。最後，他要確定地球與大氣層是否（如他所期待）於某個特定頻率共振。這樣的能量波究竟如何傳播？

為了回答這些問題，特斯拉在一片草原牧場上建造了一座類似穀倉的巨大木屋，帶有可收縮的屋頂撐在三邊的木柱上。實驗室內有個木塔撐著一根兩百英尺高的銅極，頂部有個大約三英尺直徑的銅球。這個銅極是由最大的特斯拉線圈伸上去的，發明家稱之為他的「放大變壓器」，能產生一億伏特的電壓。穀倉內部看起來像跑馬圈，四周都是木柵欄圍牆。普通的木地板上放滿了電氣設備，實際是特斯拉的發射器，他想把發射器結合當地發電站的交流電使用。屋子外設置了接收站，外行人看起來像是一些巨大容器。特斯拉有個從紐約帶來的助手，是個發誓會嚴守祕密的年輕人。為了使那些要來參觀的人不會接近，特斯拉設置了高高的柵欄並張貼許多「禁止入內，非常危險」的警示牌。一名冒險進入了這裡，透過窗戶窺看裡面的記者，忽然發現特斯拉的助手已站在身旁，他說，「你的生命有危險，只有從附近離開才安全。」[36]

讓特斯拉高興的是，這裡經常有來勢凶猛的雷雨。一八九九年七月三日，特斯拉正在安裝他的實驗室，突然注意到西方烏雲密布，一場強烈的雷電暴雨隨即降臨，掠過大平原，在遠方銷聲匿跡。就在那一刻，「我獲得對人類進步極其重要、真實而決定性的第一個實驗證據。」他後來這樣寫道。特斯拉在儀器上看到雷雨記錄下「又重又長的連續（電）弧」。暴風雨來了又走，儀器上卻連續記錄下電的規律活動痕跡，這就是標準的電波。「留下的記錄無可置疑：我正在觀察駐波……這個事實的重要意義，對供電系統來說已經相當清楚。正如我所知，它不僅可以不需要導線就能將電報訊息傳送到任何距離外，也能在全球留下人類微弱的聲音，再遠也可以，毫無損失地傳輸任何能量至任何距離。」[37]特斯拉現在堅信，能量傳送可以不用導線。

他繼續建造那強大的變壓器，終於，實地實驗的夜晚來臨了。當黑暗將冰冷的天鵝絨外衣覆蓋在洛磯山脈，特斯拉站在一個看得見銅電極的地方。為了這一刻，他穿上最好的禮服，戴著圓頂禮帽，穿一雙厚橡膠底鞋，向屋裡的助手發出啟動開關的信號。他看到一個十英尺的藍色火花從銅球中迸發，接著是另一個，又一個，一個比一個長，一個比一個藍，直到它們向外爆裂成巨大的四十英尺、五十英尺、六十英尺，然後是一百英尺長的閃電，每個都發出了巨大的隆隆雷聲。穀倉實驗室裡滿是藍色光輝和飛舞火花。特斯拉高興地看著銅球上方迸出一百三十英尺長的光芒，耀眼閃光引發巨大驚雷。接著萬籟俱寂，瀰漫著臭氧的氣味。周圍變得十分安靜，以致於能聽到風吹草地的沙沙聲。特斯拉衝進去要叱責他的助手，但是電能消失了。他們掃了一眼城鎮，那裡也漆黑一片。特斯拉燒斷了城鎮的發電站。

特斯拉花了整個夏秋冬在探索未知的高電壓領域、地球的共振與電波。他有一張壯觀相片，想片上他坐在實驗室裡看報，在他周圍是巨大的閃電。事實上這張照片是經過兩次曝光成形的，但是後來發表時，報紙只是強調了他的名望，一個不同尋常的電學奇才，一個可以

特斯拉一八九九年坐在他的科羅拉多泉實驗室裡，用數百萬伏特實驗電能。這張照片經過兩次曝光。

製造雷電與憤怒老天爺抗衡的人。在一九〇〇年一月底，特斯拉不得不停止令他著迷的實驗，回到紐約。

特斯拉回到光輝的紐約，他發現這個隨時代跳動的城市正處於賺錢狂熱中，甚至比過去更瘋狂。美國經濟經過漫長的時間，終於從一八九〇年代的經濟蕭條中復甦。曼哈頓街上依然車水馬龍，但現在與馬車爭道的是有軌電車和有錢人的汽車。特斯拉愉快地搬回了華道夫飯店，悠然自得地漫步在孔雀大道上，穿著他訂做的華麗艾伯特王子牌長外衣、活結領帶、白絲綢襯衫、他喜愛的綠色羊皮高筒馬靴、銀飾手杖、小山羊皮手套，當然還有他那對閃爍的眼睛。特斯拉恢復他在紐約社交界的活動，開始參加沒完沒了的宴會和歌劇晚會，並且密切注視著潛在投資人。他在科羅拉多泉的實驗室已成為昂貴的燒錢機器，他的錢袋又空了。此外，他也沒有為財務進帳做新的商業冒險。他當然再次與阿斯特聯繫，只是發現這位上校的態度因為自己言而無信而大為冷漠。

為了保持良好形象並吸引新的贊助，特斯拉對他最好的朋友詹森提出要寫一篇文章。詹森是《世紀》雜誌的主編，他一開始愉快地答應，後來卻被特斯拉交來題為《人類能量增長的問題》（*The Problem of Increasing Human Energy*），把哲學與科學結合在一起的冗長文章嚇壞了。特斯拉拒絕對文章做任何修改，雜誌社只好讓步，在一九〇〇年六月發表了這篇雜亂無章的文章。其中最令人難忘的是一張特斯拉在科羅拉多泉實驗室裡拍的驚人照片，它引起了一場轟動，但更多的是負面評論。因為這些年來特斯拉對他的工程師同伴保持著高高在上的態度，對別人的工作不屑一顧，浮誇地描述他那些始終未實現的想法。早在十年前，他就批評愛迪生的白熾燈泡太貴也太浪費，並預言它必然敗在特斯拉優越許多的「冷」光手下。可是直到現在，這如此大吹大擂的燈在何處？特斯拉所做所言都太過分。他在電學研究的同行已準備抨擊他那篇奇怪又充滿自誇的文章。他隨後聲稱，自己在科羅拉多接收到太空中的無線電波，與火星人有過接觸，但這絲毫沒有減少人們對他的嘲諷。特斯拉依舊身無分文，於一九〇〇年十二月初請西屋延長早先三千美元貸款的限期，因為他無法馬上歸還。

就在這最氣餒的時刻，正是摩根解救特斯拉脫離絕望，此刻他是華爾街最令人害怕的金融家。周旋於紐約富人社交圈時，特斯拉成為摩根二十八歲女兒安妮最喜愛的人。一天晚宴後，在摩根家義大利風格、放滿歐洲繪畫與古董珍品的大廳裡，特斯拉設法說服這位偉大的銀行家支持他的新冒險，因為他渴望實現宏偉的電力夢想：電力傳輸的「全球系統」。然而，就和阿斯特投資「冷」光一樣，摩根感興趣的只是全球電報。他知道特斯拉的交流電專利已經戰勝尼加拉工程中的所有人。那為什麼要懷疑他的無線專利在這場用無形電子語言跨越海空的競賽中不會再勝出呢？

摩根似乎減輕了特斯拉近期資金短缺的壓力，因為在十二月十二日，特斯拉用潦草字跡寫了一封近乎哀婉動人的感謝信：「我如何開始說感謝呢……我的研究將向全世界大聲讚揚您的名字！」[38]可是沒過幾個月，起初認為自己過得去的特斯拉賣掉一家公司價值十五萬美元的股份給摩根，然後發現自己被逼入絕境，因為這個殘忍的金融家在最後一分鐘加上了（作為達成這筆交易的條件）對特斯拉專利百分之五十一的所有權，不僅僅是無線專利，還有阿斯特認為有可觀效益的「冷」光。為了平息批評家針對他的電力「全球系統」和即時通訊而日益上升的爭議，特斯拉只好默許。到了一九〇三年三月初，他終於有希望找到資金，然而摩根和阿斯特都不相信這能夠填滿電力發明事業的無底洞。世界博覽會的照明是個五十萬美元的合約，而尼加拉一分錢沒賺之前就花費了六百萬美元。

特斯拉能考慮的至少是讓新工作能啟動。他在長島的肖勒姆買了一塊兩百英畝的地，在一九〇一年七月開始建造他偉大的夢想：沃登克里弗塔，一個形狀怪異的巨大豎型建築，升起來有一百八十七英尺，頂部有個大圓形屋頂。塔下面有一根一百二十英尺長的柱子穿進地下，還有十六根鐵管壓到地下更深的三百英尺處，「牢牢抓住這地球」。田野上還有一座由朋友史丹佛・懷特設計的實驗室。就在特斯拉忙著建造他的神祕之塔時，古列爾莫・馬可尼（Guglielmo Marconi）在一九〇一年十二月十二日成功地穿越大西洋傳送了字母S，讓全世界大吃一驚。特斯拉有段時間確信馬可尼侵犯了他的多項專利，就像愛迪生在發明電燈泡的早先日子一樣，他首先不能被品德低下的「專利掠奪者」打攪。當他看到馬可尼對他有實際威脅時，他又承擔不起（像愛迪生與西屋那樣）昂貴的費用去打官司。他已經快要支付不起自己在華道夫飯店的生活費用了。

如果特斯拉要完成電塔，就需要更多錢。一九〇二年一月二日，他對摩根施加壓力，「摩根先生，我陷入前所未有的最大資金困難，我需要一大筆錢，否則我將喪失這偉大的成果和極好的發財機會。」[39]但是摩根不明白，為什麼馬可尼以很少的錢成功，他還要為無線通訊投入更多錢。特斯拉解釋自己那個龐大許多的計畫：那座近乎完成的塔，遠不是為了那小小的穿越大西洋的電報，它是一個巨大的發射機，能利用無線通訊技術和廉價電力來產生跨越地球的一千萬馬力能量。「你要幫助我，還是讓我那幾乎要完成的偉大研究工作完蛋？」他這樣問。

摩根沒有被打動，而是深深地被激怒，因為特斯拉已經騙走他很多錢，都浪費在空中樓閣式的案子上。他不僅斷然表示「現在沒打算給予任何進一步貸款」，而且他也不願意向特斯拉歸還專利，從而阻止特斯拉去尋找其他人贊助[40]。一九〇四年一月，特斯拉低聲下氣地出現在摩根的華爾街辦公室，為了「向你證明我已經把我能做的做到最好了，而你對我發火和吼叫，像對待一個辦公室的侍童，六條街外都能聽到。你沒給一分錢。這已經傳遍了整個城市，我的名譽受到損害，讓我的敵人稱心如意。」[41]（我們不知道特斯拉是否曾經為了沃登克里弗向西屋求援過，但是看來他有過，而且也遭到斷然拒絕。）

特斯拉的傳記作家都奇怪，摩根是否由於他在通用電氣的巨大投資，而故意要破壞特斯拉實現一個超級無線供電系統的夢想？摩根肯定有巨大資金用於整個美國（和世界上其他地方）不斷擴大的電力系統。他極力討價還價，從而得到一個來之不易協議，控制住特斯拉專利權，他絕不會放棄而留待別人發展。摩根也許有充足的理由去阻撓一個未經考驗，而且可能是革命性的新技術，以免使他自己的努力和巨大投資前功盡棄。但是永遠理想化、天真的特斯拉也有個糟糕記錄：除了與西屋在交流電合作良好以外，他從未將他的非凡理念和發明轉變成可行的商業產品。強硬的摩根也許就是感覺到他已經付出那麼多錢，但是專利還沒有證明能產生什麼價值。

絕望的特斯拉給摩根寫了一封很長的失意信，列舉了一頁又一頁的理由來引起同情，懇求華爾街巨頭重新恢復他們短暫但沒有結束的合作關係。特斯拉似乎還是沒有明白，像摩根這樣的鐵石心腸絕不會被辭藻華麗的表白打動，諸如「我的枕頭幾乎沒有一晚不被淚水浸濕，但你不要以為這是軟弱所致，我完全保證能完成你交給我的任何任務」[42]。這封信得到來自摩根私人祕書的答覆，「摩根先生讓我通知你，他不會在這件事上付出更多。」[43]特斯拉給冷淡的摩根寫了下面的話聊以自慰，金融資本家的工作是「過去時態，我的才是流芳百世」。

直到今天，沃登克里弗仍然是科學上的難解之謎。特斯拉究竟想怎樣實現他那難以置信的野心計畫？他已具備他聲稱要做的技術了嗎？為了讓特斯拉的交流馬達真正運轉，需要大量的實際工作和巨額投資，而他恰恰忽略這些實際工作。特斯拉不僅推不動他那幾乎要完成的電塔，甚至不能為自己急需保護的許多專利拿出足夠的律師費用，導致他丟失了全部的專利授權費。由於性格孤僻，不願去依附有聲望的大學或大公司，特斯拉的地位完全不利。到了一九〇五年，他已經無法承擔遠在沃登克里弗的實驗室開支。又過了十年，他將自己的才能傾注到渦輪機上，但由於欠缺資金，同行人懷疑這些機器從未變成實用的商業產品。一九一三年摩根去世之後，特斯拉立刻開始懇求金融巨頭的兒子。就在那年耶誕節前，他寫道：「我急需錢，但在這可怕的年代裡我得不到錢。」[44]小摩根表示了同情，給住在華道夫飯店的特斯拉送去五千美元。

四年後，當美國電氣工程師協會將一九一七年的愛迪生動章授予特斯拉時，主持人指出：「如果從工業世界中剔除特斯拉先生的研究成果，那麼工業的巨輪將停止轉動，我們的電車和火車將停止行駛，城鎮將陷入黑暗，工廠將關閉。是的，這研究的影響如此深遠，已經成了工業的經緯線。」[45]但就在前一年，這位讓交流電成為現代世界動力的人不得不宣告破產。由於付不起帳單，特斯拉最終不得不放棄抵押物，將他深愛的（但從未完成的）沃登克里弗實驗場給了華道夫飯店，他從一八九八年起一直居住的地方。但帳單上還有兩萬美元欠款，為了讓這塊地更容易出售，這家飯店費力把電塔炸毀了。

喬治．西屋在一九一四年去世，特斯拉還是繼續造訪他的電氣公司，誤以為他們還能發展他的發明，尤其是西屋電器已加入了新的無線電領域。特斯拉在一九二〇年仍然願意提供服務，但「取決於你們公司願意與我達成協定，比三十年前獲得我的電力傳輸系統的人更慷慨」[46]，這家公司一次又一次客氣地拒絕他。特斯拉於一九三〇年開始相信西屋的人剽竊了他早期的一些專利，並寫了一封威脅信：「對一家以我的發明而壯大的偉大企業訴諸法律手段，會讓我十分難過。」[47]破產的特斯拉在給《紐約世界報》的一封信中抱怨，「如果愛迪生的公司最終沒有採用我的發明，它們早已被掃地出門了；對我的付出，他們之中沒有人表示過感謝，這顯然不公平且忘恩負義」[48]。這個驕傲、才華傑出的怪人繼續找機會以顧問身分爭取酬金，但是企業的反應不佳。他不時地寫文章，常常懷念自己的往日輝煌。

但特斯拉的早期貢獻確實非常偉大，他的許多「古怪」預言在幾年或幾十年後實現時，更證實了他的先見之明。這位年邁的發明家一直有一群固定的忠誠追隨者，那些受他的研究與作品鼓舞的年輕科學家們，如科學作家約翰．奧尼爾，以及來自西屋年代的老朋友們，如著名的工程學教授查爾斯．斯科特。他們設法讓他獲得了一些榮譽，在一九三一年特斯拉七十五歲生日時，安排了一份生日賀詞讚美他的偉大貢獻。《時代》雜誌將特斯拉放在封面祝賀他的壽辰，並稱他為時代的奇才。「我一直在過隱居生活，可以不被打斷，能集中思考和苦思冥想的生活。」有人引述了他的話，「當然，我積累了很多想法。問題是，我的才智是否足以讓它們實現並造福整個世界。」[49]

西屋電氣與製造公司擔心年老貧困的特斯拉公眾形象不佳，決定從一九三四年起支付他的新居，位於紐約客飯店第三十三層，三三二七號房的帳單。對於很久以前為這家公司放棄好幾百萬美元的人來說，每月一百二十五美元實在微不足道。相較之下，通用電氣支付給年邁發明家威廉．史坦利每個月一千美元津貼。前南斯拉夫政府也開始捐助特斯拉一小筆養老金。特斯拉繼續從事發明，當他在二次世界大戰開始時宣布取得一項「死亡射線」武器的專利時，新聞界對此做了廣泛報導。據說特斯拉總共擁有一百一十一項美國專利，顯然還有許多發明因為嫌麻煩而從未去註冊。但由於缺少贊助人，他的大多數發明要不是停留在純理論階段，要不是從來沒有真正發展為有商業價值的產品。

特斯拉越來越活在自己的世界裡，像以前一樣浪漫，也一樣古怪。飯店的廚師長專門為他烹製素食，他還堅決要求協助的人不能近於一英尺，部分原因是他恐懼病菌。他最終放棄了那過時的長禮服和小山羊皮手套，改穿正規合身的商務套裝。尼古拉．特斯拉在他生命的最後幾年裡對鴿子產生奇怪的強烈感情。他從沒結過婚，又因為所有親戚在歐洲，他只能從咕咕叫喚、搖擺行走的動物中尋找親情與安慰。他比他大多數的老朋友都活得長，如詹森、懷特、馬克．吐溫。他常在紐約公共圖書館和派翠克大教堂外面餵鴿子，和牠們聊天來消磨時間，經常待到很晚。如果他發現一隻鴿子生病或是受了傷，他就會把牠偷偷帶回到飯店房間裡照顧，直到牠恢復健康。他對一隻舉止特別優雅的白鴿極為寵愛。

一天晚上，年邁又憔悴的特斯拉和奧尼爾坐在飯店大廳聊天時，他講述了這隻白鴿的故事，「我愛那隻鴿子。是的，我愛牠，就像男人愛女人，她也愛我……有了她，我的生活才有了目標。一天晚上夜色已黑，我躺在床上，像往常一樣思考著問題，她像平時一樣，從打開的窗戶飛進來，站在我的書桌上……當我注視著她時，我知道她想告訴我——她就要死了……那隻鴿子死後，我魂魄也隨之而去。直到那時我才確切知道，不管我的計畫多麼艱

特斯拉晚年鍾愛的白鴿。

鉅，我都能努力完成。但是當我失去生命的魂魄，我知道自己一生的工作已然結束。」[50]

一九四三年一月七日，當雪花飄過紐約客飯店第三十三層樓的房間，第二次世界大戰的戰火在全世界蔓延，尼古拉・特斯拉逝世，享年八十六歲，臨終之時的他孤獨又貧困。特斯拉長期以來是美國公民，但是南斯拉夫政府將他的葬禮安排在壯麗輝煌的紐約聖約翰大教堂。有兩千多人在一月十二日前為這位電力天才送行。考慮到潛在的重要科學價值，美國政府祕密將特斯拉的一些著作和論文竊為己有。

可悲的是，特斯拉死得太早，來不及看到最後一次為他的辯護。全世界都認為馬可尼是無線電之父，然而當馬可尼以美國政府侵犯了他的無線電專利而起訴時，美國的最高法院裁定，記錄顯示是馬可尼侵犯了特斯拉的專利！儘管這也像特斯拉的大多數發明一樣，沒有產生過商業化產品。

直至今天，特斯拉留給世人的印象仍然是傑出且捉摸不定，一個科學家、發明家、夢想家和理想主義者，他對尼加拉大瀑布工程的貢獻至今仍是人們爭論的話題。他是退化成了一個怪人，還是領先於他的時代幾十年？電造就了許多富豪，然而特斯拉，這個成就電氣時代的人，卻從來不在他們之列。他畢竟還是活著看到交流電系統跨越全球，照亮了許多國家，帶動數以百萬計的馬達。從當年踏上紐約港以來，特斯拉做了近六十年讓世界電氣化的偉大夢想，這夢想最終是實現了。

電力

電究竟是什麼？是「微妙、活躍的液體」嗎？當電力變得更普遍、更可靠、更實用時，由三位普羅米修斯——愛迪生、西屋和特斯拉——最早提出的夢想已經實現了。尼加拉發電站建成後，發電機數量不斷增加，僅在一九〇二年就提供美國全部電量的五分之一。正如歷史學家大衛．奈伊（David E.Nye）《充電的美國》（*Electrifying America*）所述，一九一〇年時，美國的工商業熱切期望讓電融入他們的日常工作，以迅速提高生產力。到了一九四〇年，電力已在社會中普及，美國的生產力提高了百分之三百。愛迪生的傳記作家馬修．約瑟森計算過，像汽車製造商亨利．福特的那些流水線生產工廠，效率明顯提高了百分之五十。而且電絕不僅應用於一種領域，它大大提升了人類的生活水準。電的成本也由於發電效率提高而逐漸下降。在一九〇二年，中央發電站產生一度電需要七點三磅的煤；到了一九三二年，煤用量下降到一點五磅[51]。

住宅電力服務系統的發展卻要慢上許多，因為電力公司首先關注能得到更大利潤的商業用戶。此外也由於早些年用電還很奢侈，因為它比煤氣貴很多，而且不夠安全。全美國內在一九〇七年僅有百分之八的人住在有供電的房子裡。數字到一九二〇年有增加，但也只有百分之三十五。隨著供電系統改進，成本下降，美國人對家庭電力需求的呼聲也像商界一樣高漲。到了一九二〇年代，主要大城市如芝加哥，已有百分之九十五的家庭用上了電。

到了一九三〇年，美國的都市家庭已普遍認識電力普及的意義，即使在中西部的中等城市如蒙夕、印第安那等地，百分之九十五的家庭已用上電。同樣有說服力的是那些節省體力的現代化設施都離不開電，比如電熨斗、吸塵器（一九一九年銷售了七十五萬台）、洗衣機、烤麵包機和熱水加熱器。在愛迪生盤算著如何建立第一個電網後僅僅三十年，電已經成為整個美國都市生活的日常。許多妻子辭掉了女傭，自己做起容易許多的家務。

儘管電燈和洗衣機很方便，也沒能像一九二〇年代初期收音機進入家庭時所帶來的巨大變化和喜悅，但這是第一次，正如特斯拉曾經斷言，人們能夠接通距離遙遠的世界，從一個大木盒裡收聽到生疏的聲音。現在，當球隊到城外去比賽，總統要發表演說，或是一位著名女高音要在紐約演唱，美國人都能跟蹤這些事件。廣播劇令他們著迷，笑話讓日子變輕鬆。在十年之內，幾乎每個（用電的）美國家庭都有一部無線電收音機，這難道不令人吃驚？如果說無線電對國家團結和激勵少年成長有重大影響，這也許是言過其實，但是電的力量確實讓人能分辨出事物的重要與輕微、宏偉與愚蠢。

由於電在早先幾十年中純粹被當作商品，所以內陸地區的居民很少有機會使用電。例如截至一九三四年，全國只有十分之一的農場有電，因為電的服務是由利潤多寡來決定。羅斯福總統率先提出一個觀念：遠離城市的農民也應該和住在城市與鄉鎮的美國人一樣享受用電的益處。由於長期以來完全被視為謀取經濟利益的商品，所以民用電力設施建設停滯不前。新的安排隨著政府支持鄉村電氣化而向前進展，但是由於帶電的高壓線要橫跨高山和草原進入遙遠的農莊，美國政府花費了二十五年的時間才結束了內陸居民長期依靠蠟燭和煤油燈照明的歷史。在這幾十年當中，電成為現代文明的生命血脈，它的價格幾乎下降了一半。農場主很快就和商人與家庭主婦一樣，用電來做各種繁重的勞動。

雖然電為我們帶來極大益處，賜予我們眾多神奇的禮物，但是它的存在不可避免帶來一些弊端，雖然僅僅是少量。我們的世界被各種各樣機器帶動，變得比以前吵鬧。到處是馬達和發電機的嗡嗡聲、隆隆聲和引擎的轟鳴，持久用電帶來了噪音。自然界的聲音如草原的寧靜，都被人造嘈雜聲淹沒。經過幾十年的工業發展，曾經群星閃爍的美國夜空已逐漸被人造電燈替代。如今，當夕陽西下，夜幕降臨，世界不再是一片漆黑，而是呈現一片黃灰色，尤其是地平線上緣。因此人們很難且經常看不到天上的群星了。

在《充電的美國》一書中，有人哀歎道，「處於機器時代的我們給自己帶來了夜間的敵人，現在夜晚也不再像它原先的樣子……今天的文明社會充滿這樣的人，他們對詩情話意情調的夜晚絲毫沒有概念，甚至沒有見過真正的夜晚」[52]。電方便人們管理生活，但也打破了大自然時間和季節的節拍和韻律。工作與家庭生活的寧靜就像消失的自然光線一樣不復存在，也不再有家人圍聚在壁爐前取暖和照明的情景了。男女老少多退縮到他們舒適方便的家裡，或被迫越來越常在照明良好的辦公室和工廠裡辛苦工作。

電氣設備的興起，如無線電收音機、電影、電視、影片、電腦和網際網路，也意味著這一階段生活水準的提高，不過人們透過螢幕被動地感受生活，看到與觀察到的活動都是別人的。而在過去，欣賞或參加音樂、戲劇、舞蹈、政治活動、演講或運動會的人都是實際參與或是當現場觀眾。十九世紀的人類經驗是第一手的、親身的、直接的、真實可靠的，除了那些書面文字和圖像，包括繪畫和照片。電為我們帶來豐富多彩的新經驗，但其中更多是間接經驗。

尼古拉．特斯拉活著看到他的偉大發明、他送給人類的偉大禮物傳遍大地，正如他所期望照亮了家庭，活躍了社會，振興了整個國家。儘管晚年生活艱辛且挫折，但永遠是理想主義者的特斯拉說：「我不斷體驗到無法用文字表達的滿足，那就是我的多相（交流電）系統已被全世界使用，減輕了人類的束縛，並帶來舒適與幸福。」

鐵路和電報發展改變了舊時代長期以來對距離和時間的觀念，蒸汽機暗示了機器創造能量的潛力。電解開了第二次工業革命的韁繩，賜予人類難得的財富：由於黑暗，我們曾經損失了數不清的時間；由於繁重辛苦的勞動，我們失去了更多時間。沒有了這些損失，人類認識周圍世界的能力和想像力得以充分釋放發揮。如今，即使我們承認失去了十九世紀的親密與真實，遭受不間斷的雜訊侵擾以及機械化對現代生活的衝擊，但是，電的到來大大拓展了

致謝

在為本書搜集資料和寫作期間一直得到許多人士相助。首先我要感謝我的經紀人，Janklow & Nebit的艾瑞克．西蒙諾夫，他對我的每一步工作都提供了很棒的建議；還有我的蘭登書屋編輯凱蒂．霍爾，她自始至終熱情洋溢，精明幹練，為我的書做了最好的編輯。

羅格斯大學研究湯瑪斯．愛迪生資料的保羅．伊斯雷爾為我回答了許多問題，幫助我與蘭登書屋的莎拉．麥肯尼查閱到大量令人驚奇的線上資料。他還仔細閱讀了我的手稿，並做出評論。無論是伊斯雷爾的出色傳記《發明的一生》（*A Life of Invention*），還是他與羅伯特．弗里德、伯納德．費恩的動人之作《愛迪生的電燈：發明的傳記》（*Edison's Electric Light: Biography of an Invention*）都是本書不可或缺的參考資料。在紐澤西西奧蘭治愛迪生國家史蹟館的道格．塔爾提供的照片非常有價值。史密森尼學會的美國歷史博物館工作的費恩和哈洛德．華萊士為我解答了大量問題，並慷慨展示了他們收藏的早期電氣設備。

美國公共事業公司的羅伯特．迪什諾博士對本書表現出極大熱情，並不懈地給予支持。

他是雪城人，在水牛城和尼加拉擔任導遊。他把我介紹給尼加拉大瀑布城公共圖書館地方歷史研究室的主管莫琳・芬妮。在我拜訪該機構期間，水牛城和伊利郡歷史學會的圖書館員也對我幫助極大。迪什諾給我的幫助十分可貴，讓我能參閱尼加拉電力公司的原始檔案以及亞當斯的文稿。感謝美國國家電網公司的檔案管理員約瑟夫・桑托雷給予的衷心支持，他為我提供了有關檔案、信函與照片。

在匹茲堡，喬治・西屋博物館的館長愛德華・雷斯安排我查閱他們的檔案，讓我獲得許多珍貴資料。在那裡，我女兒希拉蕊是我的頭號助手。匹茲堡布拉福大學的提姆・齊奥卡斯教授與我分享他在西屋檔案中發現的成果，替我排除了一些障礙。爾後他又細心審閱了我的手稿。西賓夕法尼亞歷史學會的理查・普賴斯在當地為我查詢，結果十分有益。在波士頓，黛比・芬克豪斯仔細翻閱了哈佛商學院貝克圖書館和麻塞諸塞歷史學會的歷史檔案，以尋找西屋的有關資料。在紐約，蘭登書屋的莎拉・麥肯尼花了好幾個小時搜集電力公司董事會席位之爭的新聞報導，而且利用線上的愛迪生檔案尋找各種重要文獻。還是在紐約，摩根圖書館的克莉絲蒂娜・納爾遜從該館檔案中為我提供必要手稿。在費城，美國哲學學會的安・盧茲則送來與尼加拉大瀑布城有關的塞勒斯文稿。德拉瓦州威明頓城外哈格萊博物館的克里斯多夫・拜爾迅速為我解答了賓夕法尼亞鐵路局有關的所有疑問。在蘭登書屋，丹妮拉・德金在本書最後階段給予很大的幫助。

在華盛頓特區，國會圖書館手稿部的管理員十分友好地提供我特斯拉的文稿。電影製片人羅伯特・尤思有兩部關於特斯拉的紀錄片在公共廣播公司（PBS）播放，在我尋找照片時，他幫助我與貝爾格勒的特斯拉博物館以及其他特斯拉團體取得聯繫。伯納德・卡爾隆教授一直在撰寫一部特斯拉傳；在我剛開始寫作本書時，他慷慨地給我看了一篇草稿，並做了多次有益的討論。在巴爾的摩，我必須再次向約翰霍普金斯大學的艾森豪圖書館的管理員表示感謝，因為他們做出了卓越的努力，尤其是館際借閱處的工作人員。沒有他們和善地大力幫助，我不會寫出此作來。還是在巴爾的摩，我有幸參觀了無與倫比的燈泡博物館，人們在那裡可以見到原始的愛迪生燈泡和西屋的塞子燈。

我還要衷心感謝那些閱讀我的手稿並做出評價的人。他們是：保羅・伊斯雷爾、羅伯特・迪什諾、提姆・齊奧卡斯、我丈夫克里斯多福・羅斯、我叔叔，發明家和企業家納爾遜・瓊斯、IBM 主管維克多・羅米塔、紐約市史學愛好者羅伯特・薩林。他們都提供了很多有益的建議，幫助我修改手稿。我還非常感謝克里斯多福・巴克，是他早先對這個故事的熱情激發我寫作的欲望；我還要感謝黛博拉・巴克對我的款待。最後我要特別感謝我的公公，藝術家約翰・羅斯，是他繪製出精采適用的科學圖片，闡明了電的奧祕。

書目摘要

我深切感激那些把早期的電寫得如此精采的眾多歷史學家和傳記作家，無論他們寫的主題是科學家、發明家，還是電力工業。

有許多湯瑪斯·愛迪生的傳記，但最近且對我最有用的是保羅·伊斯雷爾寫的《愛迪生：發明的一生》（*Edison: A Life of Invention*, 1998），此書關注重點是科學和商業。伊斯雷爾還和羅伯特·弗里德及伯納德·費恩合作寫了《愛迪生的電燈：發明的傳記》（1986），此書引人入勝地描述燈泡這一重大艱難的發明過程。法蘭西斯·傑爾的三冊《門羅公園日記》（*Menlo Park Diaries*, 1937）描寫了大量難以置信的動人細節，但並非全部可信。馬修·約瑟森的《愛迪生傳》（*Edison: A Biography*, 1959）是第一部利用大量愛迪生的檔案資料寫成的著作，讀來令人愉快，而且富有濃郁的時代氣息。大約在我開始醞釀此書的時候，羅格斯大學幾乎一半的愛迪生檔案——大量非常珍貴的第一手資料——都已經可以在網上查到。

至於尼古拉・特斯拉，約翰・奧尼爾的傳記《慷慨的天才》（*Prodigal Genius*）是一部偉大的入門書，由一位熟知特斯拉的作家所寫。它出版於特斯拉逝世後不久的一九四四年。馬克・賽佛一九九六年版的傳記《奇才：尼古拉・特斯拉的生平與時代》（*Wizard: The Life and Times of Nikola Tesla*）使用了許多奧尼爾還無法取得的資料。其他重要的資料有國會圖書館的特斯拉信件和尼加拉莫霍克（Niagara Mohawk）檔案。還有大量已經發表且可以利用的特斯拉講演集、著作和專利申請書，以及有關部門保存的論文，這些論文通常是特斯拉的許多熱心崇拜者的心愛之作。瑪格麗特・切尼和電影製片羅伯特・尤斯合著的《閃電大師特斯拉》（*Tesla: Master of Lightning, 1999*）是一部有大量插圖的優秀讀物，與尤斯的公共廣播公司紀錄片同名的配套書。

遺憾的是，自從亨利・普魯特受西屋公司委託寫了《喬治・西屋的一生》（*A Life of George Westinghouse*, 1926）以來，還沒有西屋的新傳記問世。此書明顯令人感到，法蘭西斯・盧普的《喬治・西屋：生平與成就》（*George Westinghouse: His Life and Achievements*, 1918）有很多缺陷。無論誰想寫出一部這位匹茲堡偉大工業巨頭的新傳，都會立即為原始資料匱乏而心灰意冷。連普魯特和盧普都會抱怨這個問題。西屋不像愛迪生和特斯拉那樣保存其個人信函和檔案，也不希望讓自己曝光於新聞界。然而，當商業史學者哈洛德・帕瑟撰寫其權威巨著《一八七五至一九〇〇的電氣製造商》（*The Electrical Manufacturers 1875-1900*, 1953）時，已經能夠利用公司在匹茲堡總部，他稱之為「西屋歷史檔案」的資料，他詳盡描述了許多令人感興趣的西屋個人經歷。顯然，哈佛商學院學者帕瑟似乎是唯一可以隨意閱讀這些檔案的歷史學家，此後所有接觸這些檔案的人都要經過嚴格審查。不幸的是，當哥倫比亞廣播公司（CBS）於一九九〇年代末期解散西屋公司時，這些歷史檔案好像都不見了。但是還有少量檔案保存在匹茲堡郊外威明頓的喬治．西屋博物館裡。在那裡可以找到一九三〇年代搜集和整理出來關於喬治．西屋的大量完整回憶錄。

大衛．奈伊《充電的美國：一項新技術的社會意義》（*Electrifying America: Social Meanings of a New Technology*, 1990）是在全國體驗到電燈和動力普及時最富有啟發性的著作，而安德利亞斯．布盧姆和路易絲．利平柯的《電燈！一七五〇至一九〇〇的工業時代》（*Light! The Industrial Age 1750-1900*, 2000）則展現出藝術家如何吸收這些新技術的動人景象。

寫到紐約市時，我發現愛德溫．鮑羅斯和麥克．華萊士寫的精采的《高譚市》（*Gotham*, 1999）和肯尼斯．傑克森令人信服的《紐約市百科全書》（*Encyclopedia is of New York City*, 1995）都極其珍貴。至於匹茲堡，我有幸找到了史蒂芬．洛倫特的巨著《匹茲堡》（*Pittsburgh*, 1964），芝加哥則參考了唐納．米勒出色的《世紀之城》（*City of the Century*, 1996）。尼加拉大瀑布則參考了皮爾．伯頓的《尼加拉》（*Niagara*, 1992）和查爾斯．梅森．道編纂的《尼加拉大瀑布文集與著作目錄》（*Anthology and Bibliography of Niagara Falls*, 1921）。尼加拉的其他重要資料還有羅伯特．貝爾菲爾德一九八一年的博士論文《尼加拉邊境》（*Niagara Frontier*）以及亞當斯仔細彙編的建設尼加拉水電站的記錄檔案。這些檔案都被尼加拉莫霍克電力公司保存在雪城，成為亞當斯撰寫的兩冊正史《尼加拉動力》（*Niagara Power, 1927*）必不可少的參考資料。此書雖然氣勢磅礴，但仍然讓人感到雜亂無章。不過儘管如此，還是可以幫助讀者瞭解甚至解決一切困惑。

注釋

第 1 章 摩根宅邸昨夜燈火通明

1. James D. McCabe, *New York by Sunlight and Gaslight* (Philadelphia: Douglass Bros., 1882), p. 332.

2. Letter from Major Sherbourne Eaton to Thomas A. Edison dated June 8, 1882. Thomas A. Edison Archives website, Rutgers University.

3. George William Sheldon, *Artistic Houses* (New York: D. Appleton and Company, 1883), pp. 75-80. Many of the photos reprinted by Dover Books as *Opulent Interiors of the Gilded Age.*

4. Herbert Satterlee, *J. Pierpont Morgan: An Intimate Portrait* (New York: Macmillan, 1940), p. 208.

5. Letter from J. P. Morgan to Mr. James Brown dated December 1, 1882. Morgan Library Archives, New York, New York.

6. Letter from J. P. Morgan to Sherbourne Eaton dated December 27, 1882. Morgan Library Archives, New York, New York.

7. Satterlee, *J. Pierpont Morgan,* p. 208.

8. Edward H. Johnson, "Personal Recollections of Mr. Morgan's Contribution to the Modern Electrical Era," November 1914. Morgan Library Archives, New York, New York.

9. Satterlee, *J. Pierpont Morgan,* p. 214.

10. Ibid., p. 216.

11. "The Doom of Gas," *St. Louis Post-Dispatch,* May 1, 1882. Item #2192 in Charles Batchelor Scrapbook (1881-1882), Thomas A. Edison Archives website, Rutgers University.

12. Frank L. Dyer and T. Commerford Martin, *Edison: His Life and Inventions* (New York: Harper & Bros., 1910), p. 374.

13. "The Doom of Gas."

第2章　努力讓它有用

1. J. L. Heilbron, *Electricity in the 17th and 18th Centuries* (Berkeley: University of California Press, 1979), p. 171.

2. Ibid., p. 244.

3. Ibid., p. 314.

4. Ibid., p. 318.

5. Carl Van Doren, *Benjamin Franklin* (New York: Viking Press, 1938), p. 158.

6. Marcello Pera, *The Ambiguous Frog* (Princeton, N.J.: Princeton University Press, 1992), p. 15.

7. Van Doren, *Benjamin Franklin,* p. 158.

8. Ibid., p. 159.

9. Ibid., p. 159.

10. Ibid., p. 161.

11. Pera, *The Ambiguous Frog,* p. 14.

12. Ibid., p. 18.

13. Sanford P. Bordeau, *Volts to Hertz* (Minneapolis: Burgess Pub. Co., 1982), p. 47.

14. Ibid.

15. Hal Hellman, *Great Feuds in Medicine* (New York: Wiley, 2001), p. 25.

16. Ibid., p. 27.

17. Bordeau, *Volts to Hertz,* p. 53.

18. Ibid, p. 64.
19. Thomas, *Michael Faraday and the Royal Institution,* p. 16.
20. Ibid., p. 40.
21. John Tyndall, *Faraday as a Discoverer* (New York: Thomas Crowell, 1961), pp. 22-23.
22. Thomas, *Michael Faraday and the Royal Institution,* p. 43.
23. Herbert W. Meyer, *A History of Electricity and Magnetism* (Cambridge: MIT Press, 1971), p. 61.
24. Thomas, *Michael Faraday and the Royal Institution,* p. 96.
25. David Gooding and Frank A. J. L. James, *Faraday Rediscovered* (London: Stockton Press, 1985), p. 63.
26. Ibid.
27. Thomas, *Michael Faraday and the Royal Institution,* p. 1.
28. Ibid., p. 121.
29. Robert Louis Stevenson, "A Plea for Gas Lamps," in Mike Jay and Michael Neve, *1900* (New York: Penguin, 1999), p. 58.
30. Wolfgang Schivelbusch, *Disenchanted Night: The Industrialization of Light in the Nineteenth Century* (Berkeley: University of California Press, 1988), p. 221.
31. Bordeau, *Volts to Hertz,* p. 147.
32. "Electric Lamps," *St.-Louis Daily Globe Democrat* (n.d.), sent on August 23, 1878, to Thomas Edison by Professor George Barker. Thomas A. Edison Archives website, Rutgers University.
33. Stevenson, "A Plea for Gas Lamps," p. 59.
34. Paul Israel, *Edison: A Life of Invention* (New York: Wiley, 2000), p. 165.
35. Matthew Josephson, *Edison: A Biography* (New York: McGraw-Hill, 1959), p.

178.

36. Israel, *Edison: A Life of Invention,* p. 166.

第 3 章　門羅公園的奇才：湯瑪斯・愛迪生

1. Paul Israel, *Edison: A Life of Invention* (New York: Wiley, 2000), p. 120.
2. Matthew Josephson, *Edison: A Biography* (New York: McGraw-Hill, 1959), p. 134.
3. Israel, *Edison: A Life of Invention,* p. 11.
4. Ibid., p. 17.
5. Charles D. Lanier, "Two Giants of the Electric Age," *Review of Reviews* 8 (1893), p. 48.
6. *New York Daily Graphic,* April 2, 1878.
7. Israel, *Edison: A Life of Invention,* p. 165.
8. "Edison's Newest Marvel," *New York Sun,* September 16, 1878.
9. Israel, *Edison: A Life of Invention,* pp. 169-70.
10. Editorial Page, *New York Sun,* September 16, 1878.
11. Robert Friedel and Paul Israel with Bernard S. Finn, *Edison's Electric Light: Biography of an Invention* (New Brunswick, N.J.: Rutgers University Press, 1986), p. 22.
12. Ibid., p. 26.
13. Francis Jehl, *Menlo Park Reminiscences,* vol. 1 (Dearborn, Mich.: Edison Institute, 1937), p. 232.
14. Ibid., p. 197.
15. Josephson, *Edison: A Biography,* p. 196.
16. "Edison's Electric Light," *New York Herald,* March 27, 1879, Thomas A. Edison Archives website, Rutgers University.

17. Friedel and Israel, *Edison's Electric Light,* p. 71.
18. Israel, *Edison: A Life of Invention,* p. 182.
19. Friedel and Israel, *Edison's Electric Light,* p. 101.
20. Jehl, *Menlo Park Reminiscences,* vol. 1, p. 338.
21. Friedel and Israel, *Edison's Electric Light,* p. 109.
22. Ibid., p. 111.
23. Israel, *Edison: A Life of Invention,* p. 167.
24. Ibid., p. 196.
25. Friedel and Israel, *Edison's Electric Light,* p. 179.
26. Josephson, *Edison: A Biography,* p. 231.
27. Friedel and Israel, *Edison's Electric Light,* p. 180.
28. Ibid., p. 181.
29. George S. Bryan, *Edison: The Man and His Work* (New York: Knopf, 1926), p. 152.
30. Josephson, *Edison: A Biography,* pp. 244-45.
31. "The Aldermen Visit Edison," *The New York Times,* December 22, 1880, p. 2.
32. Friedel and Israel, *Edison's Electric Light,* p. 182.
33. "The Aldermen Visit Edison."
34. "Moonlight on Broadway," *New York Evening Post,* December 21, 1880.
35. "Lights for a Great City," *The New York Times,* December 22, 1880, p. 2.
36. Josephson, *Edison: A Biography,* p. 248.
37. George T. Ferris, ed., *Our Native Land* (New York: Appleton, 1886), p. 551.
38. Josephson, *Edison: A Biography,* p. 252.
39. Ibid., pp. 263-64.

40. "Summary of Events for 1881," *Index to the New-York Daily Tribune* (New York: Daily Tribune, 1882), p. v.

41. Iza Duffus Hardy, *Between Two Oceans* (London: Hurst & Blackwood, 1884), pp. 94-95.

42. "Summary of Events for 1882," *Index to the New-York Daily Tribune* (New York: Daily Tribune, 1883), p. vii.

第 4 章　我們的巴黎小夥子：尼古拉．特斯拉

1. Nikola Tesla, *My Inventions: The Autobiography of Nikola Tesla* (Williston, Vt.: Hart Bros., 1982), p. 66. Originally a series in *Electrical Experimenter* magazine, 1919.

2. Ibid.

3. Neil Baldwin, *Edison: Inventing the Century* (New York: Hyperion, 1995), p. 132.

4. Tesla, *My Inventions,* p. 36.

5. Ibid., p. 29.

6. Ibid., p. 31.

7. John T. Ratzlaff, ed., *Tesla Said* (Millbrae, Calif.: Tesla Book Company, 1984), p. 284 ("A Story of Youth Told by Age").

8. Tesla, *My Inventions,* p. 54.

9. Ibid., p. 57.

10. Ibid., pp. 59-60.

11. Ibid., p. 61.

12. John J. O'Neill, *Prodigal Genius: The Life of Nikola Tesla* (New York: McKay, 1944), p. 49.

13. Tesla, *My Inventions,* p. 65.

14. Andreas Bluhm and Louise Lippincott, *Light! The Industrial Age 1750-1900* (New York: Thames & Hudson, 2000), p. 31.
15. Paul Israel, *Edison: A Life of Invention* (New York: Wiley, 1998), p. 214.
16. Tesla, *My Inventions,* p. 66.
17. Ibid., p. 67.
18. W. Bernard Carlson, *Innovation as a Social Process: Elihu Thomson and the Rise of General Electric, 1870-1900* (New York: Cambridge University Press, 1991), p. 206.
19. Tesla, *My Inventions,* p. 67.
20. Ibid.
21. Ibid., p. 70.
22. Ibid., p. 34.
23. Ibid., p. 70.
24. George T. Ferris, ed., *Our Native Land* (New York: Appleton, 1886), p. 554.
25. Tesla, *My Inventions,* p. 71.
26. Ratzlaff, *Tesla Said,* p. 280 ("Letter to the Institute of Immigrant Welfare" dated May 12, 1938).
27. Tesla, *My Inventions,* p. 72.
28. O'Neill, *Prodigal Genius,* p. 62.
29. Edwin G. Burrow and Mike Wallace, *Gotham: A History of New York City to 1898* (New York: Oxford University Press, 1999), p. 1152.
30. O'Neill, *Prodigal Genius,* p. 64.
31. Alfred O. Tate, *Edison's Open Door* (New York: E. P. Dutton, 1938), pp. 146-47.
32. "Tesla Says Edison Was an Empiricist," *The New York Times,* October 19, 1931, p. 25.

33. Ibid.

34. Marc Seifer, *Wizard: The Life and Times of Nikola Tesla* (Secaucus, N.J.: Birch Lane Press, 1996), p. 41; Tesla ad, *Electrical Review,* September 14, 1886, p. 14.

35. Ratzlaff, *Tesla Said,* p. 280.

36. Ibid.

37. Tesla, *My Inventions,* p. 72.

38. "Summary of Events for 1886," *Index to the New-York Daily Tribune for 1886* (New York: Daily Tribune, 1887), pp. iv-v.

39. Ratzlaff, *Tesla Said,* p. 280.

40. Seifer, *Wizard,* p. 40.

41. Matthew Josephson, *Edison: A Biography* (New York: McGraw-Hill, 1959), p. 340.

42. Israel, *Edison: A Life of Invention,* p. 254.

43. Ibid.

44. O'Neill, *Prodigal Genius,* p. 65.

45. H. Gernback, "Tesla's Egg of Columbus," *Electrical Experimenter,* March 1919, p. 775.

46. Ibid.

第5章　他無所不在：喬治・西屋

1. Steven W. Usselman, "From Novelty to Utility: George Westinghouse and the Business of Innovation during the Age of Edison," *Business History Review* 66, no. 2 (1992), p. 287.

2. Ibid., p. 289.

3. Guido Pantaleoni, "The Real Character of the Man as I Saw Him," April

1939, p. 5. George Westinghouse: Anecdotes and Reminiscences, vol. 3, box 1, file folder 8, George Westinghouse Museum Archives, Wilmerding, Pennsylvania.

4. George Wise, "William Stanley's Search for Immortality," *Invention & Technology* (summer-spring 1988), p. 43.
5. "The Stanley and Thomson Incandescent Lamp," *Electrical World,* September 27, 1884, p. 118.
6. Henry G. Prout, *A Life of George Westinghouse* (New York: Scribner's, 1926), p. 5.
7. Francis E. Leupp, *George Westinghouse: His Life and Achievements* (Boston: Little, Brown, 1918), p. 287.
8. Prout, *A Life of George Westinghouse,* p. 293.
9. C. A. Smith, "A Lesson Without Words," June 1939, p. 2. George Westinghouse: Anecdotes and Reminiscences, vol. 4, box 1, file folder 9, George Westinghouse Museum Archives, Wilmerding, Pennsylvania.
10. Leupp, *George Westinghouse,* p. 294.
11. Thomas P. Hughes, *Networks of Power: Electrification in Western Society, 1880-1930* (Baltimore: Johns Hopkins University Press, 1983), p. 94.
12. Harold C. Passer, *The Electrical Manufacturers, 1875-1900: A Study in Competition, Entrepreneurship, Technical Change, and Economic Growth* (Cambridge: Harvard University Press, 1953), p. 132.
13. "A Nation at a Tomb," *The New York Times,* August 9, 1885, p. 1:1.
14. Reginald Belfield, "Westinghouse and the Alternating Current," 1935-1937. George Westinghouse: Anecdotes and Reminiscences, vol. 1, box 1, file folder 3, George Westinghouse Museum Archives,Wilmerding, Pennsylvania.
15. Stefan Lorant, *Pittsburgh* (New York: Doubleday & Co., 1964), p. 168.
16. Joseph Frazier Wall, *Andrew Carnegie* (Pittsburgh: University of Pittsburgh Press, 1989), p. 386.

17. George T. Ferris, ed., *Our Native Land* (New York: Appleton, 1886), pp. 517-18.
18. Prout, *A Life of George Westinghouse,* p. 302.
19. Adelaide Nevin, *The Social Mirror* (Pittsburgh: T. W. Nevin, 1888), p. 93.
20. Pantaleoni, "The Real Character of the Man as I Saw Him."
21. Usselman, "From Novelty to Utility," p. 272.
22. Wise, "William Stanley's Search for Immortality," p. 44.
23. Ibid., p. 43.
24. Ibid., p. 44.
25. Belfield, "Westinghouse and the Alternating Current."
26. Bernard A. Drew and Gerard Chapman, "William Stanley Lighted a Town and Powered an Industry," *Berkshire History* 6, no. 1 (fall 1985), p. 8.
27. Ibid., p. 10.
28. Passer, *The Electrical Manufacturers,* p. 133.
29. Belfield, "Westinghouse and the Alternating Current."
30. Passer, *The Electrical Manufacturers,* p. 132.
31. Belfield, "Westinghouse and the Alternating Current."
32. Passer, *The Electrical Manufacturers,* p. 136.
33. Drew and Chapman, "William Stanley Lighted a Town and Powered an Industry," p. 11.
34. Ibid., p. 1.
35. Passer, *The Electrical Manufacturers,* p. 137.
36. Drew and Chapman, "William Stanley Lighted a Town and Powered an Industry," p. 12.
37. "Adam, Meldrum & Anderson, a Brilliant Illumination," *Buffalo Commercial*

Advertiser, November 27, 1886, p. 1.

38. Matthew Josephson, *Edison: A Biography* (New York: McGraw-Hill, 1959), p. 346.

第 6 章 愛迪生宣戰

1. "In a Blizzard's Grasp," *The New York Times,* March 13, 1888, p. 1.
2. *New-York Daily Tribune,* April 17, 1888.
3. Francis E. Leupp, *George Westinghouse: His Life and Achievements* (Boston: Little, Brown, 1918), pp. 143-44.
4. "Wireman's Recklessness," *The New York Times,* May 12, 1888, p. 8.
5. Matthew Josephson, *Edison: A Biography* (New York: McGraw-Hill, 1959), p. 346.
6. Edison Electric Light Company Report of the Board of Trustees to the Stockholders at their Annual Meeting, October 25, 1887, p. 13. Thomas A. Edison Archives website, Rutgers University.
7. Ibid., p. 18.
8. Robert Conot, *A Streak of Luck* (New York: Seaview Books, 1979), p. 255.
9. Francis Jehl, *Menlo Park Reminiscences,* vol. II (Dearborn Park, Mich.: Edison Institute, 1938), pp. 832-33.
10. W. Bernard Carlson and A. J. Millard, "Defining Risk within a Business Context: Thomas Edison, Elihu Thomson, and the a.c.-d.c. Controversy, 1885-1900," in Branden B. Johnson and Vincent T. Covello, eds., *The Social and Cultural Construction of Risk* (Boston: Reidel Publishing, 1987), p. 279.
11. Kenneth R. Toole, "The Anaconda Copper Mining Company, a Price War and a Copper Corner," *Pacific Northwest Quarterly* 41 (1950), p. 322.
12. "Copper," *Electrical Engineer* 7 (February 18, 1888), p. 42.
13. Toole, "The Anaconda Copper Mining Company," p. 324.

14. Thom Metzger, *Blood and Volts: Edison, Tesla and the Electric Chair* (Brooklyn: Autonomedia, 1996), pp. 28-29.

15. Terry S. Reynolds and Theodore Bernstein, "Edison and 'the Chair,' " *IEEE Technology & Society*, March 1989, p. 20.

16. Ibid., p. 21.

17. Harold Passer, *The Electrical Manufacturers, 1875-1900* (Cambridge: Harvard University Press, 1953), p. 153.

18. Ibid., p. 154.

19. Conot, *A Streak of Luck,* p. 253.

20. "A Warning from the Edison Electric Light Co.," February 1888, p. 31. Thomas Edison Archives website, Rutgers University.

21. Ibid., p. 25.

22. Ibid., p. 26.

23. Paul Israel, *Edison: A Life of Invention* (New York: Wiley, 1998), p. 326.

24. "A Warning from the Edison Electric Light Co.," p. 72.

25. John J. O'Neill, *Prodigal Genius: The Life of Nikola Tesla* (New York: McKay, 1944), p. 67.

26. Kenneth M. Swezey, "Nikola Tesla," *Science* 127, no. 3307 (May 16, 1958), p. 1149.

27. T. Commerford Martin, *The Inventions, Researches and Writings of Nikola Tesla,* 2nd ed. (New York: Barnes & Noble Books, 1995; first publication 1893), p. 9.

28. Ibid., p. 10.

29. Ibid.

30. Robert Lomas, *The Man Who Invented the Twentieth Century* (London: Headline, 1999), pp. 24-25.

31. "Discussion," *Electrical Engineer,* June 1888, p. 276.
32. Ibid.
33. Passer, *The Electrical Manufacturers,* p. 277.
34. Ibid., p. 278.
35. Marc Seifer, *Wizard: The Life and Times of Nikola Tesla* (New York: Citadel Press, 1998), p. 50.
36. Passer, *The Electrical Manufacturers,* p. 278.
37. Nikola Tesla, "George Westinghouse," *Electrical World* 26, no. 12 (March 21, 1914), p. 637.
38. John T. Ratzlaff, ed., *Tesla Said* (Millbrae, Calif.: Tesla Book Co., 1984), p. 281 ("Letter to the Institute of Immigrant Welfare" dated May 12, 1938).

第 7 章 猝死危機四伏

1. Letter from George Westinghouse to Thomas A. Edison dated June 7, 1888. Thomas A. Edison Archives website, Rutgers University.
2. Letter from Thomas A. Edison to George Westinghouse dated June 12, 1888. Thomas A. Edison Archives website, Rutgers University.
3. "High Potential Systems Before the Board of Electrical Control of New York City," *Electrical Engineer* 7 (August 1888), p. 369.
4. *People of the State of N.Y. Ex. Rel. Wm Kemmler* vs. *Charles F. Durston, as Warden of the State Prison at Auburn, N.Y.* In Proceedings under Writ of Habeas Corpus commencing July 8, 1889. See Exhibit A, p. xiii.
5. Matthew Josephson, *Edison: A Biography* (New York: McGraw-Hill, 1959), p. 315.
6. Thomas P. Hughes, "Harold P. Brown and the Executioner's Current: An Incident in the AC-DC Controversy," *Business History Review* 32 (June 1958), p. 148.

7. "Died for Science's Sake," *The New York Times,* July 31, 1888, p. 8.

8. "Mr. Brown's Rejoinder, Electrical Dog Killing," *Electrical Engineer* 7 (August 1888), p. 369.

9. "Died for Science's Sake," p. 8.

10. Josephson, *Edison: A Biography,* p. 347.

11. *People of the State of N.Y. Ex. Rel. Wm Kemmler* vs. *Charles F. Durston.* Exhibit A, p. xvi.

12. Letter from Harold P. Brown to Arthur Kennelly dated August 4, 1888. Thomas A. Edison Archives website, Rutgers University.

13. Frank Friedel, *The Presidents of the United States* (Washington, D.C.: White House Historical Association, 1989), p. 52.

14. Terry S. Reynolds and Theodore Bernstein, "Edison and 'the Chair,' " *IEEE Technology & Society,* March 1989, p. 22.

15. Ibid.

16. "Surer Than the Rope," *The New York Times,* December 6, 1888, p. 5.

17. "Electricity on Animals," *The New York Times,* December 13, 1888.

18. George Westinghouse, "No Special Danger," *The New York Times,* December 13, 1888, p. 5.

19. Harold Brown, "Electric Currents," *The New York Times,* December 13, 1888, p. 5.

20. Kenneth Ross Toole, "The Anaconda Copper Mining Company: A Price War and a Copper Corner," *Pacific Northwest Quarterly* 41 (October 1950), pp. 326-27.

21. Josephson, *Edison: A Biography,* pp. 355-56.

22. Nikola Tesla, "George Westinghouse," *Electrical World* 63, no. 12 (March 21, 1914), p. 637.

23. Marc Seifer, *Wizard: The Life and Times of Nikola Tesla* (New York: Citadel

Press, 1998), p. 54.

24. Charles F. Scott, "Early Days in the Westinghouse Shops," *Electrical World* 84 (September 20, 1924), p. 587.

25. John T. Ratzlaff, ed., *Tesla Said* (Millbrae, Calif.: Tesla Book Co., 1984), p. 272 ("Press Statement" dated July 10, 1937).

26. John J. O'Neill, *Prodigal Genius: The Life of Nikola Tesla* (New York: McKay, 1944), pp. 76-77.

第 8 章 恐怖的實驗

1. "Jealousy," *The Buffalo Evening News,* April 2, 1889, p. 1.

2. "Electric Death," *The Buffalo Evening News,* April 4, 1889, p. 1.

3. "For Shame, Brown!," *New York Sun*, August 25, 1889, p. 6.

4. Letter from F. S. Hastings to Thomas Edison dated March 8, 1889. Thomas A. Edison Archives website, Rutgers University.

5. "For Shame, Brown!," *New York Sun,* August 25, 1889, p. 6. Letter from Harold Brown to Thomas Edison dated March 27, 1889.

6. Ibid.

7. Ibid.

8. Thom Metzger, *Blood and Volts: Edison, Tesla and the Electric Chair* (Brooklyn: Autonomedia, 1996), p. 119.

9. "For Shame, Brown!," p. 6. Letter from Arthur Kennelly to Harold Brown dated June 19, 1889.

10. "Expert Brown's Views," *The New York Times,* July 11, 1889, p. 6.

11. "Power of Electricity," *The New York Times,* July 16, 1889, p. 8.

12. Ibid.

13. "Edison Says It Will Kill," *New-York Daily Tribune,* July 24, 1889; and

"Testimony of the Wizard," *The New York Times,* July 24, 1889, p. 2.

14. Terry S. Reynolds and Theodore Bernstein, "Edison and 'the Chair,' " *IEEE Technology and Society,* March 1989, p. 24.
15. Neil Baldwin, *Edison: Inventing the Century* (New York: Hyperion, 1995), pp. 204-05.
16. Ibid., p. 206.
17. *Proceedings of the National Electric Light Association,* August 6, 7, 8, 1889 (New York: J. Kempster Printing, 1890), p. 139.
18. "For Shame, Brown!," p. 6.
19. "His Desk Robbed," *New York Journal,* September 4, 1889.
20. "Met Death in the Wires," *The New York Times,* October 12, 1889, p. 1.
21. "Like a City in Mourning," *The New York Times,* October 16, 1889, p. 1.
22. Thomas A. Edison, "The Danger of Electric Lighting," *North American Review* 149 (November 1889), pp. 625-33.
23. E. H. Heinrichs, "Anecdotes and Reminiscences of George Westinghouse," October 1931, p. 14-15. George Westinghouse: Anecdotes and Reminiscences, vol. 2, box 1, file folder 7, George Westinghouse Museum Archives, Wilmerding, Pennsylvania.
24. Ibid.
25. George Westinghouse Jr., "A Reply to Mr. Edison," *North American Review* 149 (November 1889), pp. 653-64.
26. Lewis B. Stillwell, "Alternating Current Versus Direct Current," *Electrical Engineering* 53 (May 1934), p. 710.
27. Metzger, *Blood and Volts,* p. 131.
28. "The Law If Constitutional," *The New York Times,* December 31, 1889, p. 2.
29. Harold P. Brown, "The New Instrument of Execution," *North American Review* 149 (November 1889), pp. 592-93.

30. Craig Brandon, *The Electric Chair: An Unnatural American History* (Jefferson, N.C.: MacFarland & Co., 1999), p. 145.
31. Ibid., p. 142.
32. Metzger, *Blood and Volts,* p. 136.
33. Baldwin, *Edison: Inventing the Century,* p. 202.
34. "Far Worse than Hanging," *The New York Times,* August 7, 1890, p. 1.
35. Ibid.
36. "Inhuman!," *The Buffalo Evening News,* August 7, 1890, p. 1.
37. Ibid.
38. "Far Worse than Hanging," p. 2.
39. Ibid.
40. Brandon, *The Electric Chair,* p. 187.
41. "Far Worse than Hanging," p. 2.
42. Letter to *New York World,* November 29, 1929, p. 10.

第 9 章 惶惶不可終日：一八九一年

1. Francis E. Leupp, *George Westinghouse: His Life and Achievements* (Boston: Little, Brown & Company, 1918), p. 157.
2. A. G. Uptegraff, "The Home Life of George Westinghouse," July 1936, p. 2. George Westinghouse: Anecdotes and Reminiscences, vol. 4, box 1, file folder 9, George Westinghouse Museum Archives,Wilmerding, Pennsylvania.
3. "Activity of the Westinghouse Electric & Manufacturing Co.," *Electrical Engineer,* October 8, 1890, p. 404.
4. Paul Israel, *Edison: A Life of Invention* (New York: Wiley, 1998), p. 335.
5. Henry G. Prout, *A Life of George Westinghouse* (New York: Scribner's, 1926), p. 275.

6. Leupp, *George Westinghouse,* p. 158.
7. Ibid.
8. "Changes in Westinghouse Management," *Electrical Engineer,* December 24, 1890, p. 710.
9. Leupp, *George Westinghouse,* p. 159.
10. Prout, *A Life of George Westinghouse,* p. 275.
11. Matthew Josephson, *Edison: A Biography* (New York: McGraw-Hill, 1959), p. 354.
12. Jean Strouse, *Morgan: American Financier* (New York: Random House, 1999), p. 312.
13. Marc Seifer, *Wizard: The Life and Times of Nikola Tesla* (New York: Citadel Press, 1998), p. 31.
14. John J. O'Neill, *Prodigal Genius: The Life of Nikola Tesla* (New York: McKay, 1944), pp. 82-83.
15. Joseph Wetzler, "Electric Lamps," *Harper's Weekly,* July 11, 1891, p. 524.
16. T. Commerford Martin, ed., *The Inventions, Researches and Writings of Nikola Tesla* (New York: Barnes & Noble, 1995, 2nd ed.; 1st ed. published 1893.
17. "High Frequency Experiments," *Electrical World,* May 30, 1891, p. 385.
18. Israel, *Edison: A Life of Invention,* p. 334.
19. Josephson, *Edison: A Biography,* p. 360.
20. Bernard W. Carlson, *Innovation as a Social Process* (New York: Cambridge University Press, 1991), p. 292.
21. Ibid., p. 293.
22. Clarence W. Barron, *More They Told Barron* (New York: Harper Bros., 1931), pp. 38-39.
23. "An Inventor at Sixteen," *The New York Times,* January 29, 1891, p. 6.

24. "Boston Takes Many Shares," *The New York Times,* February 5, 1891, p. 1.
25. Harold Passer, *The Electrical Manufacturers, 1875-1900* (Cambridge: Harvard University Press, 1953), p. 152.
26. "Edison's Patent Upheld," *The New York Times,* July 15, 1891, p. 3.
27. "The Edison Lamp Decision," *Electrical Engineer,* July 22, 1891, pp. 90-91.
28. American Society of Mechanical Engineers, *George Westinghouse Commemoration* (New York: ASME, 1937), pp. 57-58.
29. "Rumors about Villard," *The New York Times,* December 16, 1891, p. 8.
30. Alfred O. Tate, *Edison's Open Door* (New York: E. P. Dutton, 1938), pp. 260-61.
31. Carlson, *Innovation as a Social Process,* p. 294.
32. Josephson, *Edison: A Biography,* p. 363.
33. Ibid.
34. Ibid.
35. "Edison Makes Objection," *New-York Daily Tribune,* February 20, 1892, p. 2.
36. "Mr. Edison Is Satisfied," *The New York Times,* February 21, 1892, p. 2.
37. "Mr. Edison's Mistake," *Electrical Engineer,* February 17, 1892, p. 162.
38. Tate, *Edison's Open Door,* pp. 278-79.

第10章　電學家的理想之城：世界博覽會

1. Donald L. Miller, *City of the Century: The Epic of Chicago and the Making of America* (New York: Simon & Schuster, 1996), p. 181.
2. Bessie Louise Pierce, *As Others See Chicago* (Chicago: University of Chicago Press, 1933). pp. 395-96.
3. Francis E. Leupp, *George Westinghouse: His Life and Achievements* (Boston: Little, Brown, 1918), p. 163.

4. E. S. McClelland, "Notes on My Career with Westinghouse," April 1939, George Westinghouse: Anecdotes and Reminiscences, vol. 3, box 1, file folder 8, George Westinghouse Museum Archives,Wilmerding, Pennsylvania.

5. E. H. Heinrichs, "Anecdotes and Reminiscences of Westinghouse," October 1931, pp. 19-20. George Westinghouse: Anecdotes and Reminiscences, vol. 2, box 1, file folder 7, George Westinghouse Museum Archives, Wilmerding, Pennsylvania.

6. "Will Underbid the Trust," *Chicago Times,* April 26, 1892.

7. David F. Burg, *Chicago's White City of 1893* (Lexington: University Press of Kentucky, 1976), p. 91.

8. Charles H. Baker, *Life and Character of William Taylor Baker* (New York: Premier Press, 1908), p. 159.

9. "World's Fair Doings," *Daily Interocean,* May 17, 1892, p. 5.

10. Ibid., May 18, 1892, p. 5.

11. Ibid., May 24, 1892, p. 5.

12. *Chicago Tribune,* May 24, 1892, p. 6.

13. "Westinghouse," *Electrical Engineer,* June 1, 1892, p. 555.

14. E. S. McClelland, "Notes on My Career with Westinghouse," pp. 5-6.

15. Henry G. Prout, *A Life of George Westinghouse* (New York: Scribner's, 1926), p. 136.

16. E. E. Keller, "Geo. Westinghouse Memories," April 1936, p. 4. George Westinghouse: Anecdotes and Reminiscences, vol. 3, box 1, file folder 8, George Westinghouse Museum Archives,Wilmerding, Pennsylvania.

17. "The Edison Light Bulb," *The New York Times,* October 5, 1892, p. 9.

18. "A Most Dangerous Trust," *The New York Times,* November 19, 1892, p. 5.

19. Leupp, *George Westinghouse,* pp. 167-69.

20. Benjamin Lamme, *Benjamin Garver Lamme* (New York: Putnam's, 1926), p.

61.

21. "The Westinghouse World's Fair Exhibit," *Electrical Engineer,* January 25, 1893, p. 100.

22. F. Herbert Stead, "An Englishman's Impressions at the Fair," *Review of Reviews* 8 (July 1893), pp. 30-31.

23. Ibid., p. 32.

24. J. P. Barrett, "Electricity," in G. R. Davis, *World's Columbian Exposition* (Chicago: Elliott Beezley, 1893), p. 301.

25. J. R. Cravath, "Electricity at the World's Fair," *Review of Reviews* 8 July 1893, p. 35.

26. Burg, *Chicago's White City of 1893,* p. 232.

27. Rossiter Johnson, ed., *History of the World's Columbian Exposition,* vol. 1 (New York: Appleton's, 1897, 4 vols.), pp. 481-82.

28. "The Progress of the World," *Review of Reviews* 8 July 1893, p. 1.

29. Johnson, *History of the World's Columbian Exposition,* vol. 1, p. 188.

30. Leupp, *George Westinghouse,* p. 169.

31. "Dazzles Ben's Eyes," *Chicago Tribune,* June 2, 1893, p. 1.

32. "Westinghouse Work at the Fair," *Electrical Engineer,* August 16, 1893, p. 153.

33. J. P. Barrett, *Electricity at the Columbian Exposition* (Chicago: R. R. Donnelly, 1894), pp. 168-69.

34. Marc Seifer, *Wizard: The Life and Times of Nikola Tesla* (New York: Citadel Press, 1998), p. 117.

35. T. Commerford Martin, "Nikola Tesla," *Century,* February 1894, p. 584.

36. Leupp, *George Westinghouse,* p. 170.

37. Miller, *City of the Century,* p. 534.

第 11 章 多麼碧綠的瀑布啊！尼加拉的動力

1. Pierre Berton, *Niagara: A History of the Falls* (New York: Penguin, 1992), p. 51.
2. Ibid., p. 111.
3. Ibid., p. 151.
4. Charles F. Scott, "Personality of the Pioneers of Niagara Power," March 31, 1938. Niagara Mohawk Archives, Syracuse, New York.
5. Robert Belfield, "Niagara Frontier: The Evolution of Electric Power Systems in New York and Ontario, 1880-1935," Ph.D. Thesis, University of Pennsylvania, 1981, p. 8.
6. Letter from Coleman Sellers to Edward Dean Adams dated October 5, 1889. Thomas A. Edison Archives website, Rutgers University.
7. Letter from Coleman Sellers to Edward Dean Adams dated December 17, 1889. Thomas A. Edison Archives website, Rutgers University.
8. George Forbes, "The Electrical Transmission of Power from Niagara Falls," *Journal of the Institution of Electrical Engineers* 22, no. 108 (November 9, 1893), p. 485.
9. Stillwell, quoted in Edward Dean Adams, *Niagara Power,* vol. 1 (Niagara Falls: Niagara Falls Power Co., 1927), p. 363.
10. Adams, *Niagara Power,* vol. 1, pp. 191 ff.
11. Ibid., vol. 2, p. 178.
12. Letter from Coleman Sellers to Edward Dean Adams dated March 17, 1893. Niagara Mohawk Archives, Syracuse, New York.
13. Adams, *Niagara Power,* vol. 2, p. 174.
14. Steven Lubar, "Transmitting the Power of Niagara: Scientific, Technological, and Cultural Contexts of an Engineering Decision," *IEEE Technology & Society,* March 1989, p. 14.

15. Belfield, "Niagara Frontier," p. 18.

16. William Stanley, "Notes on the Distribution of Power by AC," *Electrical World,* February 6, 1892, p. 88.

17. Adams, *Niagara Power,* vol. 2, p. 173.

18. Charles F. Scott, "Long Distance Transmission for Lighting and Power," *Electrical Engineer,* June 15, 1892, p. 601.

19. Edwin G. Burrows and Mike Wallace, *Gotham: A History of New York City to 1898* (New York: Oxford, 1999), pp. 1167-69.

20. Charles F. Scott, "My Own Story of AC and Electrical Power Development, 1887-1895," February 1938. Niagara Mohawk Archives, Syracuse, New York.

21. ——,"Nikola Tesla's Achievements in the Electrical Art," *Electrical Engineering,* August 1943.

22. Letter from Nikola Tesla to the Westinghouse Company dated September 27, 1892. Library of Congress, Manuscript Division, Tesla Papers.

23. George Forbes, "The Utilization of Niagara," *Electrical Engineer,* January 18, 1893, p. 65.

24. "Winter Wonders at Niagara," *The New York Times,* January 6, 1893, p. 9.

25. George Forbes, "Harnessing Niagara," *Blackwood's,* September 1895, pp. 431-32.

26. Coleman Sellers, "Report on Dynamos," March 17, 1893, p. 14. Box 11.8, Niagara Mohawk Archives, Syracuse, New York.

27. Henry Rowland's March 1, 1893, Final Report, p. 75. Rowland Papers, Special Collections and Archives, The Johns Hopkins University, ms. 6, box 50, series 7.

28. Coleman Sellers, "Report on Dynamos," p. 25.

29. Ibid., p. 7.

30. Nikola Tesla, *My Inventions: The Autobiography of Nikola Tesla* (Williston, Vt.:

Hart Bros., 1982), p. 48.

31. Letters from Nikola Tesla to Edward Dean Adams dated March-May 1893. Niagara Mohawk Archives, Syracuse, New York.
32. Adams, *Niagara Power,* vol. 2, p. 256.
33. Ibid., p. 182.
34. Ibid., p. 193.
35. "The Alleged Theft of Westinghouse Blueprints," *Electrical Engineer,* June 14, 1893, p. 587; "Theft of the Westinghouse Blue Prints," *Electrical Engineer,* September 13, 1893, p. 251.
36. Letter from Charles A. Coffin to H. McK. Twombly dated May 9, 1893. Henry Lee Higginson Collection 1870-1919, mss. 783, box XII-30, folder 3-102, C. A. Coffin, 1893, Baker Library, Harvard Business School.
37. Letter from Edward Dean Adams to GE dated May 11, 1893. Thomas A. Edison Archives website, Rutgers University.
38. Silvanus P. Thompson, "Utilizing Niagara," *Saturday Review,* August 3, 1895, p. 34.
39. All these letters are in the Niagara Mohawk Archives, Syracuse, New York.

第12章　終於接上大瀑布了！

1. George Forbes, "Harnessing Niagara," *Blackwood's,* September 1895, pp. 431-32.
2. Ibid., p. 441.
3. Daniel M. Dumych, "William Birch Rankine" (pamphlet published by Drumdow Press, N. Tonawanda, N.Y., 1991), p. 19.
4. Jean Strouse, *Morgan: American Financier* (New York: Random House, 1999), p. 324.
5. Harold Passer, *The Electrical Manufacturers, 1875-1900* (Cambridge: Harvard

University Press, 1953), p. 289.

6. Coleman Sellers, "Memo on Visits of Westinghouse Representatives to Niagara Before Presentation of Final Dynamo Design," February 2, 1894, box 11.8. Niagara Mohawk Archives, Syracuse, New York.
7. Passer, *The Electrical Manufacturers,* p. 289.
8. Sellers, "Memo on Visits of Westinghouse Representatives to Niagara Before Presentation of Final Dynamo Design."
9. Edward Dean Adams, *Niagara Power,* vol. 2 (Niagara Falls: Niagara Falls Power Company, 1927), p. 410.
10. Confidential memo from Coleman Sellers to Edward Dean Adams dated December 27, 1893. Niagara Mohawk Archives, Syracuse, New York.
11. Letter from Edward Wickes to Edward Dean Adams dated February 6, 1894, box 26.7. Niagara Mohawk Archives, Syracuse, New York.
12. "The Niagara Dynamo Controversy," *Electrical Engineer,* April 3, 1895, p. 308.
13. Forbes, "Harnessing Niagara," pp. 431-32.
14. Henry G. Prout, *A Life of George Westinghouse* (New York: Scribner's, 1926), pp. 152-53.
15. Page Smith, *The Rise of Industrial America* (New York: Penguin, 1984), p. 525.
16. Passer, *The Electrical Manufacturers,* p. 291.
17. Thomas W. Lawson, *Frenzied Finance,* vol. 1 (New York: Ridgway-Thayer Co., 1905), p. 90.
18. Marc Seifer, *Wizard: The Life and Times of Nikola Tesla* (New York: Citadel Press, 1998), p. 130.
19. Robert Underwood Johnson, *Remembered Yesterdays* (Boston: Little, Brown, 1923), p. 400.
20. Seifer, *Wizard,* p. 161.

21. T. Commerford Martin, "Nikola Tesla," *Century,* February 1894, p. 582.

22. Arthur Brisbane, *Sunday World,* July 22, 1894, p. 5.

23. "The Nikola Tesla Company," *Electrical Engineer,* February 13, 1895, p. 149.

24. Editorial, *New York Sun,* March 14, 1895, p. 6.

25. "Mr. Tesla's Great Loss," *The New York Times,* March 14, 1895, p. 9.

26. Margaret Cheney, *Tesla, Man Out of Time* (Englewood Cliffs, N.J.: Prentice-Hall, 1981), p. 107.

27. Letter from Nikola Tesla to Albert Schmid dated March 22, 1895; letter from Nikola Tesla to Charles Scott dated May 9, 1895. Library of Congress, Manuscript Division, Tesla Papers.

28. Pierre Berton, *Niagara: A History of the Falls* (New York: Penguin, 1992), p. 167.

29. Ibid., p. 170.

30. Adams, *Niagara Power,* vol. 2, p. 417.

31. "Niagara Is Finally Harnessed," *The New York Times,* August 27, 1895, p. 9.

32. Ron Chernow, *The House of Morgan* (New York: Atlantic Monthly Press, 1990), p. 76.

33. H. G. Wells, "The End of Niagara," *Harper's Weekly,* July 21, 1906, pp. 1018-20.

34. Adams, *Niagara Power,* vol. 2, p. 336.

35. Orrin E. Dunlap, "Nikola Tesla at Niagara Falls," *Western Electrician,* August 1, 1896.

36. "Power for Buffalo," *Daily Cataract* (Niagara Falls), July 20, 1896, p. 1.

37. "Yoked to the Cataract!," *Buffalo Enquirer,* November 16, 1896, p. 1.

38. "A Few Cold Facts About Buffalo," *The Buffalo Evening News,* January 8, 1897, p. 8.

39. "Magnificent Power Celebration Banquet at the Ellicott Club," *Buffalo Morning Express,* January 13, 1897, p. 1.

40. Ibid.

第 13 章 後續的故事

1. Guido Pantaleoni, "The Real Character of the Man as I Saw Him," April 1939, p. 5. George Westinghouse: Anecdotes and Reminiscences, vol. 3, box 1, file folder 8, George Westinghouse Museum Archives,Wilmerding, Pennsylvania.

2. Henry G. Prout, *A Life of George Westinghouse* (New York: Scribners, 1926), p. 206.

3. Ibid.

4. Maurice Coster, "Personal Reminiscences of George Westinghouse," November 1936, p. 1. George Westinghouse: Anecdotes and Reminiscences, vol. 1, box 1, file folder 1, George Westinghouse Museum Archives,Wilmerding, Pennsylvania.

5. Westinghouse Electric Corporation, "George Westinghouse, 1846-1914," 1946. Box 1, file folder 12, George Westinghouse Museum Archives, Wilmerding, Pennsylvania.

6. Jean Strouse, *Morgan: American Financier* (New York: Random House, 1999), p. 574.

7. Francis E. Leupp, *George Westinghouse: His Life and Achievements* (Boston: Little, Brown, 1918), p. 209.

8. Ibid., p. 210.

9. E. H. Heinrichs, "Anecdotes and Reminiscences of George Westinghouse," October 1931, pp. 31-32. George Westinghouse: Anecdotes and Reminiscences, vol. 2, box 1, file folder 7, George Westinghouse Museum Archives, Wilmerding, Pennsylvania.

10. Leupp, *George Westinghouse,* p. 210.

11. Strouse, *Morgan: American Financier,* p. 595.

12. Ibid., p. 574.

13. Stefan Lorant, *Pittsburgh* (New York: Doubleday & Co., 1964), p. 180.

14. Heinrichs, "Anecdotes and Reminiscences of George Westinghouse."

15. Ibid.

16. Leupp, *George Westinghouse,* pp. 224-25.

17. Alexander Uptegraff, "The Home Life of George Westinghouse," July 1936, p. 4. George Westinghouse: Anecdotes and Reminiscences, vol. 4, box 1, file folder 9, George Westinghouse Museum Archives,Wilmerding, Pennsylvania.

18. "George Westinghouse," *The New York Times,* October 24, 1907, p. 10.

19. Heinrichs, "Anecdotes and Reminiscences of George Westinghouse."

20. Alfred O. Tate, *Edison's Open Door* (New York: E. P. Dutton, 1938), p. 278.

21. Paul Israel, *Edison: A Life of Invention* (New York: Wiley, 1998), p. 347.

22. Matthew Josephson, *Edison: A Biography* (New York: McGraw-Hill, 1959), p. 372.

23. Israel, *Edison: A Life of Invention,* p. 361.

24. osephson, *Edison: A Biography,* p. 378.

25. Ibid., p. 379.

26. Ibid., p. 399.

27. Israel, *Edison: A Life of Invention,* p. 415.

28. Josephson, *Edison: A Biography,* p. 429.

29. Ibid., p. 430.

30. "World Made Over by Edison's Magic," *The New York Times,* October 18, 1931, section II, p. 1.

31. Letter from E. H. Heinrichs to Nikola Tesla dated December 8, 1897. Library of Congress, Manuscript Division, Tesla Papers.

32. John J. O'Neill, *Prodigal Genius: The Life of Nikola Tesla* (New York: David McKay, 1944), p. 81.

33. Ibid., p. 167.

34. Marc Seifer, *Wizard: The Life and Times of Nikola Tesla* (New York: Citadel Press, 2000), p. 210.

35. Harry L. Goldman, "Nikola Tesla's Bold Adventure," *American West* 8, no. 2 (March 1971), p. 5.

36. Ibid., p. 7.

37. Nikola Tesla, "The Transmission of Electric Energy Without Wires," *Electrical World and Engineer,* March 5, 1904.

38. Letter from Nikola Tesla to J. P. Morgan dated December 12, 1900. Library of Congress, Manuscript Division, Tesla Papers.

39. Ibid., January 9, 1901.

40. Letter from J. P. Morgan to Nikola Tesla dated July 17, 1903. Library of Congress, Manuscript Division, Tesla Papers.

41. Letter from Nikola Tesla to J. P. Morgan dated January 14, 1904. Library of Congress, Manuscript Division, Tesla Papers.

42. Ibid., October 13, 1904.

43. Letter from C. W. King to Nikola Tesla dated October 15, 1904. Library of Congress, Manuscript Division, Tesla Papers.

44. Letter from Nikola Tesla to J. P. Morgan dated December 23, 1913. Library of Congress, Manuscript Division, Tesla Papers.

45. Seifer, *Wizard,* p. 384.

46. Letter from Nikola Tesla to E. M. Herr dated October 19, 1920. Library of Congress, Manuscript Division, Tesla Papers.

47. Letter from Nikola Tesla to Westinghouse Company dated January 29, 1930. Library of Congress, Manuscript Division, Tesla Papers.
48. "Mr. Tesla Speaks Out," *New York World,* November 29, 1929, p. 10.
49. "Tesla at 75," *Time,* July 30, 1931.
50. O'Neill, *Prodigal Genius,* p. 317.
51. Arthur G. Woolf, "Electricity, Productivity, and Labor-Saving: American Manufacturing, 1900-1929," *Explorations in American Economic History* 21 (1984), p. 179.
52. David E. Nye, *Electrifying America* (Cambridge: MIT Press, 1997), p. 389.

圖片索引

CHAPTER 1: Photograph by George William Sheldon (attributed), from The Opulent Interiors of the Gilded Age, published by D. Appleton and Company, New York, 1883–84. Reprinted by Dover Publishers, 1987, p. 146.

CHAPTER 2: Courtesy of the Library of Congress

CHAPTER 3: Photograph by R. F. Outcault. Courtesy of the U.S. Department of the Interior, National Park Service, Edison National Historic Site

CHAPTER 4: Courtesy of the Nikola Tesla Museum

CHAPTER 5: Copyright 2002, George Westinghouse Museum

CHAPTER 6: Courtesy of the New York Historical Society

CHAPTER 7: Courtesy of the U.S. Department of the Interior, National Park Service, Edison National Historic Site

CHAPTER 8: Courtesy of the Cayuga Museum of History and Art

CHAPTER 9: Courtesy of the George Westinghouse Museum

CHAPTER 10: Photograph by G. Hunter Bartlett. Courtesy of the Chicago Historical Society

CHAPTER 11: Courtesy of the Niagara Falls Public Library

CHAPTER 12: Courtesy of Niagara Mohawk, National Grid USA Service Company, Inc.

CHAPTER 13: George Westinghouse, Courtesy of George Westinghouse Museum; Thomas Edison, courtesy of the Library of Congress; Nikola Tesla, courtesy of the Nikola Tesla Museum

作者訪談

問：大多數人不覺得電力有什麼特別。妳怎麼會對電力和相關歷史產生興趣？

吉兒．瓊斯：我讀了一本很舊的傳記，主角是喬治．西屋，書裡也提到世界上第一座電椅的事，很驚人。我們心目中的愛迪生有點稚氣，很聰明，是美國人的英雄，所以我很驚訝，他居然也能殘忍無情，做出殺手才會做的事。他推動電椅的開發跟使用，只為打擊商業對手的產品——交流電。戲劇化的情節讓我全心投入，也馬上發現其餘人物跟故事都非常吸引人。我們一直覺得電力沒什麼特別，能重回那個時期，當時電力還是眾人陌生的科技，只有少數有遠見的人才明白電力的潛能，真的很棒。畢竟，人眼看不見電力，因此覺得電力很神祕。那時候只有幾個人能想像到電力會如何讓世界改頭換面。

問：富豪摩根想成為第一個家裡有電力的人。愛迪生在他的豪宅裝了電線後，發生了什麼事？

吉兒．瓊斯：摩根是最早提供愛迪生金援的人，他要改裝麥迪遜大道的豪宅，大膽決定要用最頂尖的奢侈科技「電力」來提供燈光，捨棄普通的煤氣燈。愛迪生的工人把摩根的馬廄拆掉，裝了蒸汽機跟直流發電機，把電線拉過花園，通到房子裡，曲曲折折穿過煤氣燈原來的管道。想想看，許多小小的燈泡，一叢叢直接掛在天花板的電線上，大概就知道什麼模樣了。每天都有一位工程師在黃昏前來到摩根家，啟動馬廄裡的發電機，讓電力系統運作到晚上十一點左右。

不過，問題非常多，最後愛迪生派主管重拉整棟房子的電線。這一次，他決定做個特別的安排，讓摩根在豪華書房裡的書桌上也有桌燈。那盞燈短路了，漂亮的書房付之一炬，而摩根一家人正好都在歌劇院。摩根很寬容，要他們修好線路，繼續在其他富豪朋友面前炫耀他的電燈。

問：一般人對曼哈頓的燈光有什麼反應？

吉兒．瓊斯：大眾很喜歡曼哈頓街道上的燈光照明，看起來浪漫極了，尤其在店舖與戲院閃閃發光的時候。最早的電力街燈不屬於愛迪生，而是非常強力炫目的「弧光」燈，由其他電力公司運作。這些弧光燈必須放在高高的燈柱上，因為燈光很亮，會刺激眼睛。最早裝設弧光燈的街道包括百老匯——因此別稱白色大道——大家都很驚異自己能看得很清楚，覺得燈光的效果很有意思。到了傍晚，民眾成群結隊來享受燈光。不過，弧光燈的電壓很高，大家也發現電線可能造成傷亡。

問：電流大戰怎麼開始的？原本的目的是什麼？

吉兒．瓊斯：電流大戰始於一八八七年十二月九日，愛迪生本來宣稱他反對死刑，不想跟電椅有關係，卻改變心意，寫信給紐約州委員會，指出執行死刑最快最乾淨的方法就是用喬治．西屋生產的交流電機器。西屋是位很成功的發明家，也是匹茲堡的企業巨擘，但愛迪生很氣他侵入了自己的領域，產品看起來似乎也更好。愛迪生一心一意要讓民眾相信，西屋的電力會致人於死。愛迪生雖然偉大，此時卻跌到了谷底。看到愛迪生的黑暗面，我深受吸引。

問：但在公開場合，愛迪生卻裝成「缺乏教育的鄉巴佬」。

吉兒．瓊斯：愛迪生還沒發明燈泡，也還沒成立電力公司前，就已經是個富翁了。但他刻意避開當時的男裝習慣——西裝、大禮帽——喜歡穿破破爛爛的工人服，戴頂小帽子。我覺得愛迪生很享受「扮成土包子」，因為他不喜歡一切照著規矩來，在工作上也事必躬親。他已經很有名了，所以這些習慣並沒有讓他處處碰壁，找不到資金來源。但後來贊助人發現電力比其他技術來說更為複雜，例如電報，他們就退縮了。愛迪生拿自己的財產冒險，建立了電力帝國。

問：怪裡怪氣的發明家尼古拉．特斯拉發明了今日所謂的交流電，但幾乎沒有人記得他。為什麼？

吉兒．瓊斯：這位發明家才華橫溢，但非常古怪，他有很多恐懼症，甚至不喜歡看到戴珍珠的女士。他覺得他發明的交流電只起了個頭，幫他了解和精通電力的奧祕。特斯拉的研究向來富於遠見，重點放在無線能量傳輸上，可用於通訊或發電。交流電的權利金應該能讓特斯拉致富，但他是個理想主義者，放棄了權利金，在西屋電氣面臨財務危機時伸出援手。少了這一千七百萬美元的交流電權利金，特斯拉沒有足夠資金來從事昂貴且充滿野心的計畫。摩根曾提供資金給特斯拉的「發電世界系統」傳輸裝置，一座位於長島的巨大塔台，但時間不長，後來他拒絕繼續投資。這位驕傲的天才只得放低身段，措辭可悲地寫信求助，在死前的最後幾年都住在紐約客飯店裡，摯愛一隻美麗的白鴿。

問：西屋陳述他的目標除了幫助全世界，也要給「許多人用自己的努力去賺錢的機會」。他的抱負如何促使他去製造電力，參與電流大戰？

吉兒．瓊斯：一八八〇和一八九〇年代稱為鍍金時代，經濟不穩定到了極點，也沒有所謂的社會安全網——今日的美國人沒有幾個可以想像到那時候有多麼艱苦。白手起家的西屋是個理想主義者，發覺自己有天分，能把個人或其他人的發明轉化成成功的大企業，便努力創造出全球性大企業，提供許多正當的工作。最後，他雇用了五萬人。後來因為財務問題可能失去名下的公司，員工也願意幫他脫離困境。西屋當然很堅強，但在電流大戰中更能看出他本身的正派。他知道在這充斥強盜資本家的時代，他的名聲符合最高的標準，他堅信他的技術優越，能迎向勝利——果真實現了。

問：特斯拉和西屋的交流電安全性為什麼頗受質疑？

吉兒．瓊斯：愛迪生發現特斯拉發明了交流電系統，並由西屋著手研發，他提出很悲觀的警告，「就像人都會死，西屋六個月內一定會害死一位客戶。」愛迪生非常注重安全：他把所有的電纜埋在街道下方，非常自豪他的系統不論在何處，都只會造成溫和的電擊。交流電可以傳到很遠的地方，而且電壓很高，愛迪生堅信，在電流傳到家裡和辦公室前，這種電流不能安全可靠地中斷。即使隨著時間過去，使用經驗越來越豐富，證實他錯了，但愛迪生仍用自己的高名望及勢力盡可能阻撓西屋。

問：斧頭殺人魔威廉．凱姆勒第一個被判刑要用電力處決，媒體稱之為電椅的「恐怖實驗」。凱姆勒的案例如何改變大家對電力的看法？

吉兒．瓊斯：一八九〇年八月六日，在奧本州立監獄，凱姆勒成為第一個死在電椅上的人，當時電力仍是陌生而先進的科技。就算到了一九〇七年，只有百分之八的美國人有電，其他人只有煤氣燈或煤油，因為比較便宜，也沒有其他的選擇。因此在一八九〇年，只有極少數美國人看過或體驗過電力。愛迪生贏了電流大戰的第一役，西屋的發電機成為凱姆勒的行刑工具。但是，因為凱姆勒沒有立即死去，過程也很痛苦，即使愛迪生斷言交流電是冷血殺手，自然讓其他人對他的說法存疑。有人懷疑電椅的整個情節只能證實電力非常神祕，但也是一種強大的能量。

問：一八九三年，芝加哥要舉辦世界博覽會，誰能提供電力，又引起了爭鬥。電流大戰的狀況因此有什麼變化？

吉兒．瓊斯：電流大戰的第二次衝突是一八九三年的芝加哥世界博覽會。在這場國際性展覽上，誰能贏得最重要的照明合約，在數百萬沒看過電力的人面前展示電力？摩根趕走愛迪生，把他的公司跟其他家合併，變成通用電氣。西屋正在重組電力公司來安撫債主。因此別號「電力信託」的通用電氣可以為博覽會的照明漫天喊價。芝加哥的生意人氣瘋了。西屋立刻被送到芝加哥去挽救局面，提出比通用低一百萬美元的競價。芝加哥博覽會全部採用特斯拉的交流電系統，可用電力奇蹟來形容，參與者皆讚歎不已。

問：大瀑布公司決定讓喬治．福布斯教授設計尼加拉瀑布發電機，請解釋當時的爭議。

吉兒．瓊斯：電流大戰的第三役，也是最後一戰，則是尼加拉瀑布。大瀑布公司提議要建造全世界第一座大型水力發電廠，並把產出的電力傳送到四十多公里外、景氣正好的水牛城。再一次，西屋要對抗通用電氣，贏得開創性的電力合約。大瀑布公司突然宣布他們自己的專家會設計最重要的發電機，這位專家就是高傲的福布斯，而西屋把公司的機密都跟大瀑布分享了，自然非常惱怒。特斯拉私下通知大瀑布公司，他們的設計一定會侵害他的交流電專利權。纏鬥數月後，大瀑布公司證明他們說的沒錯。一八九三年十月二十七日，西屋勝利，贏得合約。三年後，西屋的工程師把電力送到水牛城。特斯拉卓越的交流電系統愈發完美，電力也成為全世界的動力。

國家圖書館出版品預行編目資料

光之帝國：愛迪生、特斯拉、西屋的電流大戰 / 吉兒.瓊斯(Jill Jonnes)著；吳敏譯. -- 初版. -- 臺北市：商周出版：家庭傳媒城邦分公司發行, 2017.12
面；　公分. -- (生活視野；21)
譯自：Empires of light : Edison, Tesla, Westinghouse, and the race to electrify the world

978-986-477-341-1(平裝)

1.光電科學 2.發明 3.美國史

409.52　　106018211

光之帝國——愛迪生、特斯拉、西屋的電流大戰

Empires of Light: Edison, Tesla, Westinghouse, and the Race to Electrify the World

作　　者／吉兒．瓊斯（Jill Jonnes）
譯　　者／吳敏、嚴麗娟（作者訪談）
企劃選書／余筱嵐
責任編輯／余筱嵐

版　　權／林心紅
行銷業務／林秀津、王瑜
總 編 輯／程鳳儀
總 經 理／彭之琬
發 行 人／何飛鵬
法律顧問／元禾法律事務所 王子文律師
出　　版／商周出版
台北市104民生東路二段141號9樓
電話：(02) 25007008　傳眞：(02)25007759
E-mail：bwp.service@cite.com.tw
Blog：http://bwp25007008.pixnet.net/blog
發　　行／英屬蓋曼群島商家庭傳媒股份有限公司城邦分公司
台北市中山區民生東路二段141號2樓
書虫客服服務專線：(02)25007718；(02)25007719
服務時間：週一至週五上午 09:30-12:00；下午 13:30-17:00
24 小時傳眞專線：(02)25001990；(02)25001991
劃撥帳號：19863813；戶名：書虫股份有限公司
讀者服務信箱：service@readingclub.com.tw
城邦讀書花園：www.cite.com.tw
香港發行所／城邦(香港)出版集團有限公司
香港灣仔駱克道193號東超商業中心1樓
E-mail：hkcite@biznetvigator.com
電話：(852) 25086231 傳眞：(852) 25789337
馬新發行所／城邦(馬新)出版集團【Cite (M) Sdn. Bhd.】
41, Jalan Radin Anum, Bandar Baru Sri Petaling,
57000 Kuala Lumpur, Malaysia.
Tel: (603) 90578822　Fax: (603) 90576622
Email: cite@cite.com.my

封面設計／蔡南昇
排　　版／極翔企業有限公司
印　　刷／韋懋實業有限公司
經 銷 商／聯合發行股份有限公司
電話：(02) 2917-8022　Fax: (02) 2911-0053
地址：新北市231新店區寶橋路235巷6弄6號2樓

■2017年12月21日初版
■2019年 7 月 4 日初版2.3刷
定價480元

Printed in Taiwan

城邦讀書花園
www.cite.com.tw

版權所有，翻印必究　ISBN 978-986-477-341-1

商周出版

廣	告	回	函
北區郵政管理登記證			
北臺字第000791號			
郵資已付，免貼郵票			

104　台北市民生東路二段141號2樓

英屬蓋曼群島商家庭傳媒股份有限公司城邦分公司　收

請沿虛線對摺，謝謝！

商周出版

書號：BH2021　書名：光之帝國　編碼：

請於此處用膠水黏貼

商周出版

讀者回函卡

感謝您購買我們出版的書籍！請費心填寫此回函卡，我們將不定期寄上城邦集團最新的出版訊息。

不定期好禮相贈！
立即加入：商周出版
Facebook 粉絲團

姓名：＿＿＿＿＿＿＿＿＿＿ 性別：□男 □女

生日：西元＿＿＿＿年＿＿＿＿月＿＿＿＿日

地址：＿＿＿＿＿＿＿＿＿＿

聯絡電話：＿＿＿＿＿＿＿＿ 傳真：＿＿＿＿＿＿＿＿

E-mail ：

學歷：□ 1. 小學 □ 2. 國中 □ 3. 高中 □ 4. 大學 □ 5. 研究所以上

職業：□ 1. 學生 □ 2. 軍公教 □ 3. 服務 □ 4. 金融 □ 5. 製造 □ 6. 資訊

□ 7. 傳播 □ 8. 自由業 □ 9. 農漁牧 □ 10. 家管 □ 11. 退休

□ 12. 其他＿＿＿＿＿＿＿＿

您從何種方式得知本書消息？

□ 1. 書店 □ 2. 網路 □ 3. 報紙 □ 4. 雜誌 □ 5. 廣播 □ 6. 電視

□ 7. 親友推薦 □ 8. 其他＿＿＿＿＿＿＿＿

您通常以何種方式購書？

□ 1. 書店 □ 2. 網路 □ 3. 傳真訂購 □ 4. 郵局劃撥 □ 5. 其他＿＿＿＿

您喜歡閱讀那些類別的書籍？

□ 1. 財經商業 □ 2. 自然科學 □ 3. 歷史 □ 4. 法律 □ 5. 文學

□ 6. 休閒旅遊 □ 7. 小說 □ 8. 人物傳記 □ 9. 生活、勵志 □ 10. 其他

對我們的建議：＿＿＿＿＿＿＿＿＿＿

＿＿＿＿＿＿＿＿＿＿

＿＿＿＿＿＿＿＿＿＿

請於此處用膠水黏貼